Hermann Böck

RC-RENNBOOTE

NECKAR-VERLAG VILLINGEN/SCHWENNINGEN

ISBN 3-7883-0164-3

Printed in Germany by C. F. Müller, Großdruckerei und Verlag GmbH, Rheinstraße 122,
7500 Karlsruhe 21

Dieses Buch widme ich all denen, die mit tatkräftiger Unterstützung und interessanten Beiträgen zum Gelingen mit beigetragen haben. Besonderer Dank gilt auch den beteiligten Modellbaufirmen für das zur Verfügung gestellte Bildmaterial.
So kann das vorliegende Werk mit seinen darin gesammelten Erfahrungen auf dem Gebiet des Rennbootmodell-Sports wieder anderen Modellbauern neue Anregungen für eine interessante und sinnvolle Freizeitgestaltung geben.

Inhalt

Vorwort

Der Schiffsmodellbau hat heute viele Gesichter. Da gibt es den großen Bereich des historischen und damit eigentlich ursprünglichen Modellbaus, der in meist vielen beschaulichen Mußestunden zu herrlichem Zimmerschmuck führt. Daneben die Fahrmodelle, die, mehr oder weniger getreu ihren großen Vorbildern nachgebaut, ihre Kreise auf dem Wasser ziehen.
Eine besondere Faszination üben jedoch die mit schneller Fahrt über die Wasserfläche dahinflitzenden Rennboote auf die Zuschauer und den Erbauer aus. Wie auch bei den anderen Sparten des Schiffsmodellbaus bietet gerade der Bau von schnellen Schiffen ein weites Betätigungsfeld für die Freizeitgestaltung, das in viele Bereiche der Technik reicht. Neben den allgemeinen handwerklichen Fähigkeiten gilt es, sich auch mit Dingen wie Rumpfformen und Strömungslehre, Motorentechnik, Kraftübertragung und Fahrtechnik zu beschäftigen. Anders als bei den vorbildgetreuen Modellen kommt es hier mehr auf technisches Verständnis und im Fahrbetrieb auf Reaktionsschnelligkeit und nervliche Ausdauer an.
Rennboote kann man ›nur‹ zum eigenen Vergnügen und zur Begeisterung der Zuschauer übers Wasser flitzen lassen. Die Erfüllung dieses Hobbys wird aber meist doch im sportlichen Wettstreit mit anderen Gleichgesinnten liegen. Reichliche Gelegenheit hierzu geben die vielen öffentlichen Wettbewerbe auf nationaler und internationaler Ebene. Dabei wird die Vielzahl der Boote in mehrere Klassen gegliedert, z. B. nach Antriebsart und ob es mehr auf Höchstgeschwindigkeit oder auf die Geschicklichkeit des Steuermanns im schnellen Figurenkurs ankommt. Aber auch die sogenannten FSR-Rennen, bei denen bis zu 12 Boote gleichzeitig im Le-Mans-Start lospreschen, vermitteln auf dem 1/2stündigen oder gar länger dauernden Rundkurs schnell eine richtige Rennatmosphäre. Nicht von ungefähr spricht man deshalb gern vom Modell-Rennsport, bei dem nicht nur das gute Boot entscheidend ist, sondern ebenso vom Fahrer einiges verlangt wird, will er erfolgreich sein. Trotzdem besteht diese Sparte des Schiffsmodellbaus nicht nur in der Jagd nach Rekorden, Urkunden und Medaillen, vielmehr dient sie vor allem dem Aufgeschlossenen als ideale Basis für die Erweiterung technischen Wissens und einer abwechslungsreichen Freizeitgestaltung.
Das vorliegende Buch soll ohne komplizierte Wissenschaft dem Neuling wie auch dem schon Geübteren einen Überblick über den heutigen Stand der Modellrennboote vermitteln, um neue Anregungen zu diesem interessanten und zukunftsorientierten Hobby zu geben.
Im Frühjahr 1981

Hermann Böck
8902 Neusäß

Auswahl von Rennbooten

Vor allem für den Anfänger ist es zunächst schwierig, aus dem reichhaltigen Angebot an Baukästen und Plänen der verschiedensten Hersteller das am besten geeignete Modell herauszufinden. Hier empfiehlt sich unbedingt der Gang in ein Modellbaufachgeschäft mit sachkundiger Beratung. Darüber hinaus ist die Mitgliedschaft in einem der zahlreichen örtlichen Vereine eine gute Starthilfe.
Als erstes ist in jedem Fall die Frage zu klären, welcher der beiden Hauptrichtungen von Booten man sich zuwenden will, der mit Verbrennungsmotor oder der anderen mit elektrischem Antrieb. Die Entscheidung ist im wesentlichen Sache der persönlichen Einstellung. Für manchen Modellbauer gehört zum schnellen Schiff einfach der kernige Sound des Verbrennungsmotors. Auf der anderen Seite wiederum ist vielleicht gerade das Elektroboot wegen seiner meist wesentlich geringeren Geräuschentwicklung besonders reizvoll. Eine allgemeine Empfehlung kann deshalb nicht gegeben werden.
Auch im Punkt Schwierigkeitsgrad bestehen praktisch keine Unterschiede. Es gibt viele Rennbootbauer, die Modelle mit Verbrennungsmotor bevorzugen, aber trotzdem zwischendurch gern mal ein Elektroboot bauen. Betreibt man beides, so lassen sich überdies die Chancen bei Wettbewerben beträchtlich erhöhen, und es entsteht keine Einseitigkeit. Ob überhaupt ein Schiff mit Verbrennungsmotor in Frage kommt, hängt nicht zuletzt von den örtlichen Verhältnissen bezüglich der Umwelt ab. Hierfür sollte grundsätzlich ein von Wohnbebauung ausreichend entfernt gelegenes Gewässer zur Verfügung stehen.
Da leistungsfähige Elektromotoren erst seit wenigen Jahren allgemein zur Verfügung stehen, sind heute Modellboote mit Verbrennungsmaschine etwas mehr verbreitet. Erste Entwicklungen hat es bereits in den Vorkriegsjahren gegeben, wobei damals das Angebot von Antrieben recht bescheiden und an Fernsteuerung gar nicht zu denken war. Überhaupt erfolgte der große Durchbruch von schnellen Booten im Schiffsmodellbau erst mit der Einführung der proportionalen Fernsteuerungstechnik Mitte der sechziger Jahre. Freifahrende Boote waren ohnehin viel zu gefährlich.

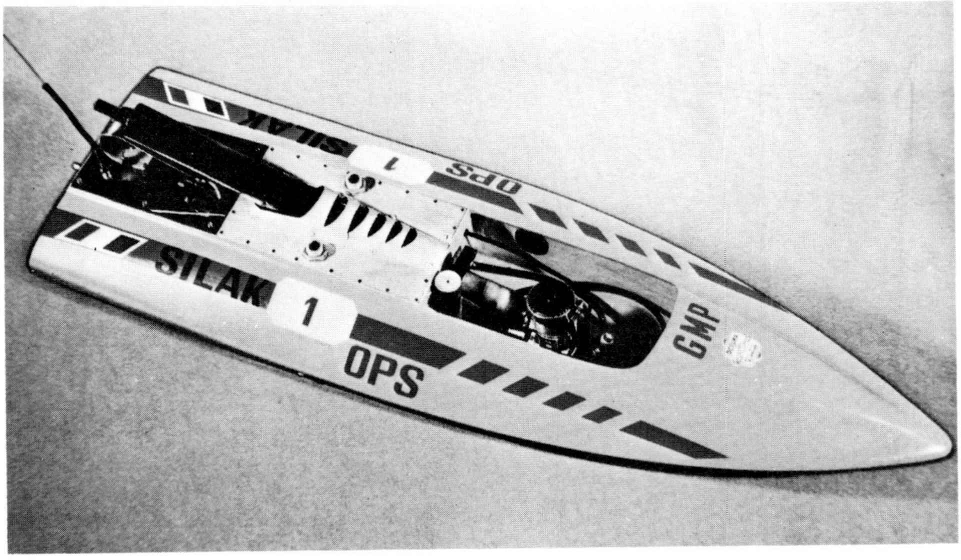

Bild 1 Silak, ein Renner des Weltmeisters Giorgio Merlotti

Bild 2 Ein Bolide mit 15 ccm-Verbrennungsmotor

Entgegengesetzt kann man natürlich das Boot direkt im wahrsten Sinne des Worte an die Leine nehmen. Solche sogenannten Fesselrennboote sind aber heute fast nur noch in den Ostblockländern zu finden und hierzulande kaum mehr von Bedeutung. Ich will deswegen in meinen Ausführungen auf diese ansonsten durchaus interessante Sparte nicht näher eingehen.
Abweichend von der üblichen Art, die Kraft des Motors mittels Unterwasserschraube in Vortrieb umzusetzen, kann dies ebenso mit Hilfe von Luftschrauben wie beim Flugmodell erfolgen. Solche Modelle sind vor allem für den erfahreneren Modellbauer wegen der besonderen Problematik des Schwerpunktes ein technischer Leckerbissen. Zu den schnellen Schiffen zählen ferner die Luftkissen- und Tragflächenboote. Beides ist auch eher für den Experten mit Ambitionen zum Exotischen, obwohl es inzwischen schon recht gut ausgereifte Baukastenkonstruktionen gibt.
Eine weitere Überlegung bei der Auswahl des Modelltyps liegt in der Einsatzart des Bootes. Hier lassen sich drei grundsätzliche Richtungen klassifizieren:

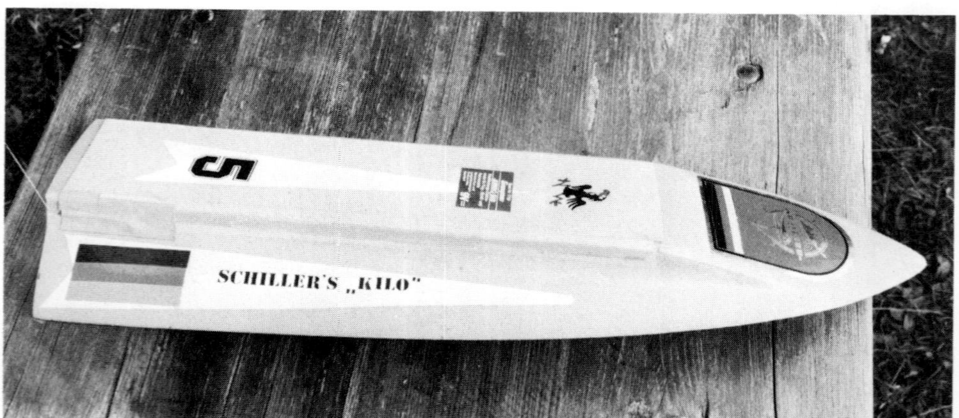

Bild 3 Einer der kleinen, leisen Elektroflitzer

Bild 4 PRESTO, ein Hydro mit Elektroantrieb

Das reine Hochgeschwindigkeitsboot

Diese klassische Form des Rennbootes führt in immer weiterer Steigerung der Geschwindigkeit bis zu dem Endpunkt, wo einfach nichts mehr geht. Das heißt, bis die Leistung des Antriebs in Verbindung mit gerade noch ausreichender Fahrstabilität des Bootskörpers voll ausgereizt ist. Darüber hinaus sind selbst bei dem relativ einfachen Geschwindigkeits-Dreieckkurs dem Können des Steuermanns natürliche Grenzen gesetzt. Wer schon mal ein Boot mit Zeiten unter 18 Sekunden, womöglich noch bei blendender Sonne, gesteuert hat, kennt die ungeheuere Anforderung an die Reaktionsschnelligkeit. Trotz des heutigen Rekordstands sind sicher noch gewisse Steigerungen in dieser Sparte möglich. Selbst der Anfänger kann hier bei Wettbewerben durchaus erfolgreich sein. Natürlich ist eine gewisse Portion Glück immer mit dabei.

Der Figurenkurs-Renner

Was gibt es Schöneres als ein wendiges Boot, das mit Volldampf um die Ecke flitzt? Mit der Ecke sind die vielen, torförmig angeordneten Bojen gemeint, die es nach vorbestimmten Schema zu umrunden gilt. Zweifellos spielt die effektive Geschwindigkeit auch

Bild 5 F1–V 2,5-Boot, besonders leise durch den geschlossenen Aufbau

Bild 6 Kraftpaket der Elektroklasse – über 1 kg

hier eine Rolle, aber nicht so kraß wie bei dem Geschwindigkeitskurs. Vorrangig kommt es also auf außerordentliche Wendigkeit des Bootes an. Außerdem ist das Figurenfahren in erster Linie etwas für Skipper mit Fingerspitzengefühl und Freude an der präzisen Fahrweise. Für den Zuschauer ist das in den Kurven reichlich aufspritzende Wasser außerordentlich beeindruckend.

Das Mannschaftsrennboot

Anders als in den ersten beiden Sparten, die mehr für stille Einzelkämpfer geeignet sind, finden sich in den sogenannten FSR-Rennen die Akteure zusammen, die den direkten sportlichen Wettstreit suchen. Die Bezeichnung FSR kommt von F wie ferngesteuerte Klasse und für SR steht Superhet Rennen. Mit Superhet wiederum sind die heute üblichen Fernsteuerungsempfänger gemeint, die praktisch den gleichzeitigen Betrieb von bis zu 12 Booten ermöglichen. Damit entsteht eine Atmosphäre wie bei den Rennen der großen Vorbilder. Zumindest bei den neuen Klassen mit Elektroantrieb ist der gleichzeitige Start innerhalb einer Sekunde realistisch.
Im Gegensatz zu den einzeln fahrenden Booten kommt es im FSR-Rennen hauptsächlich auf die Zuverlässigkeit der Ausrüstung und Stabilität des Bootskörpers an. Schon viele langsamere Modelle haben nur deswegen gewonnen, weil sie zwar gemütlich, aber ohne Ausfälle ihre Runden absolvierten. Da die Mannschaftsrennen sich allgemein über eine halbe Stunde hinziehen, ist dies auch mehr etwas für Modellbauer mit stärkeren Nerven und Ausdauer bei dem oft harten Fahrbetrieb. Aber selbst dem Anfänger werden FSR-Rennen nach einer gewissen Einübung viel Freude bereiten.

Es ist durchaus möglich, mit einem einzigen Bootstyp alle drei Anwendungen abzudekken, nur ist dann in keinem Fall die optimale Effektivität zu erzielen. Man sollte sich also schon auf ein spezifisches Ziel festlegen. Für den Anfänger empfiehlt es sich, zunächst mal mit etwas langsameren Modellen zu beginnen, um erst mit der Materie vertraut zu werden und ein Gefühl für Geschwindigkeit und einen sicheren Fahrstil zu gewinnen. Gerade für SR Rennen ist eine gewisse Fahrpraxis unerläßlich, um nicht zum Störenfried auf dem Kurs zu werden.

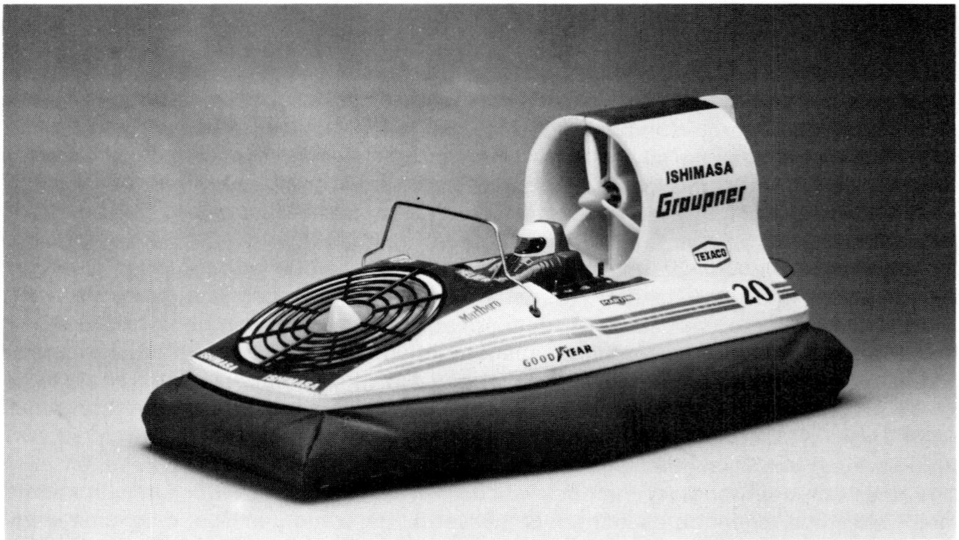

Bild 7 Hovercraft-Luftkissenboot. Solche Modelle sind noch am Anfang ihrer Entwicklung. Sie sehen vorerst noch schneller aus, als sie fahren

Rumpfformen

Wie bei anderen Fortbewegungsmitteln ist beim Rennboot der Fahrwiderstand ein entscheidendes Kriterium für die effektiv erzielbare Geschwindigkeit. Dieser Widerstand setzt sich aus mehreren Komponenten zusammen. Ein Schiff wird im allgemeinen von zwei Medien umgeben, im sogenannten Unterwasserteil vom Wasser und das Überwasserteil von der Luft. Da das Medium Wasser dem Vorwärtsdrang des Schiffes wesentlich mehr Widerstand entgegensetzt als Luft, ist man meist bestrebt, den Bootskörper möglichst wenig in das Wasser eintauchen zu lassen.
Nach der Fortbewegungsart unterscheiden wir zwei verschiedene Rumpfarten, den Verdrängungstyp und den Gleittyp. Wie der Name schon andeutet, muß beim Verdrängungstyp das Wasser verdrängt werden, um vorwärts zu kommen. Ein solches Schiff bleibt bei der Fahrt überwiegend genauso tief im Wasser und erfordert eine entsprechend hohe Antriebsleistung. Der Verdrängungstyp wird deshalb für Rennboote nicht angewandt. Eine gewisse Ausnahme stellt das Tragflächenboot dar, das in langsamer Fahrt tief im Wasser liegt und erst bei höherer Geschwindigkeit, bedingt durch die Auftriebswirkung der Tragflächen, hochkommt, um in den Gleitzustand überzugehen.
Das klassische Rennboot ist immer ein auf dem Wasser gleitender Körper. Nun könnte man weiter überlegen, ob es nicht noch besser ginge, wenn das Boot möglichst überhaupt nicht mit dem Wasser in Berührung käme. Dabei muß aber berücksichtigt werden, daß das Wasser niemals eine unendlich glatte Fläche darstellt. Ein Körper, der quasi nur über der Oberfläche schwebt, würde ständig auf den Wellenbergen ›anecken‹, und sind diese auch noch so klein. Die Folge wäre, daß sich das Boot nach kurzer Anlaufzeit aufschaukelt und wie ein wildgewordenes Känguruh auf der Wasserfläche herumspringt. Deshalb ist ein gut dosierter Kontakt mit dem Wasser unerläßlich. Wie diese Betrachtungen zeigen, soll der Rumpf stabil auf dem Wasser gleiten und größere Wellen nicht überspringen, sondern möglichst verlustarm durchschneiden. Dabei sind geringe Reibungsverluste im Wasser und kleiner Luftwiderstand durch strömungsgünstige Form anzustreben. Auch die Spritzwasserentwicklung bringt wesentliche Verluste. Es ist zwar optisch

Bild 8 SEAMASTER, Elektroboot – halb Verdränger – halb Gleiter

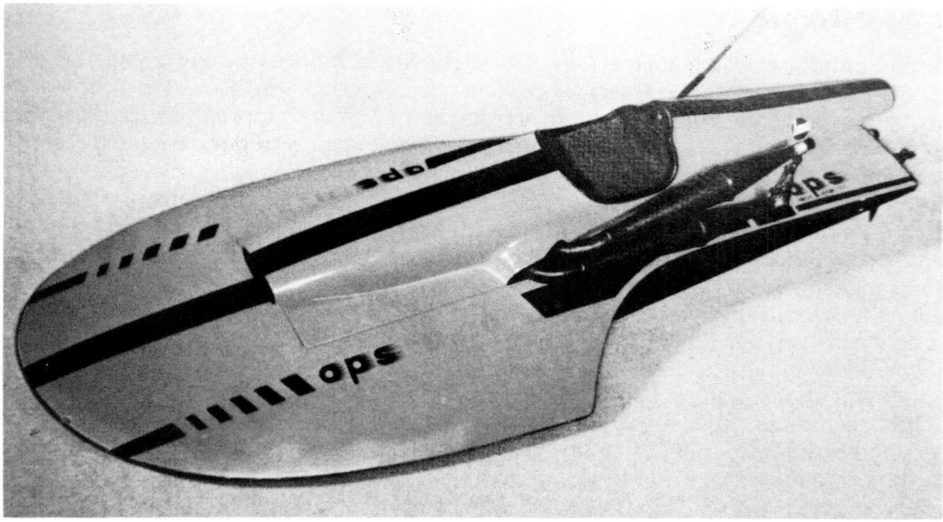

Bild 9 KOBRA – Mit diesem Stufengleiter erzielte Gergio Merlotti 156 km/h

recht eindrucksvoll, wenn durch das Boot tüchtig Wasser aufspritzt, vor allem in eng gefahrenen Kurven, man muß sich aber darüber im Klaren sein, daß das Aufwerfen des Wassers kostbare Energie erfordert, die dann letzten Endes für den Vortrieb verlorengeht, ja sogar hemmend wirkt.
In der Praxis sind heute drei wesentliche Arten von Gleitkörpern anzutreffen: V-Form, Hydro- und Tunnel-Bootskörper.

Bild 10 Exotische Formgebung zur Fahrtstabilisierung; erinnert an einen Flügelrochen

V-Bootskörper

Diese Rumpfform ist die am meisten verbreitete. Sie ist für alle Anwendungen geeignet, für SR-Rennen ebenso wie Geschwindigkeits- und Figurenkurs. Der wesentliche Vorteil gegenüber anderen Formen liegt in der stabilen Lage und dem relativ geringen Geschwindigkeitsabfall bei höherem Wellengang. Begünstigt wird der geringe Wasserwiderstand selbst in sehr unruhigem Wasser durch die mehr oder weniger ausgeprägte V-Form, die am Bug beginnt und bis zum Heck verläuft. Bei richtiger Ausgestaltung des Körpers und Austrimmung des Schwerpunktes gleitet das Boot in voller Fahrt nur etwa mit dem hintersten Drittel der Rumpflänge auf dem Wasser, wodurch nahezu keine Bugwelle entsteht. Die Wellen werden also mehr zur Seite zerteilt und es geht wenig Energie verloren, da der Rumpf nicht schieben muß.
Theoretisch wird das Boot schneller, je größer das Längen/Breiten-Verhältnis ist. Mit zunehmender Antriebsleistung ist jedoch eine natürliche Grenze gesetzt, nämlich das Drehmoment des Motors. Man muß sich das folgendermaßen vorstellen: Das Blatt der Antriebsschraube bildet effektiv bei der Drehbewegung einen Hebel, der durch den Widerstand des Wassers ein Gegendrehmoment rechtwinklig zur Längsachse des Bootskörpers erzeugt. Diese Kraftkomponente ist nun bestrebt, das Boot umzuwerfen. Vor allem in engen Kurven wird der Effekt zusätzlich noch durch die sich verlagernden Massenverhältnisse begünstigt. Das bedeutet, daß das Breitenverhältnis nicht beliebig groß gehalten werden kann. Für schnelle Boote sollte als Anhaltspunkt ein Verhältnis von etwa 1:2,6 bis 1:3 dienen, das nicht überschritten werden darf.
Praktische Versuche für die Optimierung von Formen sind insofern schwierig auszuwerten, weil das Verhalten des Bootes in seinen einzelnen Bewegungsphasen wegen der hohen Geschwindigkeit nur ungenau beobachtet werden kann. Das Festhalten der kritischen Momente mit einer Hochgeschwindigkeitskamera sowie Tests in Strömungskanälen wären eine große Hilfe für die Weiterentwicklung. Erkenntnisse aus der Strömungslehre im Großschiffbau sind auch nur bedingt anwendbar, da es, banal gesagt, keine Wasser im Maßstab 1:10 oder 1:100 gibt. Aber wir wollen ja aus unserem Hobby ohnehin keine Wissenschaft machen.
Die V-Form des Rumpfbodens kann sich abgeschwächt bis zum Heckspiegel hinziehen oder zum Heck hin langsam auslaufend in eine Gerade übergehen. Bei dieser Überlegung müssen wir noch zwei weitere Gesichtspunkte berücksichtigen, die Längsführung des Bootes und die Spritzwasserentwicklung. Trotz der V-Form, die ja praktisch als Kiel führend und stabilisierend wirkt, würde das Wasser seitlich ausweichend in beträchtli-

Bild 11 BELLA von Gundert, 15 ccm-Boot mit ausgeprägter V-Form

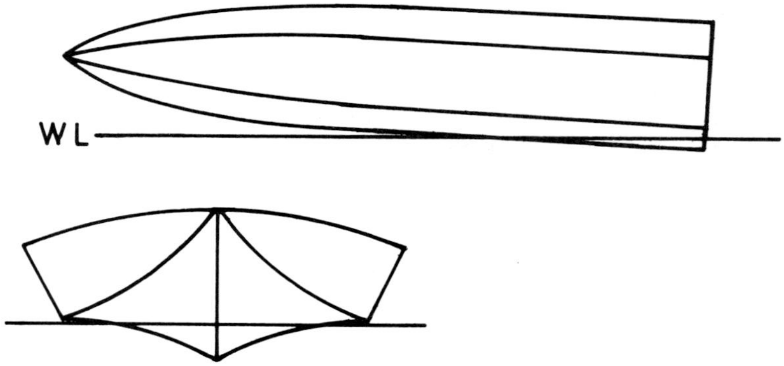

Bild 12 Standard-Rumpf in V-Form

chen Mengen hochspritzen. Auch in den Kurven kann das Modell leicht abdriften. Dagegen läßt sich das seitlich verdrängte Wasser sogar noch für den Auftrieb und damit zur Verbesserung der Gleitfähigkeit nutzbar machen, indem man in Längsrichtung sogenannte Gleitstringer anbringt. Zumindest die Außenkante des Rumpfes sollte so nasenförmig ausgebildet sein. Außer der Außenkante lassen sich je nach Rumpfbreite noch eine oder zwei weitere Stringer integrieren. Solche Rümpfe werden damit ganz wesentlich von den Gleitstringern getragen bei guter Führungstabilität und geringer Spritzwasser-Entwicklung.

Hydro-Bootskörper

Während bei der herkömmlichen V-Form der Bootskörper eine homogene Einheit bildet, kann das Hydroboot bis zu drei Schwimmkörper aufweisen. Das meist gerade Bodenteil hat nach dem vorderen Drittel eine Stufe, die quer zum Rumpf durchgehend über die ganze Breite oder auch geteilt nur an den Seiten angeordnet ist. Das Boot fährt damit auf der vorderen Kante und auf der Heckkante. Eventuell liegt sogar das Heck hoch, gestützt nur von dem antreibenden Propeller. Die großen Vorbilder dieses Typs sind die soge-

Bild 13 HOT SHOT 21 – ein Hydrorenner für Verbrennungs-Außenborder mit 3,5 ccm, Hersteller Dumas Boats

nannten Proprider, die Propeller-Reiter, welche in der Klasse der Unlimited Hydros schon Geschwindigkeiten bis zu 350 Stundenkilometer erreichten. Das Hydro-Boot ist also ein Höchstgeschwindigkeitsfahrzeug. So ist zum Beispiel in den Fessel-Rennbootklassen ausschließlich der Hydrokörper anzutreffen. Als Besonderheit sei bemerkt, daß Fesselrennboote den Zustand der Schwimmfähigkeit nur mit Hilfe des Stufen-Auftriebs in Verbindung mit hoher Geschwindigkeit erhalten.

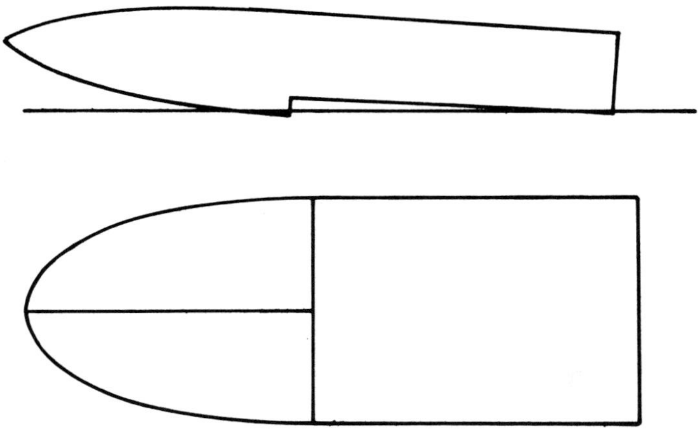

Bild 14 Hydro-Form mit durchgehender Stufe

Neben dem Gleiten nur auf Stufen gibt es beim Hydro einen weiteren Faktor, um hohes Tempo zu erreichen. Dies ist die Möglichkeit, die Antriebsschraube statt im vollen Unterwasserbetrieb zur Hälfte über die Wasseroberfläche ragen zu lassen. Dadurch entstehen folgende Vorteile:
Da die Schraube nur jeweils mit einer Hälfte im Wasser läuft, wird der Gegendruck geringer. Die Dampfblasenbildung geht zurück. Die Schraube kann höher drehen und nützt die Motorleistung besser aus, weil das maximale Drehmoment überwiegend im Bereich der höchstmöglichen Motordrehzahl liegt. Da die Schraube beim Halbantrieb praktisch hinter der Heckaußenkante angeordnet ist, muß das Ruder ebenfalls dahinter liegen.

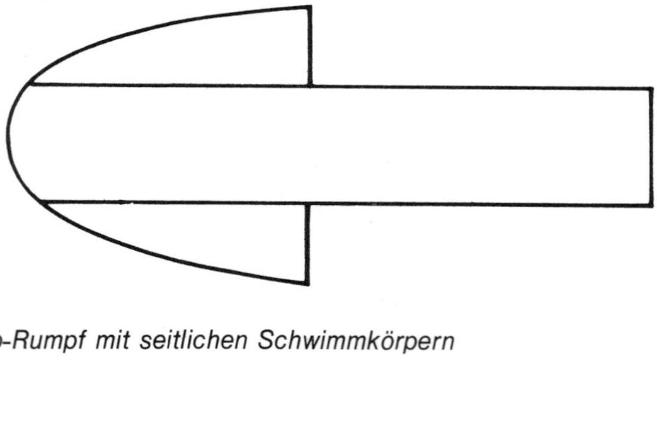

Bild 15 Hydro-Rumpf mit seitlichen Schwimmkörpern

Hierzu ist ein sehr stabiler und sorgfältig abgestimmter Mechanismus erforderlich. Wie eingangs schon erwähnt, ist das Hydro-Boot gezielt auf Höchstgeschwindigkeit getrimmt. Für Mannschaftsrennen oder gar Figurenkurs ist es meist völlig ungeeignet. Der Grund liegt hauptsächlich in der schlechten Führungseigenschaft, da die geringe Kufenauflage einfach keine Seitenstabilität ermöglicht. In den Kurven läßt sich das Boot niemals in eine enge Wende zwingen, sondern ist immer bestrebt, seitlich abzudriften. Will man dieses Manko mit entsprechend größerer Ruderwirkung ausgleichen, neigt es leicht zum Umwerfen. Weiter kommt hinzu, daß das Boot schon bei relativ geringem Wellengang zum Springen kommt und dann nur noch schwer zu beherrschen ist. Luftschraubenantriebe dagegen lassen sich am besten mit Hydro-Rumpf realisieren. Zusammengefaßt ist das Hydroboot ein reizvolles Objekt für Spitzenleistungen auf ruhigem Wasser. Die Anforderungen an das Material und das Können des Modellbauers sind besonders hoch.

Tunnel-Bootskörper

Wie der Name schon sagt, ist der Bootskörper ein tunnelförmiges Gebilde, das man auch als Katamaran ansehen kann. Die beiden Tragkörper werden durch einen flachen Boden zusammengehalten, auf dem die Aggregate aufgebaut sind. Ähnlich wie das Hydroboot ist das Tunnelboot nur für ruhiges Wasser und sehr schnellen Geradeauslauf konzipiert.

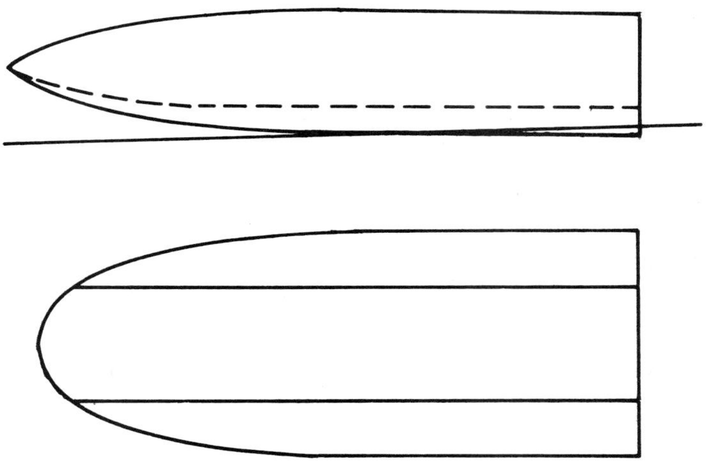

Bild 16 Tunnel-Form

Der Antrieb kann als Unterwasser- oder Halbantrieb ausgeführt werden. Es eignet sich auch gut für Außenborder sowie Luftschraubenantrieb, da die Gesamtbreite des Rumpfes zur Länge relativ groß gehalten werden kann. Wie beim Hydroboot ist das Angebot an Tunnel-Rennern sehr gering. Vertrieben werden solche Boote von den Firmen Valerino (München) und Kager (Frankfurt). Aber gerade bei den Extrem-Modellen ist die Eigenentwicklung durch den fortgeschrittenen Modellbauer besonders interessant. Auf diesem Gebiet lassen sich viele wichtige Erfahrungen in Richtung Strömungslehre, Antriebstechnik und Materialauswahl sammeln.

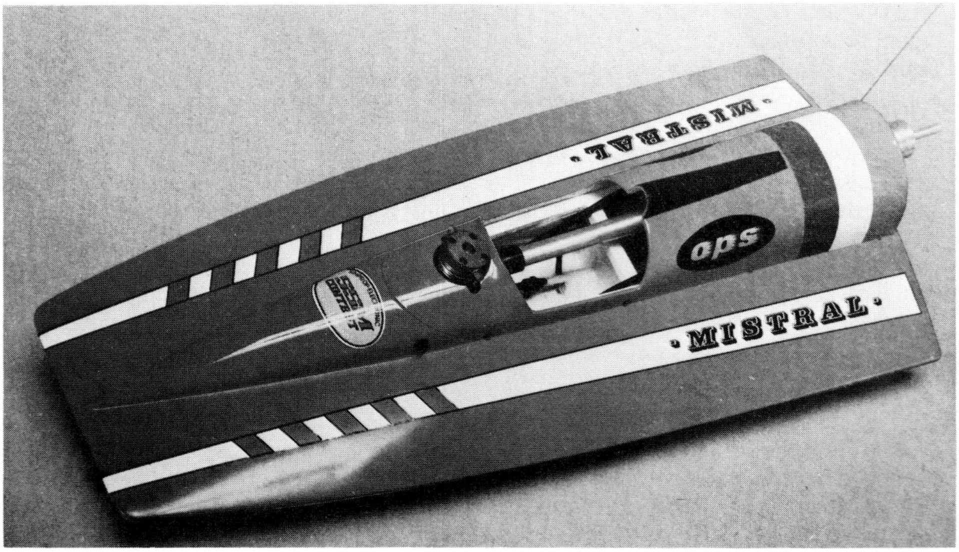

Bild 17 MISTRAL – ein Tunnel-Boot von Georgio Merlotti

TAIFUN — ein vorbildähnliches Sportboot

Wenn man von Rennbootmodellen spricht, sind gewöhnlich kleine, nicht bemannte schnelle Schiffe gemeint, aber kaum Modelle im eigentlichen Sinne. Das heißt, daß sie normalerweise keine maßstabgetreuen Miniaturausgaben von großen Vorbildern sind. Eine gewisse Ausnahme stellen eigentlich nur die Modelle bei Rennen in den USA dar, wo tatsächlich maßstäbliche Nachbauten der dort gebräuchlichen großen Rennboote eingesetzt werden.
So ist das nachstehend beschriebene Boot gewissermaßen ein Außenseiter. Bis etwa vor 15 Jahren waren solche Typen jedoch durchaus gängig. Das TAIFUN der Firma Graupner ist ein vorbildähnliches, sportliches Motorboot. Sein großes Vorbild stammt aus der Klasse der Runabouts. Diese Boote haben einen fest eingebauten Antriebsmotor, so daß der Heckspiegel anders gebaut ist als bei Sportbooten mit Außenborder. Mit dem kräftigen V-8-Motor erreichen sie Geschwindigkeiten bis zu 70 km/h. Bei schlechtem Wetter sind die Frontsitze durch ein Kabrioverdeck geschützt. Der Raum bietet sechs Personen Platz, hinter den Frontsitzen befindet sich eine Sonnenliegefläche.
Das TAIFUN entspricht in den wesentlichen Details seinem Original. Nur die Sitzanordnung ist geringfügig verändert, um die Montage des Motors zu ermöglichen. Weitere kleinere Änderungen zur Vergrößerung des Tankvolumens sind durch Weglassen eines Sitzes denkbar. Das Kabrioverdeck gibt dem Modell ein charakteristisches Aussehen. Es besteht aus ABS und wird zur Bedienung des Motors einfach zurückgeklappt.
Der Rumpf ist ebenfalls aus starkem ABS und in der Form eine Mischung aus Verdrängungs- und Gleitkörper. In Verbindung mit der vorgesehenen kräftigen Motorisierung kommt das Boot jedoch schnell in den Gleitzustand und erreicht eine gute Fahrleistung. Damit es nicht zum Springen neigt, befinden sich am Heck zwei verstellbare Trimmklappen. Weiter ist die Montage eines Ölabscheiders vorgesehen.

Bild 18 TAIFUN, ein hübsches Sportboot für die Freunde vorbildgetreuer Schiffsmodelle

Der Bau des TAIFUN ist relativ einfach und bei etwas Sorgfalt auch von ungeübten Modellbauern zu bewerkstelligen. Alle Holzteile, insbesondere die mit Mahagoni funierten Teile für das Deck, sind weitgehendst vorbereitet. Dadurch wird der Zusammenbau wesentlich beschleunigt und erfordert wenig handwerkliche Kleinarbeit. Im Rumpf ist ausreichend Platz für die Fernsteuerung vorhanden. Der Rumpf erhält eine Versteifung durch mehrere Spanten und Längsleisten zur Verstrebung. Der Motor sitzt auf einem kräftigen Buchenholzklotz. Es ist wohl selbstverständlich, daß alle Holzteile gegen den Einfluß von Wasser und Kraftstoff imprägniert werden müssen. Das Deck erhält eine Hochglanzlackierung, die dem Modell ein ansprechendes Aussehen verleiht.
Als Antrieb ist der bewährte HB 25 vorgesehen, komplett mit Wasserkühlmantel, Schwungscheibe und Kupplung. Das Servo für die Motordrossel ist im vorderen Fernsteuerraum untergebracht, der über eine Luke im Vorderdeck zugänglich ist. Der seitlich angeflanschte Schalldämpfer mündet in einen innenliegend geführten Abgasschlauch, in den der Ölabscheider zwischengeschaltet ist. Das Auspuffrohr endet im Heckspiegel.
Einige Beschlagteile, Abziehbilder, Flaggenstock und die Windschutzscheibe vervollständigen das gefällige Erscheinungsbild. Das TAIFUN ist schon vom Äußeren her kaum für Geschwindigkeitsklassen gedacht. Seine Anwendung liegt mehr im einfachen, aber doch nicht langweiligen Spazierenfahren sowie zur Übung für den Anfänger. Aber auch die Freunde des vorbildgetreuen Schiffsmodellbaus dürften an ihm ihre Freude haben. Wegen seiner starken Keilform und der daraus resultierenden wendigen Steuerbarkeit ist das TAIFUN gut für den Geschicklichkeits-Figurenkurs F3—V geeignet. Man kann das Modell auch als willkommene Abwechslung im Bau von Rennbooten sehen.

Werkstoffe

Beim Bau von Rennbooten werden die verschiedensten Materialien aus den Bereichen Holz, Kunststoff und Metall verwendet. Von der Anwendung her unterscheiden wir Werkstoffe für den Rumpfbau und solche für die Ausrüstung des Modells. Vor allem in der Rumpfkonstruktion hängt die Entscheidung im wesentlichen von der persönlichen Einstellung und den Möglichkeiten der Verarbeitung sowie den Anforderungen an Gewicht und Stabilität ab.

Es gibt wohl kaum ein Boot, das aus ein und demselben Werkstoff gefertigt ist. So sind also im allgemeinen verschiedene Materialien aufeinander abzustimmen. Obwohl sich auch im Rennbootbau Kunststoff immer mehr durchsetzt, spielt der klassische Werkstoff Holz dennoch eine bedeutende Rolle. Zumindest für die Erstellung von Formen für die Anfertigung von Kunststoffrümpfen oder zum Bau von Gerippen, die dann mit Kunststoffen überzogen werden, ist Holz nicht wegzudenken. Je nach Anwendung kommen unterschiedliche Holzarten in Frage.

Sperrholz

Das sogenannte Flugzeugsperrholz gibt es in Stärken von 0,4 bis etwa 8 Millimeter. Es weist eine beträchtliche Flächenfestigkeit auf und ist meist wasserfest verleimt. Wegen der sauberen und glatten Oberfläche ist es in Stärken von etwa 0,8 bis 1,5 mm bestens zur Beplankung von Rumpfgerippen geeignet. Es muß für die Lackierung kaum mehr nachgearbeitet werden. Stark geschwungene Rundungen lassen sich jedoch kaum herstellen, Sperrholz ist also mehr etwas für gerade oder nur leicht gewölbte Flächen. Größere Stärken eignen sich vorzüglich für Motorspanten, Heckteil und andere Versteifungen. Um dauerhaft wasserfest zu sein, müssen auch die Innenflächen mit Lack entsprechend imprägniert werden.

Balsaholz

Hauptsächlich bei den Rennbootklassen mit Elektroantrieb und Gewichtslimitierung ist Balsaholz weit verbreitet. Der ganze Rumpf, angefangen vom Spantengerippe mit den Längsleisten bis zur Beplankung, läßt sich aus Balsa anfertigen. Es ist leicht und schnell zu verarbeiten und ermöglicht superleichte Rumpfkonstruktionen. Nachteilig ist nur die geringe Flächenfestigkeit, selbst bei größeren Stärken. Für Boote, die alleine fahren und nicht mit anderen kollidieren können, ist dies aber kein größeres Problem. Boote für Mannschaftsrennen müssen jedoch unbedingt durch Kunstharzbeschichtung eine höhere Festigkeit bekommen.
Balsaholz gibt es außerdem in vielen Profilen und Größen sowie als Sperrholz. Damit lassen sich in idealer Weise beliebige Versteifungen herstellen.

Bild 19 Auch aus Holz lassen sich stabile Rümpfe herstellen

Kunststoffe

Bei den Kunststoffen unterscheiden wir solche, die in fester Form wie Holz verarbeitet und Harze, die in flüssiger Form angewandt werden. Die gebräuchlichsten Feststoffe sind ABS, Polystyrol und Styropor. Der Fachhandel bietet sie in den verschiedensten Stärken an.

ABS (Acrylnitril-Butadien-Styrol)

ABS gibt es in Plattenform und inzwischen auch als Profilstangen. Es läßt sich leicht sägen, schleifen und bohren. Stärkere Verformung ist durch Erwärmen möglich. Die Oberfläche ist weiß und glatt und mit anderen Werkstoffen gut zu verbinden. Geeignet hierzu sind alle Zweikomponenten-Kleber, Vernetzungskleber und bedingt auch Uhu-hart. Baukastenmodelle haben meist Rumpfschalen aus ABS.

Polystyrol

Platten aus diesem Material haben ähnliche Eigenschaften wie ABS. Zu beachten ist aber, daß zum Kleben Uhu-hart und Stabilit von Henkel nicht geeignet sind. Polystyrolteile untereinander lassen sich am besten mit speziellen Polystyrolklebern wie zum Beispiel Uhu-Plast verbinden. Ansonsten verwendet man ebenfalls Zweikomponentenkleber wie Uhu-Plus. Gelegentlich findet man Polystyrol auch bei Baukästen. Da es optisch schwer von ABS zu unterscheiden ist, empfiehlt sich eventuell eine Klebeprobe. Polystyrolrümpfe, die versehentlich mit Stabilit geklebt wurden, gehen im wahrsten Sinne des Wortes aus dem Leim.

CAB (Cellulose-Acetobutyrat)

Diese durchsichtigen Platten gibt es glasklar oder in den verschiedensten Tönen eingefärbt. Gegenüber Plexiglas ist CAB nicht spröde, läßt sich sehr gut formen und mit Uhu-hart kleben. Dabei muß man aber aufpassen, daß kein Klebstoff auf die sichtbaren Flächen danebengeht. Das gibt häßliche Flecken, weil der Kleber ähnlich wie beim Polystyrol die Oberfläche anlöst.

Styropor

Styropor ist eigentlich nichts anderes als geschäumtes Polystyrol und der leichteste Werkstoff im Modellbau. Styroporplatten gibt es in Dicken von 10 bis ca. 50 Millimeter und verschiedenen Härten. Artverwandt sind die Hartschaumplatten Styrodur. Man kann daraus komplette Rümpfe in Schichtbauweise herstellen. Mit Kunstharz und Glasmatte überzogen, wird eine beträchtliche Festigkeit erzielt. Zum Ausfüllen von Hohlräumen ist Styropor hervorragend geeignet, das Boot unsinkbar zu machen. Das Zuschneiden läßt sich am besten mit der Thermosäge bewerkstelligen. Geklebt wird Styropor z. B. mit Uhu-Por. Nicht geeignet sind Aceton- und Cellulose-haltige Kleber.

Epoxy, Platten

Glasfaserverstärkte Epoxyplatten gibt es aus der Computerindustrie in Stärken von 1,5 bis etwa 5 mm. Wegen ihrer enormen Festigkeit sind sie bereits in 1,5 mm Dicke für Verstrebungen, Deckel, Motorträger und Servohalterungen bestens geeignet. Die Normalausführung mit Kupferbeschichtung läßt sich zur Verbindung einfach weichlöten, was eine rasche Montage ermöglicht. Besonders zur Befestigung von Muttern und ähnlichen Verbindungselementen ist das Anlöten ideal, weil eine höhere Zuverlässigkeit der Verbindung zu erreichen ist als mit Kleben.

Kunstharze

Unter den für den Modellbau geeigneten Kunstharzen finden sich zwei Gruppen, die Polyester- und die Epoxy-Harze. Während anfangs ausschließlich Polyester verwendet wurde, wird heute zunehmend Epoxy genommen. Beide Arten haben ihre Vor- und Nachteile, so daß die Entscheidung von folgenden Faktoren abhängt.

Polyester

Früher benötigte man zur Polyesterverarbeitung drei Komponenten, das eigentliche Harz, den sogenannten Beschleuniger und den Härter. Heute ist der Beschleuniger zur Beeinflussung der Aushärtezeit meist schon dem Harz beigemischt. Vor Gebrauch aber unbedingt bereits in der Dose gut umrühren, weil der Beschleuniger oft oben schwimmt! Es kann sonst passieren, daß später überhaupt kein brauchbares Harzgemisch zustandekommt. Je nach Gebrauchsanweisung ist die entsprechende Menge Härter in Volumens- oder Gewichts-Prozenten beizumengen und zu mischen. Das Harz kann mit speziellen Farbpasten eingefärbt werden, damit man sich eventuell später das Lackieren spart. Polyester härtet schnell aus, die Elastizität läßt sich mit der Härtermenge dosieren. Nachteilig ist die fürchterliche Geruchsentwicklung. Also bitte, Polyester nicht in der Wohnung, sondern immer nur in gut durchlüfteten Räumen verarbeiten.
Das Harz für sich alleine hat noch keine besondere Festigkeit. Ähnlich wie beim Beton im Hausbau muß deshalb eine Armierung hinzukommen. Diese erfolgt in Form von Glas-Gewebe, -Seide oder -Matte, deren Stärke in Gramm pro Quadratmeter definiert ist. Für kleine und leichte Rümpfe genügt oft schon eine Lage mit 45 bis 120 g/qm. Größere erfordern zwei Lagen, welche die Festigkeit mehr als verdoppeln. Stärker beanspruchte Stellen führt man entsprechend dicker aus. Das ausgehärtete Harz läßt sich gut bearbeiten. Zur Verbindung mit anderen Materialien eignen sich Zweikomponentenkleber.

Epoxy

Im Gegensatz zu Polyester ist das Epoxy langsam härtend. Durch die längere Tropfzeit kann in Ruhe und somit sorgfältiger gearbeitet werden. Epoxy ist ferner einiges leichter und weist eine höhere Festigkeit auf. Ein Punkt ist unbedingt zu beachten: Hat man einmal mit Epoxy angefangen, muß man auch jede weitere Anpassung wieder mit Epoxy vornehmen. Dies ist besonders wichtig beim Verkleben mit Metall. Dazu ist ausschließlich Epoxykleber zu verwenden. Das Epoxyharz entwickelt kaum lästigen Geruch und wird ähnlich wie Polyester verarbeitet.

Metalle

Beim Bau von Rennbooten sind praktisch die gleiche Metalle gebräuchlich wie im übrigen Schiffsmodellbau. Deshalb soll hier nur kurz auf Besonderheiten eingegangen werden.
Für die Herstellung von Schalldämpfern können unter anderem Aluminiumlegierungen verwendet werden, die aber eine besonders hohe Wärmefestigkeit erfordern. Wegen der zusätzlichen Probleme mit der Schweiß- bzw. Hartlöttechnik ist der Selbstbau von Schalldämpfern für den Durchschnittsmodellbauer ohnehin uninteressant und sollte deshalb den entsprechend eingerichteten Spezialisten überlassen werden.
Besondere Metalle und Härte- oder Oberflächenbehandlungen sind erforderlich für Kupplungen, Antriebswellen, Motorhalterungen und Antriebsschrauben.
Eine allgemeine Empfehlung kann nicht gegeben werden, da die Entscheidung immer vom spezifischen Einzelfall abhängt. Generell gilt aber, daß man lieber auf mehr Festigkeit und damit Zuverlässigkeit hinarbeiten sollte. Die meisten hochbeanspruchten Teile gibt es in praxisnaher Abstufung beim Modellbau-Fachhandel. Der noch unerfahrene Anfänger kann sich beim Selbstbau bezüglich Materialauswahl und Dimensionierung an diesen Serienprodukten orientieren.

FSR-1,8-Boot in Holzbauweise

Die SR-Klasse für Verbrennungsmotoren bis zu einem Hubraum von 1,8 ccm war ursprünglich quasi als ›Volksklasse‹ gedacht. Durch den Einsatz eines relativ preiswerten Motors und niedrigen Gesamtkosten sollte gerade den Anfängern und dem Nachwuchs der Einstieg in wettbewerbsmäßiges Rennbootfahren erleichtert werden. Im Laufe der wenigen Jahre hat sich seit dem Beginn daraus jedoch eine Expertenklasse entwickelt, mit dem Effekt rückläufiger Teilnehmerzahlen. Hier zeigt sich deutlich, daß starres Festhalten an anfänglich gut bewährten Regeln mit der Zeit dennoch zum ›Verhungern‹ einer Klasse führen kann, wenn der eigentlich angesprochene Kreis nicht mehr mitzuhalten in der Lage ist. Betrachtet man nur den heute verwendeten und allein erfolgversprechenden Motor mit seinem gegenüber den ersten Typen dreifach höheren Preis, so ist das 1,8er Boot wohl nicht mehr als billiges Vergnügen zu bezeichnen. Vielleicht könnte durch eine Begrenzung der datenblattmäßigen Motorleistung auf beispielsweise 0,25 kW ähnlich der kleinen FSR-E Klasse wieder mehr Anreiz für den Anfänger gegeben werden. Damit hätten auch einfache, eigenentwickelte Bootskonstruktionen eine Chance.
Günter Keim hat darüber nachgedacht, ob sich nicht mit geringem Aufwand ein flotter, kleiner Renner machen ließe. Nach einiger Planung lag dann eine ›dufte Flunder‹ vor, ganz anders geartet als die üblichen, nahezu untereinander gleichen, heißen Konstruktionen, wie man sie sonst auf Rennen sieht.
Das Boot hat keinen scharfen ›Killer‹-Bug wie die meisten anderen 1,8er Renner, sondern ist vorne schön umweltfreundlich stumpf. Trotz der bedingt durch die Sperrholzbauweise nur geringen V-Form des Rumpfbodens läßt es sich hervorragend steuern, ist kaum umzuwerfen und selbst mit dem guten alten Sprint 1,8-Motor gar nicht so viel langsamer als die hochfrisierten Spitzenboote. Bei den FSR-Rennen zeigt sich nämlich immer wieder, daß es nicht unbedingt auf die absolute Geschwindigkeit ankommt, oft ist ein langsameres, aber dafür auf Zuverlässigkeit getrimmtes Boot erfolgreicher.
Als alter Holzfan und Tüftler (was gibt es auch Schöneres als Holz im Schiffsmodellbau?) hat Günter Keim den Rumpf in Spantbauweise und 1 mm-Sperrholzbeplankung erstellt.

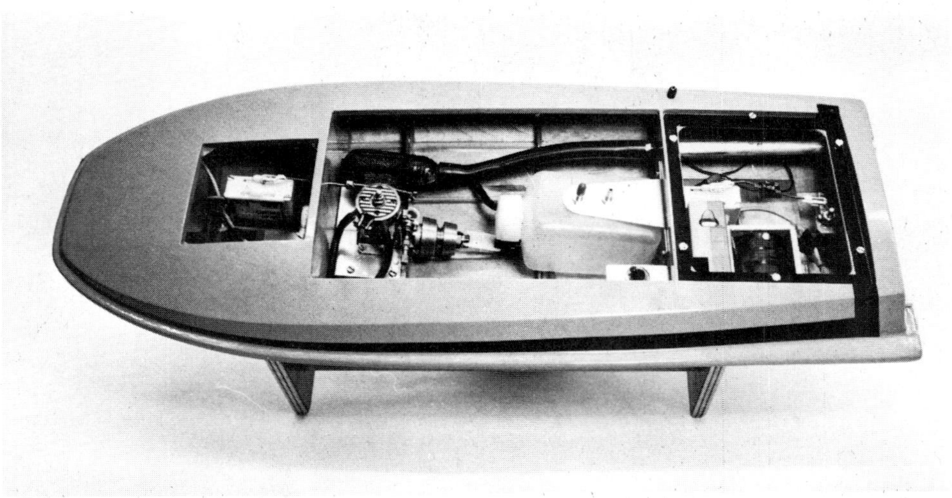

Bild 20 Der saubere Aufbau dieser Eigenkonstruktion sichert hohe Zuverlässigkeit im Rennen

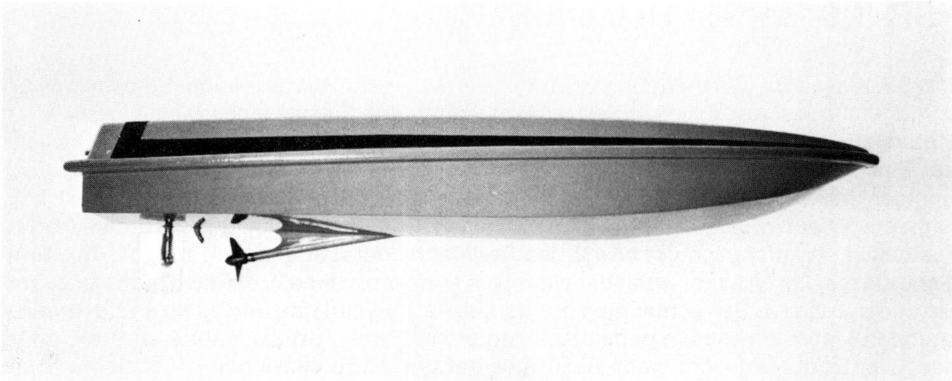

Bild 21 Der Rumpfboden hat eine nur schwach ausgeprägte V-Form

Selbstverständlich wurde das Ganze streng nach den Regeln der Holzbehandlung sorgfältig imprägniert, damit Kraftstoff und Wasser nicht allzuschnell zersetzend wirken. Nach drei Jahren harten Rennbetriebs sieht es im Innern noch aus wie neu.
Als Antriebswelle dient eine ganz gewöhnliche, handelsübliche Gleitlagerwelle, die, über ein Schmierrohr versorgt, im Ölbad läuft. Der Motor sitzt auf einer massiven Aluplatte. In Verbindung mit dem stabilen Aufbau entstehen nur geringe Vibrationen. Eine technische Besonderheit stellt die Kupplung dar. Günter Keim hat sich, wie sicher auch viele andere Modellbauer, oft darüber geärgert, daß die einfachen, handelsüblichen Doppel-Kreuz-

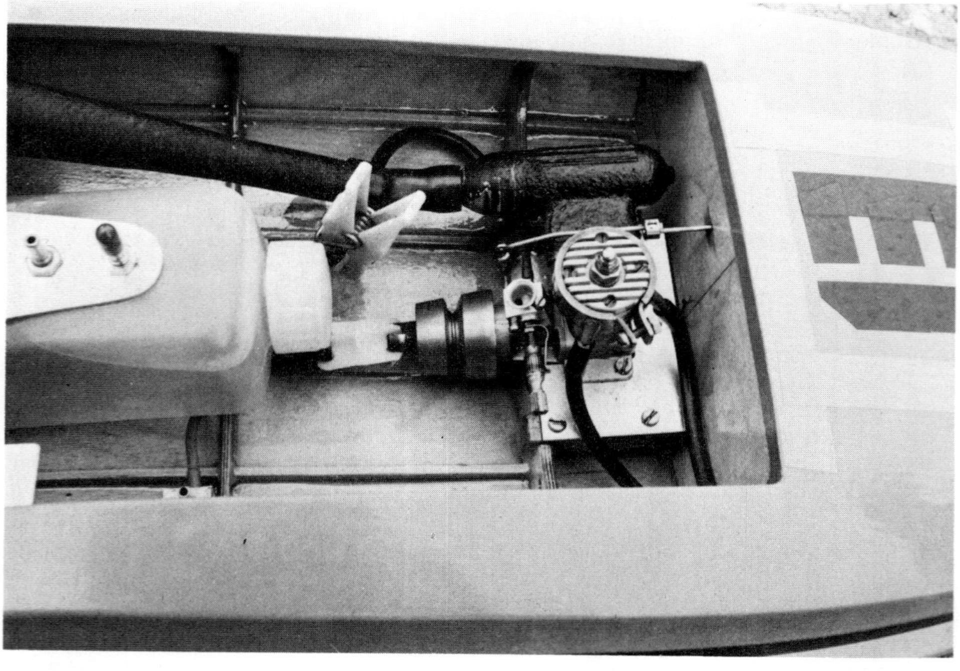

Bild 22 Die selbstgebaute Spezialkupplung erfordert eine nur geringe Einbaulänge

gelenk-Kupplungen eine für kleinere Boote viel zu große Baulänge aufweisen und zudem selbst bei so schwacher Motorisierung schnell einlaufen. Nach einigen Versuchen kam er zu folgender Lösung, die für Boote dieser Größenordnung bestens empfohlen werden kann. Verwendet werden die normalen Klemmstücke, aber ohne das Kreuzgelenkstück. Dieses wird ersetzt durch einen kreuzförmigen Mitnehmer aus Nylon, den man sich aus dem Schubkolben einer gewöhnlichen Einwegspritze herstellt (erhältlich in jeder Apotheke). Der erforderliche zweite Kreuzschlitz wird in die Klemmstücke eingefeilt, deshalb muß man beim Kauf darauf achten, keine gehärteten Typen zu bekommen. Die Kupplung zeichnet sich durch besonders geräuscharmen Lauf und Elastizität aus.
Da der Motor nicht untersetzt ist, treibt er eine Schraube mit nur 35 mm. Für das 30-Minuten-Rennen genügt dem verwendeten Motor ein Tank mit 250 ccm. Zur Schonung der Umwelt ist ein ordentlicher, außenliegender Schalldämpfer schräg nach oben geführt, was dem Modell ein ›heißes‹ Aussehen verleiht. Trotz nicht optimaler Anpassung liegt das Fahrgeräusch deutlich unter 80 dB(A). Zwei Servos dienen der Steuerung von Ruder und Motordrossel.
Insgesamt betrachtet, zeigt die vorliegende Lösung, daß auch mit geringen finanziellen Mitteln ein SR-Rennboot zu machen ist, das dabei keineswegs langweilig und gleichzeitig auch für F3-V gut geeignet ist.
Verwendeter Motor: Hörnlein Taifun Sprint, 1,78 ccm

Selbstbau von Rümpfen

Im Rumpfbau gibt es mehrere langjährig bewährte Fertigungstechniken. Die Wahl der Methode hängt von verschiedenen Faktoren ab. Dazu sind zunächst folgende Fragen zu klären:

Kommt es auf Stabilität oder mehr auf geringes Gewicht an?
Handelt es sich um eine Neukonstruktion oder den Nachbau bewährter Formen?
Ist ein Einzelstück zu erstellen oder eine ganze Serie geplant?
Verbrennungsmotor oder Elektroantrieb?

Die nachstehende Tabelle soll einen Überblick darüber vermitteln, welche Konstruktionsart für welche Anwendung geeignet ist.

	Schichtbauweise in Holz	Schichtbau mit Styropor-Kern	Holzgerippe mit Holzbeplankung	Holzgerippe mit Kunstharzschicht	Voll-Kunstharz-Konstruktion
Versuchs-Modell	X	X	X	X	
Leichtbau		X	X	X	X
F-Klassen		X	X	X	X
FSR-Kl.		X		X	X

Schichtbauweise

Die Schichtbauweise ist die klassische Form der Rumpfkonstruktion im Schiffsmodellbau. Damit lassen sich in Holz sehr stabile Rümpfe herstellen. Nur wird ein solches Gebilde allgemein zu schwer sein, weil zwangsläufig relativ große Wandstärken entstehen. Es sei denn, man verwendet Balsaholz oder Styropor als Basismaterial.
Bei der Schichtbauweise werden mehrere Brettchen in den ungefähren äußeren Konturen des späteren Rumpfes zugeschnitten und mit Ausschnitten entsprechend dem gewünschten Innenraum versehen. Danach sind die Schichten aufeinander zu verleimen.

Anschließend muß die genaue Form durch Grob- und Feinschliff herausgearbeitet werden, zuerst der Innenraum, dann die Außenseite. Um die richtige und vor allem symmetrische Form zu erhalten, fertigt man sich als Hilfsmittel aus Karton Schablonen an, mit denen die Kontur nach dem Plan leicht zu kontrollieren ist.
Für Versuche sowie als Negativform zur Herstellung von GfK-Rümpfen genügt der Rumpf in diesem Stadium seinen Anforderungen. Natürlich muß lackiert werden, will man ihn schwimmen lassen. Zur Verbesserung der Seitenstabilität ist es meist notwendig, Querspanten einzubringen. Für den längeren Gebrauch ist der Schichtrumpf selbst nach zusätzlichem Kunstharzüberzug nur bedingt brauchbar, weil das Holz ein lebender Werkstoff ist. Das Ganze wird sich mit der Zeit verziehen, bei unsachgemäßer Verleimung können die Schichten aufreißen.
Styropor läßt sich für die Schichtbauweise besser anwenden. Selbstverständlich kann dabei das Styropor nicht roh bleiben, sondern muß ein schützendes Kleid erhalten. Dieses wird mit dünnem Balsaholz oder, noch besser, mit Kunstharz und Glasmatte bewerkstelligt. Den Styroporkern läßt man zunächst ohne Aussparungen, diese werden erst nach Fertigstellung des Außenmantels herausgearbeitet.
So ein Styropor-Rumpf ist in kurzer Zeit herzustellen. Er hat wegen der Füllung eine gute Festigkeit und wird gleichzeitig ohne besonderen Mehraufwand sinksicher.

Spantbauweise

Diese Konstruktionsart hat ihren Namen von den verwendeten Spanten. Dabei wird der Rumpf über seine Länge wie im Großschiffbau in mehrere Abschnitte eingeteilt. Längsleisten verbinden die Querspanten zu einem der äußeren Rumpfgestalt entsprechenden Gerippe. Das Gerippe kann dann mit Holz oder in Kunstharztechnik beplankt werden. Die Spantbauweise ist die Methode, die am einfachsten und in kürzester Zeit zum fertigen Rumpf führt. Oft wird sie auch als Basis für die Serienherstellung von Schalenrümpfen angewandt.
Für die Erstellung des ganzen Gerippes sind im Prinzip fast alle Holzarten sowie ABS geeignet. Für Leichtkonstruktionen nimmt man zu den Spanten Balsaholz mit etwa 4 bis 6 mm Dicke und ebensolche Vierkantleisten zur Verbindung. Für Boote mit Verbrennungsmotor ist es trotz eventueller Kunstharzbeplankung zweckmäßig, das stabilere Sperrholz einzusetzen. Im folgenden will ich nun aufzeigen, wie so ein Rumpf gebaut wird.

Bild 23 Die superleichten Boote der Klasse F1–E 1 kg werden meist aus Balsa in Spantbauweise hergestellt

Äquivalent zum Großschiffbau brauchen wir als erstes eine Helling. So bezeichnet man eine Baustelle bzw. in unserem Fall ein Brett, auf welchem der Rumpf aufgebaut wird. Dazu dient ein Brett, etwas größer als die äußeren Abmessungen des Bootes. Auf dieses Brett zeichnen wir die Anordnung der Spanten auf. Danach werden die Spanten nach dem Plan ausgesägt und mit den entsprechenden Ausschnitten und Einkerbungen zur Aufnahme der Längsleisten versehen.
Meist bildet die Rumpfoberseite in Längsrichtung eine Gerade. Um nun das Gerippe verwindungsfrei zusammenzubekommen, braucht man deshalb nur einfach die Spanten kopfüber, also mit der Kielseite nach oben, auf der Helling nach der Aufzeichnung befestigen. Die Befestigung kann durch leichtes Ankleben oder durch Fixierung mit Drahtstiften erfolgen. Wird geklebt, muß man daran denken, daß der Rumpf später wieder von der Helling zu entfernen ist. Jetzt passen wir die Vierkantleisten an den Spantenecken an und verkleben sie. Kleine Radien im Bugbereich werden mit den üblichen Biegetechniken, Wasserbad oder Erwärmung, in die gewünschte Form gebracht. Bewährt hat sich auch die Verwendung sogenannter Patent-Biegeleisten, die mühelos anzupassen sind.
Das Gerippe wäre nun im Prinzip fertig und könnte von der Helling weggenommen werden. Gerade aber beim darauffolgenden Beplanken kommt es leicht zu Verwindungen. Deshalb belassen wir es noch auf dem Brett, zumindest bis der Rumpfboden fertig ist. Das Beplanken ist mit Balsaholz, Sperrholz oder Glasmatte mit Kunstharz möglich. Für leichte Boote nehmen wir Balsa, ca. 1,5 mm stark, am Rumpfboden und den Seiten. Statt der Flächenbeplankung können auch Leisten, etwa 1 cm breit und 3 mm dick, aufgebracht werden. Dabei wird vom Kiel beginnend nach außen hin gearbeitet. Will man eine Kunstharzbeschichtung, ist als Träger Glasmatte notwendig, die sorgfältig zugeschnitten und aufgelegt wird. Je nach der erforderlichen Festigkeit nehmen wir Stärken von 45 bis 120 Gramm pro Quadratmeter. Wichtig ist, daß die Matte beim anschließenden Einstreichen mit Harz schön straff bleibt. Hier ist Polyesterharz eventuell dem Epoxy vorzuziehen, da es schneller anzieht und man währenddessen dabeibleiben kann, um gegebenenfalls nachzuspannen. Nach dem Aushärten kann eine weitere Harzschicht mit Glasmatte aufgebracht werden und zusätzlich eine Polyäthylen-Folie, die gleich eine schöne glatte Oberfläche ergibt.
Erfolgt die Beplankung auf Harzbasis, ist es zweckmäßig, den Rumpf bereits nach Aufbringen des Bodens von der Helling vorsichtig zu entfernen. Um eine gute Gesamtfestigkeit zu erzielen, ist es nämlich notwendig, die Matte jeweils über die Rumpfkanten hinweg zu legen. Sonst gibt es dort zwangsläufig Schwachstellen.
Der nach dem Aushärten fertige Rohrumpf wird nun sorgfältig geschliffen, gespachtelt und lackiert. Bei Balsa- und Sperrholz-Beplankung empfiehlt sich ein vorheriger Anstrich mit Epoxyharz, damit das Holz gut imprägniert ist. Das Balsa erhält dabei sogar eine brauchbare Flächenfestigkeit.

Schalenbauweise

Aus Kunstharzschalen erstellte Rümpfe weisen bei sachgerechtem Aufbau die höchste Festigkeit auf. Wegen ihrer Resistenz gegen den Einfluß von Kraftstoff sind sie besonders unter den Booten mit Verbrennungsmotor verbreitet. Von einigen Modellbaufirmen und erfolgreichen Rennbootmodellbauern wird eine beachtliche Auswahl an fertigen Rümpfen und Halbschalen angeboten. Jedoch ist für den geübten Bastler der Selbstbau von Kunstharzrümpfen interessant oder in Verbindung mit der Eigenkonstruktion vielleicht sogar die Krönung in unserem Hobby.
Es mag sein, daß die Herstellung von GfK-Rumpfschalen anfangs schwierig und mühevoll erscheint. Gerade wenn man zunächst nur ein Einzelstück anfertigen will, ist der vorbereitende Aufwand hierfür relativ hoch. Sollte sich das Boot in der Praxis aber als erfolgreich erweisen, erfordern weitere Reproduktionen nur noch wenig Arbeit, da ja bereits der Grundstock vorhanden ist.

Die Herstellung von Schalen kann in zwei unterschiedlichen Formen erfolgen, mit der Negativ-Form oder der Positiv-Form. Reproduktionen sind grundsätzlich mit der Negativ-Form vorzuziehen, weil in diesem Fall bereits beim ›Abguß‹ eine glatte Außenoberfläche entsteht. Da man selten gleich eine Negativ-Form erstellt, muß dieser der Bau der Positiv-Form vorausgehen. Sie ist nach den Beispielen der vorstehenden Kapitel zu bauen. Die Positiv-Form wird dann in einen Kasten mit Gipsmasse gedrückt, um darin die Negativ-Form zu erhalten. Anschließend wird der Gipsabdruck sorgfältig gespachtelt und lakkiert. Bei der Form ist darauf zu achten, daß die spätere Schale nach dem Abguß auch herausgenommen werden kann. Rennboot-Rümpfe werden daher meist in zwei Schalen, der Ober- und Unterschale, mit umlaufender Nahtwulst erstellt.

Bild 24 Das für die Schalenherstellung erforderliche Harz sowie Trennmittel zum Ausformen

Je sorgfältiger die Form auspoliert ist, um so weniger muß später nachgearbeitet werden. Eigentlich sollte dies gar nicht notwendig sein. Bevor nun Harz in die Form hineinkommt, darf folgendes nicht vergessen werden: Die Form ist unbedingt mit einem speziellen Trennwachs einzuwachsen, sonst kann danach die Schale nicht ohne Zerstörung entformt werden!
Zum Abguß mischen wir nach der Gebrauchsanleitung das Harz (Polyester oder Epoxy) gründlich. Bei zusätzlichem Einmengen von Färbemitteln läßt sich das Lackieren des Bootes sparen. Nun streichen wir die Form mit einem normalen Pinsel mit Harz aus und legen in schnellem Arbeitsgang die vorher entsprechend zugeschnittene Glasmatte ein. Je nach Kompliziertheit der Form sind mehr oder weniger breite Streifen Matte einzubringen, die sich überlappen müssen, damit ein guter Verbund gewährleistet ist. Besonders beanspruchte Stellen erhalten angemessene Verstärkungen. Wieviele Lagen Glasmatte notwendig sind, hängt von den Anforderungen nach Festigkeit und Gewicht ab. Polyesterschalen lassen wir einen Tag in der Form bei normaler Raumtemperatur. Danach werden sie vorsichtig ohne Gewaltanwendung herausgenommen und brauchen praktisch nur noch zusammengeklebt zu werden, wozu das gleiche Harz genommen wird.
Epoxyschalen kann man nach dem Ausformen noch einer besonderen Behandlung zur Verfestigung unterziehen. Dazu lagern wir die Teile bei 50 bis 60 Grad einen oder zwei Tage lang. Diesen Vorgang nennt man tempern.
Je nach erzielter Festigkeit des Rumpfes kann man noch zusätzlich Spanten einbringen, falls mehr Stabilität geboten ist.

Elektrorennboot für FSR-E Klasse

In den letzten zwei Jahren hat sich in der Entwicklung einer FSR-Klasse mit Elektroantrieb einiges getan. So wurden im Rahmen vieler Wettbewerbe Testrennen unter den verschiedensten Teilnahmebedingungen veranstaltet. Eine einheitlich brauchbare Regelung auf internationaler Basis hat sich daraus leider noch nicht entwickelt. Auch der NAVIGA-Entwurf ist sicher nicht der Weisheit letzter Schluß. Es bleibt also weiter abzuwarten, welche Lösung sich in praktischen Versuchen am besten bewährt. In der derzeitigen Situation sind die interessierten Rennbootbauer allerdings leicht verunsichert. Vor allem eine gezielte Vorbereitung auf die stark unterschiedlichen Startbedingungen ist nicht einfach. Um nun mit möglichst einem einzigen Bootstyp alle Forderungen abdecken zu können, wollen wir erst mal die derzeit bekannten Klassifizierungen näher betrachten.

Klassifizierung

Unabhängig davon, ob nun eine Grenze auf Gewicht oder Batteriekapazität basiert, zeichnen sich ganz deutlich zwei Klassen ab. Zunächst eine kleine, die mehr für Einsteiger oder allgemein auf geringeres finanzielles Engagement abgestimmt ist. Daneben eine große Klasse für die Spezialisten und Freunde von Materialschlachten. Für den Fall einer Gewichtslimitierung beinhaltet der NAVIGA-Entwurf die Grenze kleiner oder größer als 2 kg. Andere Theorien sehen eine Begrenzung der mitgeführten NiCd-Batterien auf 7, 8 oder 10 Zellen mit jeweils 1,2 Ah vor. Weitere Kriterien wären Kurs und Laufdauer, die aber nicht wesentlich in die Konstruktion des Bootes eingehen. Die vorstehenden Differenzen zeigen, daß die Konzeption des FSR-E Bootes sehr flexibel sein muß. Dabei ergeben sich zwangsläufig folgende Grundforderungen:

— möglichst leichte, aber gleichzeitig ausreichend stabile Rumpfkonstruktion für den Fall einer oberen Gewichtsgrenze,
— variable Motoraufhängung zum einfachen Wechsel beliebiger Antriebe,
— standardisierte Batteriepacks und entsprechend bemessener Unterbringungsraum.

Rumpfkonstruktion

Das im folgenden beschriebene Boot ist von der Größe her so dimensioniert, daß es am besten für die kleine Klasse geeignet ist. Bei Vergrößerung aller Maße um 20 % ist die Konstruktion auch für die große Klasse einsetzbar.
Bei einer Gewichtsgrenze von 2 kg und der Annahme von mindestens 2 mal 10 Zellen 1,2 Ah (gesamt 1 kg) verbleiben für das komplette Boot ohne Batterie 1 kg. Geht man von den üblichen Gewichten der einzelnen Komponenten aus, so kann der leere Rumpf etwa 200 bis 230 Gramm schwer sein. Dies ist auch für weniger Geübte ohne große Anstrengung im Selbstbau realisierbar. Trotz allen Strebens nach Leichtigkeit darf man natürlich nicht vergessen, daß das FSR-E Boot nicht allein auf dem Wasser unterwegs, sondern in einem ganzen Pulk von Mitstreitern häufig Kollisionen ausgesetzt ist. Wir greifen deshalb auf bewährte Techniken zurück und wählen für den Aufbau ein Gerippe aus Balsaholz mit Balsabeplankung und anschließender Epoxybeschichtung. Mit 54 cm Länge und 21 cm Breite wird in Verbindung mit einer leichten V-Form des Rumpfbodens sowie zwei Stringern eine gute Führung bei ausreichender Wendigkeit erzielt. Durch das Breitenverhältnis und die fast senkrechten Seitenwände ist das Boot auch relativ sicher gegen Umwerfen.

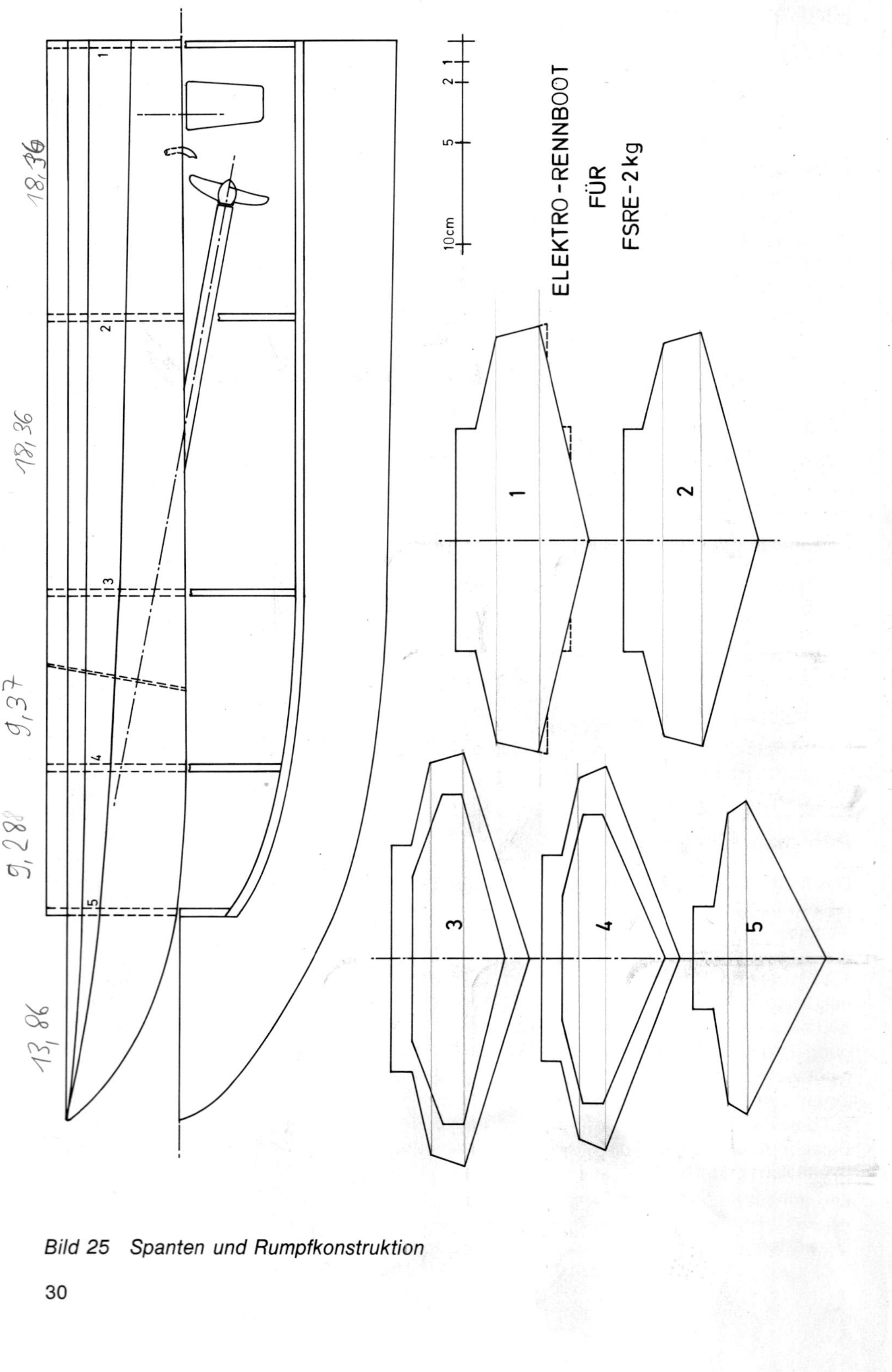

Bild 25 Spanten und Rumpfkonstruktion

Aufbau

Wir beginnen mit den 5 Spanten, die aus 4 mm starkem Balsaholz ausgeschnitten werden. Die Außenecken sind mit Aussparungen 4 mal 4 mm für die Aufnahme der Längsleisten zu versehen. Zur Montage des Gerippes eignet sich am besten ein Hellingbrett, auf dem der Längsriß und die Anordnung der Spanten aufgezeichnet wird. Nun kleben wir die Spanten jeweils mit der Kielseite nach oben auf das Brett. Allerdings nur leicht anheften, da ja später das Gerippe wieder von der Helling zu entfernen ist. Nun werden die Vierkantleisten angepaßt und angeklebt. Ebenso als Süllrand und Versteifung der Oberseite eine Balsaleiste 5 mal 10 mm. Zum Bug hin lassen sich die Leisten kaum kalt und trocken formen, ohne zu brechen. Aber über einer Kerzenflamme kann man die gewünschte Form biegen. Jedoch vorsichtig, damit das Holz nicht ansengt oder gar abbrennt. Wenn die Klebestellen ausgehärtet sind, entfernt man das Gerippe behutsam vom Brett. Jetzt wird der Rumpf mit Balsa beplankt, die Unterseite mit 1,5 mm starkem Balsa in zwei Hälften, die Seiten und das Deck 0,6 bis 1 mm stark. Begonnen wird grundsätzlich mit der Unterseite, dann die Seitenteile und zuletzt das Deck, auch wieder zweiteilig. Bevor das Deck aufgebracht wird, füllen wir den Hohlraum am Bug mit Styropor sauber aus. Das begünstigt die Sinksicherheit und gibt dem Vorderteil mehr Stabilität. Bevor das fertig beplankte Boot verschliffen wird, kommen noch die beiden Gleitstufen in Form von Balsa-Dreieckleisten 10 mal 3 mm auf die Unterseite, beginnend vom Heckspiegel bis etwa zum vordersten Spant. Nach dem Verschleifen wäre der Rohbau soweit fertig. In diesem Stadium ist der Rumpf etwa 80 Gramm schwer. Nur die Stabilität der beplankten Flächen wäre völlig unzureichend. Deswegen erhält das Boot noch eine Beschichtung aus Epoxy mit einer Lage Glasmatte von ca. 27 bis 45 Gramm/qm. Die Glasmatte wird allseitig aufgebracht, auch bis über den Süllrand. Der letzte Harzanstrich sollte gut deckend sein, damit man hinterher ohne Spachteln auskommt, da Spachtelmasse sehr schwer ist. Die Innenseite des Rumpfes wird ebenfalls mit Harz dünn ausgestrichen, was wesentlich zur Festigkeit beiträgt und das Balsaholz gegen Wasser imprägniert. Zuletzt schleift man den Rumpf sorgfältig.
Der Fernsteuerraum zwischen den beiden letzten Spanten erhält einen eigenen Deckel, um den unbedingt erforderlichen wasserdichten Abschluß zu gewährleisten. Dazu wird ein umlaufender Auflagerand eingebracht, mindestens 5 mm unter der Spantoberkante, damit der 2 mm dicke Plexiglasdeckel mit aufgeklebten Dichtstreifen später nicht übersteht. Als Material für die Auflage habe ich kupferkaschiertes Epoxy verwendet, aus dem sonst gedruckte Schaltungen hergestellt werden. Diese Platten weisen bei geringem Gewicht eine enorme Festigkeit auf und sind für schnelle Montagen sehr praktisch. So braucht man z. B. die zum Anschrauben des Deckels notwendigen Muttern nur unten anzulöten. Aus dem gleichen Material lassen sich auch die Halterung für das Servo, das Ruderblatt und der Motorspant herstellen.

Ausrüstung

Das Ruderwellenrohr aus Messing mit 2 mm Innendurchmesser hat seinen Platz nur 35 mm vom Heck entfernt. Das Ruderblatt ist 35 mal 22 mm groß und leicht konisch, die 2-mm-Stahlwelle sitzt im vorderen Drittel der Blattbreite. Wenige Millimeter vor dem Ruderblatt wird das Staurohr für die Wasserkühlung vom Motor und eventuell die Reglerelektronik eingebaut.
Die Anordnung des Motors hängt wesentlich von seinem Durchmesser ab. Es ist in jedem Fall auf einen möglichst kleinen Neigungswinkel der Antriebswelle zu achten. Zur Befestigung des Motors empfiehlt sich ein Spant aus 1,5 mm-Epoxy, der mit einem entsprechend großen Ausschnitt für die diversen Motoren versehen ist. Die Befestigung erfolgt dann jeweils mit den stirnseitigen Montagegewinden. Für jeden Motor habe ich eine passende Adapterplatte vorbereitet, so daß vom kleinen Mabuchi 550 mit 40 mm Durchmes-

Bild 26 Jeder beliebige Motor ist am Motorspant aus Epoxy einfach zu befestigen

ser (inkl. Wasserkühlmantel) bis zum Permax 150 mit 45 mm Durchmesser ein einfacher Austausch möglich ist. Das Kupplungssystem ist natürlich ebenso zu standardisieren. Als Antriebswelle sollte man eine Ausführung mit Kugellagerung vorziehen. Diese läßt sich in beliebiger Länge leicht selbst herstellen. Benötigt wird als Stevenrohr ein Aluminiumrohr mit 9 mm Innendurchmesser und 2 Kugellager für die 4 mm-Welle. Die Lager müssen mit Dichtring versehen sein, sonst kommt Wasser ins Boot. Die Empfangsanlage inklusive Fahrtregler ist im Fernsteuerraum bequem unterzubringen. Der Regler sollte einen Speedschalter haben. Besonders groß muß die Kühlfläche des Endtransistors nicht sein, da beim FSR-Rennen überwiegend mit Volldampf gefahren wird. Auf gute Entstörung des Motors ist unbedingt zu achten. Die Verbindungskabel sollen mindestens 1 mm^2 Querschnitt haben und aus möglichst vieldrähtiger Litze bestehen. Ein kleines Problem sind die Steckverbindungen. Die handelsüblichen Mate-N-Lock-Stecker sind im Dauergebrauch völlig ungeeignet. Bestens bewährt haben sich einfache Büschelstekker und -buchsen, die über lange Zeit eine saubere niederohmige Verbindung gewährleisten.
Den offenen Raum über dem Motor und der Batterie kann man mit einem aufsteckbaren Deckel versehen. Für den schnellen Batteriewechsel ist es aber vorteilhaft, ohne Abdekkung zu fahren. Außerdem wird die Wärme von Motor und Batterie besser abgeführt. Es ist jedoch zweckmäßig, die Batterie gegen Herausfallen zu sichern, falls das Boot doch einmal umgeworfen wird.

Fahrbetrieb

Das Boot läßt sich unproblematisch und sicher steuern, bei guter Wendigkeit. Selbst bei stärkerem Seegang ist es kaum umzuwerfen. Das beste Fahrergebnis wird bei 10 Zellen und Motor Permax 150 mit einer Schraube von 42,5 mm ⌀ erzielt. Für die große Klasse ist das Boot in allen Maßen um den Faktor 1,2 zu vergrößern. Es kann dann z. B. mit Keller Motor KE 50/14 oder 50/24 mit bis zu 30 Zellen 1,2 Ah ausgerüstet werden.

TORNADO — ein aerodynamisches Luftkissenfahrzeug

Die Geschwindigkeit von Schiffen hat sich seit der ersten Atlantiküberquerung Ende des Mittelalters kaum mehr als verdreifacht. Zwar wurden schon im 19. Jahrhundert zahlreiche Versuche und Erfindungen zur Geschwindigkeitserhöhung gemacht, der Durchbruch zum schnellen Schiff kam aber erst Anfang unseres Jahrhunderts. 1905 gelang die erste erfolgreiche Fahrt mit einem bemannten Tragflächenboot, und 1916 fuhr das erste Luftkissenfahrzeug. Wie schon im Kapitel Rumpfformen angesprochen, darf ein schnelles Schiff nicht nur wenig Wasser verdrängen, sondern soll mit möglichst wenig Berührung über die Oberfläche gleiten. Der geringste Fahrwiderstand wird erreicht, wenn der Körper das Wasser gar nicht berührt. Letzteres Prinzip wird bei den Luftkissenfahrzeugen angewandt. Nachteilig für das Modell eines herkömmlichen Luftkissenbootes ist nur die relativ hohe Auftriebs-Motorleistung, die für den Schwebezustand gebraucht wird.
Ekkehard Meitz hat darüber nachgegrübelt und mit seinem TORNADO ein völlig neues Konzept der Luftkissenunterstützung gefunden. Dabei wird die Tatsache ausgenutzt, daß eine ebene Fläche mit leichtem Anstellwinkel und seitlicher Begrenzung bei schneller Bewegung über die Wasseroberfläche einen Luftkissenkanal unter sich aufbaut. Die bei Rennen in den USA gebräuchlichen superschnellen Tunnelboote nutzen diesen Effekt ebenfalls ganz bewußt aus. Wichtig ist bei einem solchen Boot nur, daß es genügend Vortriebsleistung erhält, um in den widerstandsarmen Gleitzustand zu kommen.
Ekkehard Meitz hat den TORNADO aus einem Hartschaumkern hergestellt und mit 2 mm starkem Balsa beplankt. Die Stabilisierungsflossen bestehen aus 5 mm-Balsaholz und halten das Modell bei schneller Fahrt auf Kurs. Gesteuert wird das Fahrzeug durch

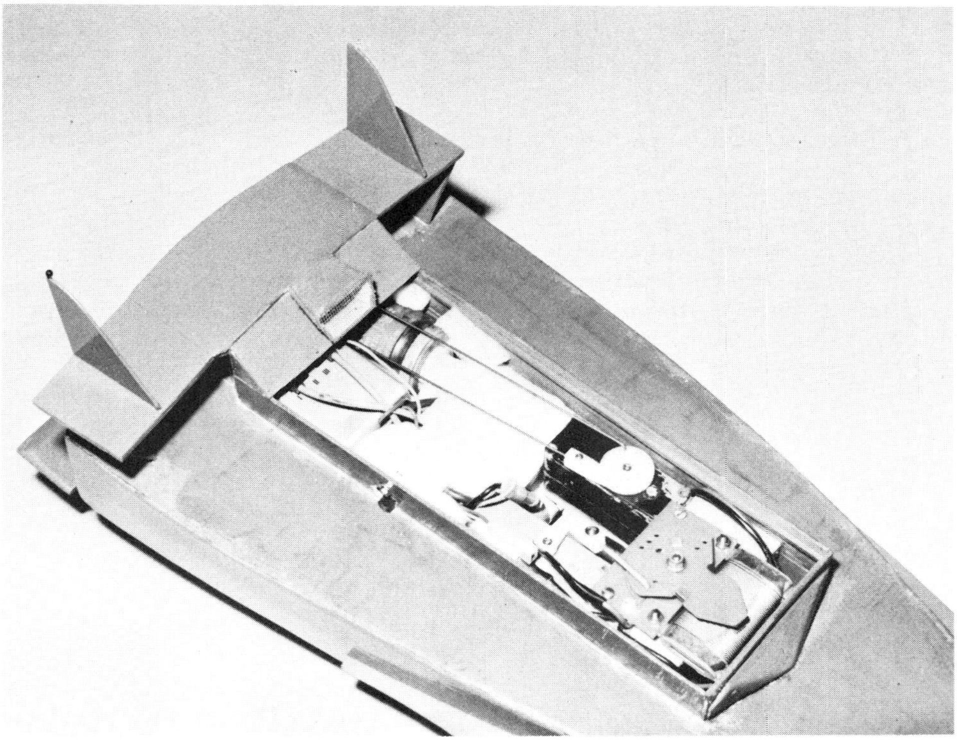

Bild 27 Im Inneren des TORNADO geht es recht eng zu

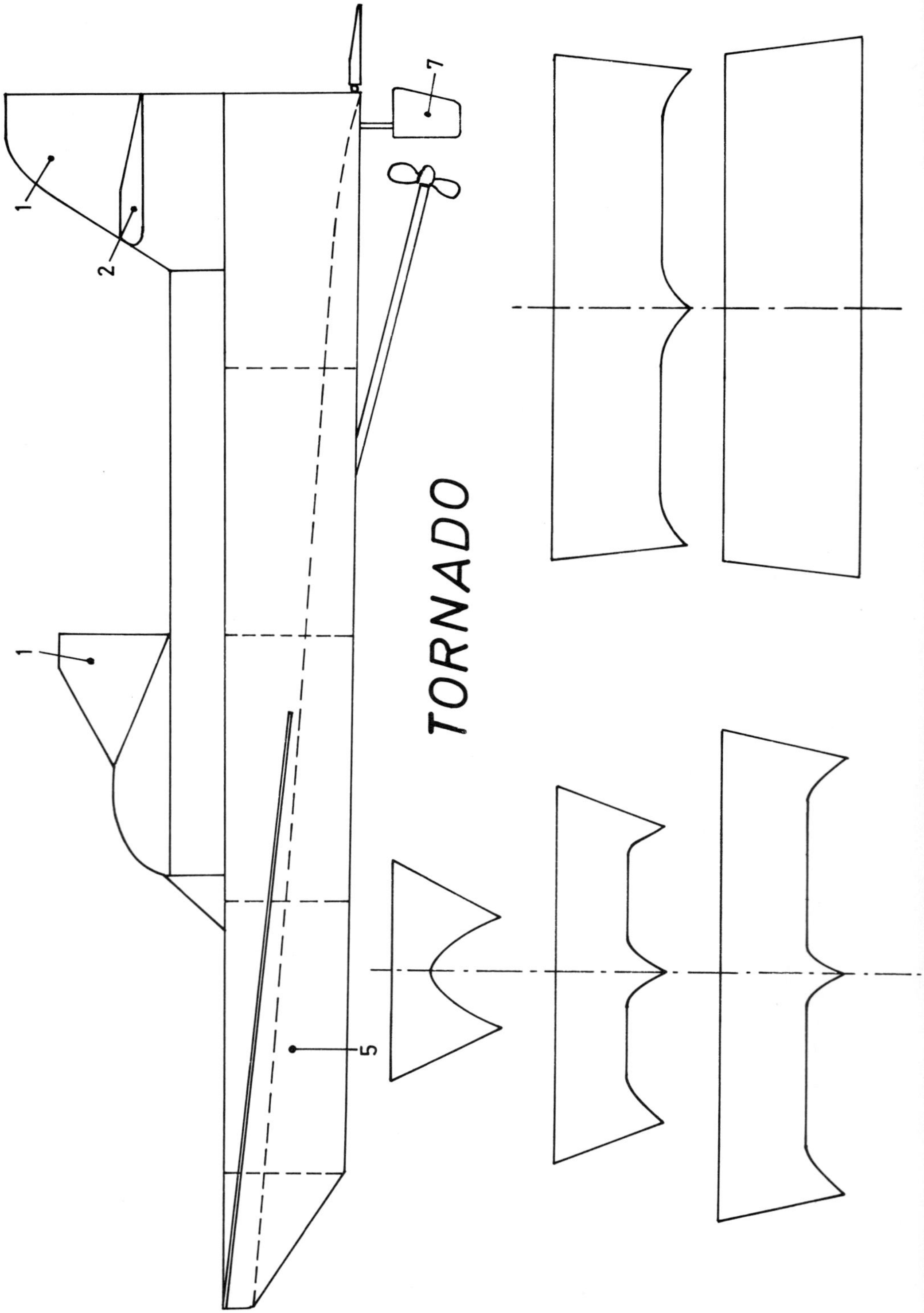

Bild 28 Rumpfkonstruktion und Spanten des TORNADO

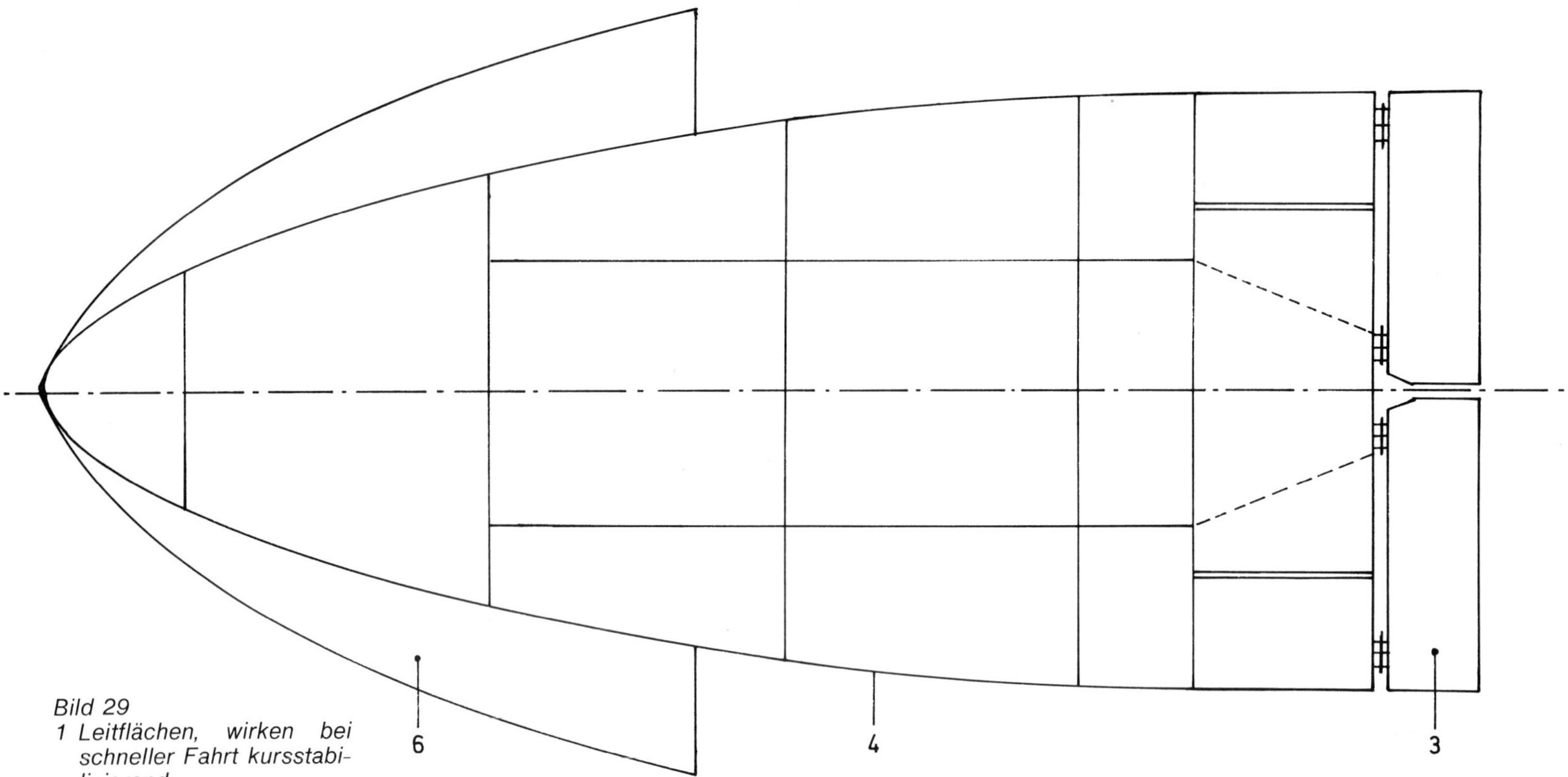

Bild 29

1 Leitflächen, wirken bei schneller Fahrt kursstabilisierend.

2 Hilfsflügel, hebt, bei Vorwärtsfahrt, das Modell mit aus dem Wasser.

3 Steuerflächen, steuern das Modell bei schneller Vorwärtsfahrt.

4 Feste Seitenwände, halten das Luftkissen unter dem Modell.

5 Luftkammern, führen die Luft unter das Heck.

6 Stauflügel, heben bei schneller Vorwärtsfahrt den Bug aus dem Wasser.

7 Hilfsruder, steuert das Modell bei Rück- und langsamer Vorwärtsfahrt.

Trimmklappen am Heck, bei Langsamfahrt durch ein kleines Ruder. Die Trimmklappen arbeiten wie Querruder, haben jedoch nur bei höheren Geschwindigkeiten eine ausreichende Wirkung. Im Innenraum ist genügend Platz für den RC-Einbau. Gesteuert werden Trimmklappen- und Ruderverstellung sowie Motorregelung. Als Motor wurde ein Mabuchi 540 verwendet, der den Strom aus einem 5zelligen NC-Akku erhält. Der Motor treibt über ein Getriebe mit 3:1 Untersetzung eine 45 mm große Schraube an. Das Modell erreicht eine Geschwindigkeit von max. 35 km/h und eine Fahrtdauer von ca. 15 Minuten mit einer Akkuladung. Durch Verwendung eines kräftigeren Motors läßt sich die Geschwindigkeit sicher noch erhöhen.
Das Modell ist leicht zu steuern, jedoch sollte man bei Höchstgeschwindigkeit keine zu engen Kurven fahren, weil sonst die Gefahr besteht, daß das Luftkissen abreißt und das Boot wie ein nasser Sack tief ins Wasser einsinkt. Die Folge wäre ein erheblicher Geschwindigkeitsverlust.
Das vorstehende Luftkissenboot ist vielleicht eine interessante Anregung für Modellbauer, die sich gerne in Neuland begeben und nicht immer nur fertige Konstruktionen fahren wollen.

BIENE — ein flotter Brummer im Taschenformat

Trotz des großen Angebotes an Fertigrümpfen und Baukästen gibt es erfreulicherweise immer noch viele Modellbauer, die im herkömmlichen Sinne kreativ neue Modelle selbst entwickeln. Ein Selbstbau ist vor allem dann unumgänglich, wenn man sich etwas Außergewöhnliches zum Ziel setzt. So hat z. B. Jörg Sellnow einen ausgeprägten Hang zu regelrechten Mikromodellen. Neben ferngesteuerten Flugmodellen unter 30 cm Spannweite und Auto-Miniaturmodellen wollte er auch mal einen schnellen, schwimmenden Winzling bauen; nicht für irgendwelche Rennen, sondern einfach nur mal so zum Spaß. Was dabei herausgekommen ist und welche Schwierigkeiten bei einem solchen Vorhaben entstehen können, schildert Jörg Sellnow in folgendem Bericht.
Schon als RC-Anfänger hatte ich von einem solchen Aktentaschenflitzer geträumt, schreckte aber immer vor der kniffeligen Technik zurück. Anfang 1975 habe ich mir dann vorgenommen, den Gedanken in die Tat umzusetzen, um sie möglichst schon zu Ostern in Rheine auf dem traditionellen Oster-Schaufahren vorstellen zu können.

Bild 30 Dieser Winzling paßt mit 28 cm Länge in jede Aktentasche

Bild 31 Aus Platzmangel mußte das Ruder außen angehängt werden

Zunächst machte ich mich auf die Suche nach einem passenden Treibling für mein Modell. Er sollte klein und vor allem leicht, aber auch nicht zu schwach sein. Da in dieser Kategorie die Auswahl nicht gerade groß ist, kam ich ziemlich schnell auf den Cox Tee Dee 020, der bei 0,33 ccm Hubraum dank Kurbelwellendrehschieber und optimalem Vergaser eine Leistung aufweist, die hinter den erheblich schwereren 0,8 ccm-Flatterventilmotoren kaum zurücksteht.
Dieser Motor wurde nach den erforderlichen Umbauten zunächst in ein Boot eingebaut, dessen Unterteil aus der auf 35 cm gekürzten Rumpfschale einer Graupner CAPRI-Motorjacht bestand. Langjährige Modellskipper werden sich sicher noch an das schmucke, kleine Boot erinnern, das in den 60er Jahren dank seiner Tiefziehbauweise sehr beliebt war. Deck und Spanten meiner ›Rennversion‹ bestanden aus Balsa. Nach einigen Probefahrten nahm ich das Modell mit nach Rheine und durfte es als einziges Modell mit Verbrennungsmotor auf dem Stadtparksee vorführen. Nach einigen mehr oder weniger erfolgreichen weiteren Experimenten zog ich 1977 den einzig richtigen Schluß: ein speziell für diesen Motor entwickeltes Rennboot mußte her. Der Stabilität halber sollte es dann gleich aus GfK sein, genau wie seine großen Brüder, die ›richtigen Modellrennboote‹.
Nachdem ich mich ein paar Tage in Konstruktionszeichnungen und Detailskizzen ausgetobt hatte, lag das Ergebnis zweidimensional vor mir: richtig rennbootförmig und nur 28 cm klein, dabei aber geräumig, so daß es Motor, Tank und eine serienmäßige Fernsteuerung aufnehmen konnte.
Zunächst machte ich mich an die Herstellung eines Urmodells aus Balsa, das auf der Unterseite mit 0,5er Sperrholz beplankt war. Die ersten aus der Form abgezogenen Rumpfschalen bestanden nur aus einer Lage 120 g-Matte; sie waren zwar federleicht, aber dafür zu labberig. Also wurden zwei Lagen 80 g-Matte genommen, die Sache fiel schon stabiler aus. In der Oberschale wurden die erforderlichen Ausschnitte für Motor- und Anlagenraum eingebracht, in die Unterschale die Löcher für Stevenrohr und Wasserkühlung gebohrt. Der einzige Spant ist aus Rohazell angefertigt, das sich hervorragend an die Konturen des Rumpfes anpassen ließ. Die erforderliche Festigkeit erhielt das Boot nach dem Zusammenkleben der Schalen mit auflaminierter Matte. In die Unterschale wurden nun Stevenrohr und Motorfundament eingearbeitet, die Oberschale erhielt Nutleisten zur Führung des Schiebdeckels über dem Anlagenraum. Zuletzt wurde der Heckspiegel aus einer ebenen GfK-Platte ausgesägt und eingebracht. Alle Stoßkanten habe ich mit einem schmalen Glasmattenband verstärkt und gleichzeitig den Spant auf der Motorraumseite mit einer Matte überzogen. Die Klebekanten des Rumpfes wurden verschliffen und auf der Unterseite rechts und links eine Spritzwasserleiste angespachtelt, die die Gleiteigenschaften dieser Bootstypen wesentlich verbessert.
Da für den Motor nun absolut kein Zubehör für eine Marine-Version zu bekommen ist, mußte ich mir selbst etwas einfallen lassen. Für die Schwungscheibe mußte ich jemand finden, der mir solch ein winziges Ding aus Messing drehte. Weniger problematisch war es, den Motor auf Wasserkühlung umzurüsten. Die Kühlrippen des recht weichen Zylin-

Bild 32 Das selbstmodifizierte Motörchen ist mit seinen 0,33 ccm Hubraum ein echter Energiesparer

ders wurden vorsichtig weggefeilt und durch eine Kühlschlange aus 3 mm-Messingrohr ersetzt. Um einen strammen Sitz auf dem Zylinder zu bekommen, habe ich die Kühlschlange vorher auf ein Rundholz mit kleinerem Durchmesser gewickelt. Auch ausgeglühtes Messingrohr besitzt eine gewisse Elastizität und springt nach dem Wickeln ein paar Millimeter auf. Der Motor erhält sein Kühlwasser von einem hinter der Schraube angebrachten, J-förmigen Röhrchen. Als Leitung dient der dünnste erhältliche Kraftstoffschlauch von Graupner.
Aus Gründen der Umweltfreundlichkeit und zur besseren Abgasführung wurde dem Motor ein Cox-Schalldämpfer verpaßt, dessen elliptisches Endrohr ich rundfeilte, um daran einen Neoprene-Abgasschlauch anschließen zu können. Dieser wurde durch die rechte Rumpfoberseite geführt und mündet in ein Alu-Auspuffrohr, das mit zwei winzigen Drahtschellen auf dem Rumpf befestigt ist. Mittels dieser Auspuffanlage, welche die Motorleistung kaum beeinflußt, halte ich mein Boot immer schön sauber und leise.
Für dieses Boot eine der käuflichen 4 mm-Rennbootswellen zu benutzen wäre wohl nicht die optimale Lösung gewesen. Die üblichen 2 mm-Wellen haben allerdings so viel Spiel in den Lagern, daß sie mir vermutlich nach den ersten Probeläufen um die Ohren geflogen wären. Deshalb wurde das 2 mm-Stevenrohr zunächst seiner beiden Gleitlager beraubt. Aus Alu-Rohr wurden dann auf der Bohrmaschine zwei Aufnahmen für die Kugellager gedreht und mit Zyanacrylat-Kleber mit dem Stevenrohr verklebt. Die Kugellager von Webra sind selbst nicht eingeklebt und können bei Bedarf ausgewechselt werden. Zur Erhöhung der Stabilität und Vermeidung von Vibrationen wurde zwischen Rumpfboden und Welle ein Füllkeil angebracht. Als Antriebsschraube diente zunächst eine dreiflügelige Schraube mit 25 mm Durchmesser von Graupner, die wider Erwarten sehr gute Werte brachte.
Da die meisten käuflichen Rennbootkupplungen schon größer als mein kompletter Motor sind, mußte ich auch hier wieder improvisieren. Ich ›strickte‹ mir eine ganz primitive Gabelkupplung, die zudem noch den Vorteil hat, auch bei nicht hundertprozentig fluchtenden Achsen vibrationsfrei zu arbeiten. Die Schwungscheibe erhielt auf der Vorderseite zwei Bohrungen zur Aufnahme von Federstahlstiften, 1,5 mm stark. Wellenseitig wurde

Bild 33 Dicke Finger darf man hier nicht haben, um an den Motor zu kommen

auf einen Stellring mit 2 mm-Bohrung eine Aluscheibe mit Uhu-Plus aufgeklebt, in deren Bohrungen die Stifte der Schwungscheibe eingreifen. Zur Motorbefestigung diente ein Aluwinkel, der einerseits am Motor, andererseits an einem im Rumpfboden angebrachten Fundament festgeschraubt ist. Beim Tank handelt es sich um einen kleinen runden Kunstflugtank, an den eine M 2-Mutter angelötet ist. Der Tank kann auf diese Weise vom Deck her einfach festgeschraubt werden.
Man sollte es kaum für möglich halten, aber im Anlagenraum ist eine ganze Menge Platz. Mein Multiplex-Empfänger und ein Micro-Servo paßten bequem hinein. Aus Gewichtsgründen habe ich mir ein 100 mAh-Batteriepack gebaut. Ein findiger Elektroniker könnte sicher noch ein zweites Servo zur Motordrosselung hineinquetschen. Das ist aber eigentlich gar nicht nötig; bei Vollgas macht es ohnehin mehr Spaß, und will man das Geschößchen aus dem Wasser haben, fängt man es einfach auf oder läßt es über einen ins Wasser geworfenen Lappen fahren — eine nicht gerade elegante, aber doch wirkungsvolle und ungefährliche Methode. Das aus Messing- und Aluteilen angefertigte Ruder wurde verständlicherweise außenbords angebracht und mit einem dünnen Stahldraht angelenkt. Die Empfangsantenne ist steckbar mit einer angeklebten Buchse verbunden.
Alle noch unbelegten Hohlräume vor dem Motor und im Anlagenraum wurden mit Styroporklötzchen ausgefüllt, um das Boot unsinkbar zu machen.
Betankt wird das Boot mit einer Spritze, und zum Anwerfen tut es ein Schnürsenkel!
Das Fahren mit der BIENE macht ungeheueren Spaß, nicht zuletzt wegen der enormen Wendigkeit und relativ hohen Geschwindigkeit.

Wellen und Kupplungen

Neben dem eigentlichen Antriebsmotor gehören Welle und Kupplung zu den wichtigsten Teilen in der Rennbootausrüstung. Die Beanspruchung bezüglich Drehzahl und Drehmoment ist im Verhältnis zur räumlich möglichen Dimensionierung sehr hoch. Deswegen kommt diesen Antriebselementen eine wesentlich größere Bedeutung zu als im übrigen Schiffsmodellbau.
Im Rennboot können Drehzahlen bis zu ca. 30 000 Umdrehungen/Minute bei übertragenen Leistungen bis maximal 4 Kilowatt auftreten. Würde man den gesamten Antrieb nach den ehrwürdigen Regeln des Maschinenbaus berechnen, kämen dabei Dimensionen heraus, die sich in einem Modell einfach nicht realisieren lassen. Auf der anderen Seite ist es natürlich nicht notwendig, daß der Antrieb Tausende von Betriebsstunden durchhält. Wegen der bewußt knappen Dimensionierung müssen wir besonders auf die saubere Abstimmung der ineinandergreifenden Komponenten achten. Eine starke Welle zum Beispiel nützt gar nichts, wenn deren Lagerung unzureichend ist.
Oft hört man die Empfehlung — dünne Welle für Elektro-Boote und dicke Welle bei Verbrennungsmotoren. Diese Theorie ist wegen der heute bereits sehr kräftigen Elektromotoren prinzipiell falsch. Die Belastung des elektromotorischen Antriebs kann unter Umständen sogar wesentlich größer sein, wenn man berücksichtigt, daß der Elektromotor bereits aus dem Stand heraus sein volles Drehmoment entwickelt. Dies läßt sich deutlich beobachten, wenn ein Elektrorennboot vom Ufer weg innerhalb einer Fahrtstrecke von etwa nur zwei Metern seine Maximalgeschwindigkeit erreicht. Fährt man gar ohne Drehzahlsteuerung, entsteht im Einschaltmoment eine ungeheuere Belastung. Auch die Drehzahlen sind bei Verbrennungs- und Elektromotoren etwa gleich.

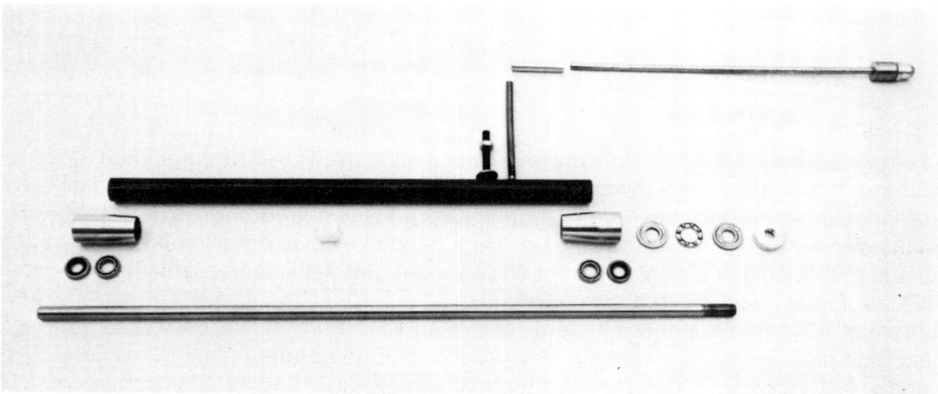

Bild 34 Eine Profi-Welle von Gundert. Mit Kugellagern und Druckkugellager, sowie Mittellager aus Teflon. Die Fettschmierung erfolgt über Rohr und Nippel.

Als Anhaltspunkt für die Wellenstärke können nachstehende Richtwerte dienen:
— bis ca. 300 Watt Antriebsleistung, 3 Millimeter Durchmesser
— bis ca. 1000 Watt Antriebsleistung, 4 Millimeter Durchmesser
— größer 1000 Watt Antriebsleistung, 5 Millimeter Durchmesser.

Die Wellen werden fast ausschließlich aus gezogenem, gehärtetem Stahl gefertigt und sind in vielen Längenabstufungen im Fachhandel erhältlich. Sie werden allgemein nur komplett mit Stevenrohr in den verschiedensten Ausführungen angeboten. Der erfahre-

ne Modellbauer wird sich Antriebswellen selbst konfektionieren, um optimale Anpassung zu erzielen. Dabei sind einige Dinge zu beachten.
Zur Aufnahme der Antriebsschraube ist das hintere Wellenende mit einem Gewinde zu versehen, Größe M4 oder M5. Dieses Gewinde muß absolut gerade und mittig geschnitten sein, was praktisch nur mit der Drehmaschine möglich ist. Mit Hand aufgebrachte Gewinde führen zu unrund laufenden Schrauben mit entsprechenden Verlusten und hoher Lagerbelastung.

Das gleiche gilt für das motorseitige Wellenende. Hier ist zwar die Kupplung fast immer mit einem Schraubklemmstück auf der Welle befestigt, durch fertigungsbedingte Toleranzen der Kupplungsbohrung entstehen aber ebenfalls Unsymmetrien, deren Massenkräfte an der Lagerung zerren. Daß die Welle absolut gerade ausgerichtet sein muß, versteht sich eigentlich von selbst. Im rauhen Fahrbetrieb bei SR-Rennen kann die Welle leicht einmal verbogen werden, ohne daß es gleich bemerkt wird. Deshalb ist die Welle öfters zur Kontrolle herauszunehmen und gegebenenfalls auszuwechseln. Ein Ausrichten kommt kaum in Frage, da der Bastler normalerweise nicht über die hierzu erforderlichen Einrichtungen verfügt.
Um einen einwandfreien Lauf der Schraubenwelle sicherzustellen, muß sie in geeigneten Lagern aufgenommen werden. Dazu gibt es je nach Anforderung viele Möglichkeiten. Die einfachste sind Gleitlager aus Sinterbronze, Nylon oder Teflon. Die Passung von Welle und Lager ist relativ eng zu bemessen, das heißt, ein kaum merkbares Spiel darf vorhanden sein. Zur Schmierung wird gewöhnliches HD-Öl verwendet. Sogenannte Öl-Sprays auf Molybdän-Basis bringen keine Verbesserung, da sie wegen der beträchtlichen Lagerpressung schnell verdrängt werden. Man kann das ganze Stevenrohr mit dem Schmiermittel füllen, um die Lager verläßlich zu versorgen. Aber bitte darauf achten, daß nicht allzu viel Öl ins Wasser gelangt. Das sind wir schon dem Umweltschutz schuldig. Eine regelrechte Ölversorgung oder gar Druckschmierung ist deshalb abzulehnen.

Bild 35 Verschiedene Ausführungen von Kugellagern für die Wellenlagerung

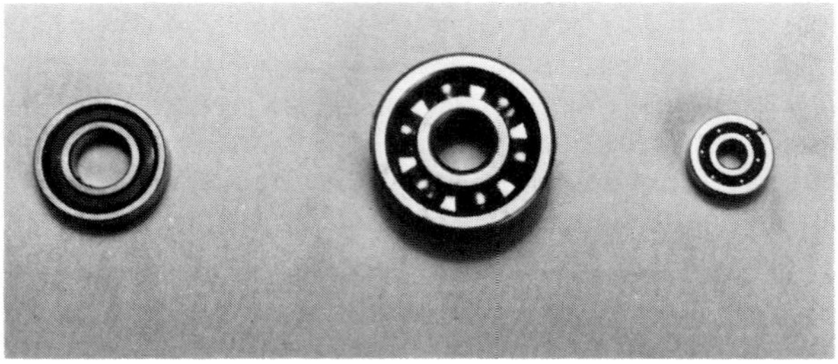

Die Länge der Gleitlager darf nicht zu kurz bemessen sein, sonst werden Schwingungen begünstigt. Auch sind der absoluten freitragenden Länge Grenzen gesetzt. Bereits bei etwa 250 mm Einspannlänge kann schon die kritische Grenze erreicht sein, bei der in bestimmten Drehzahlbereichen Resonanzen auftreten und Schäden, zumindest aber Verluste durch Schwingungen entstehen. Hier hilft nur eine dritte Lagerstelle, die aber kaum mehr als Gleitlager zu realisieren ist. Deshalb sind längere Wellen im allgemeinen mit Kugellagern ausgestattet. Bevor wir uns deren Details zuwenden, sollten wir erst noch die unterschiedlichen Kraftübertragungswege von Schraubenwellen betrachten. Die häufigste Ausführungsform ist die von der Motorkupplung bis zur Antriebsschraube durchgehend geradlinig verlaufende Welle. Deren Lagerung bereitet am wenigsten Schwierigkeiten. Nachteilig ist jedoch der zwangsläufig entstehende, mehr oder weniger große Neigungswinkel. Da dabei ein Teil der Vortriebskraft als Auftrieb verlorengeht, sollte man bestrebt sein, den Winkel möglichst klein zu halten. Abhilfe schafft eine zweite Variante

Bild 36 Ein Druckkugellager sorgt für geringen Reibungsverlust

der Kraftübertragung, die abgewinkelte Welle. Diese bringt einige Vorteile. Vernachlässigt man die Reibungs- und Schraubenverluste, so wird die Motorleistung zu hundert Prozent in Vortriebsleistung umgesetzt. Weiter ist man mit der Anordnung des Motors wesentlich flexibler, da ja in diesem Fall nicht mehr so sehr auf einen kleinen Neigungswinkel geachtet werden muß.
Nicht verschwiegen werden sollen jedoch die größeren Anforderungen an die Winkelwelle, vor allem deren hinteren Teil, die Schraubenhalterung. Ein Problem für den unerfahreneren Modellbauer könnte auch die Winkelgelenk-Kupplung darstellen. Der Selbstbau ist also nur dem zu empfehlen, der über die notwendige feinmechanische Werkzeugausrüstung verfügt. Die Lagerung solcher Schraubenhalterungen erfordert besondere Aufmerksamkeit. Reine Gleitlager haben hier meist keine große Lebenserwartung. Deshalb greift man zu einer Kombination von Nadellager für die eigentliche Wellenlagerung und einem Druckkugellager zur Aufnahme der Vortriebskraft der Antriebsschraube.
Nadellager erfordern grundsätzlich gehärtete Wellen, die Passung ist eng, aber nicht zu stramm. Wegen der Empfindlichkeit gegen Rostbildung muß es nach dem Lauf trockengelegt werden und ist anschließend gut durchzuölen. Die vor der Schraubenhalterung liegende Unterwasser-Kupplung wird als Kugelgelenk aus gehärtetem Spezialstahl gefertigt. Das Druckkugellager besteht meist aus einem Kugelkäfig mit den Kugeln und zwei gehärteten Laufscheiben aus Stahl. Die gesamte Schraubenhalterung kann für sich alleine aufgebaut sein oder als Kombination zusammen mit der Ruderhalterung.
Wichtig ist bei Winkelantrieben die stabile Verbindung mit dem Bootskörper, da die Befestigung der Hauptwelle und Schraubenwelle ja keine starre Einheit bilden kann. Wenn sich zum Beispiel der Rumpfboden verbiegt, wird diese Veränderung zwangsläufig an die Welle weitergegeben. Dies kann den ganzen Antrieb in Mitleidenschaft ziehen, die Kupplungen, die Lager und sogar den Motor. Das Spiel in Längsachse ist deshalb so zu bemessen, daß die nun mal bei jedem Boot auftretende Verformung des Rumpfes bei Betrieb keinen Schaden anrichtet.
Ein Winkelantrieb ist grundsätzlich erforderlich, will man die Schraube nicht konventionell unter Wasser, sondern halb über Wasser arbeiten lassen. In diesem Fall wird die Schraubenhalterung am Heckspiegel aufgehängt.
Die Wellen und deren Lager können in unterschiedlichen Stevenrohren untergebracht werden. Je nach Stabilität, Leistung und Gewichtslimit sind dünnwandige Rohre aus Alu-

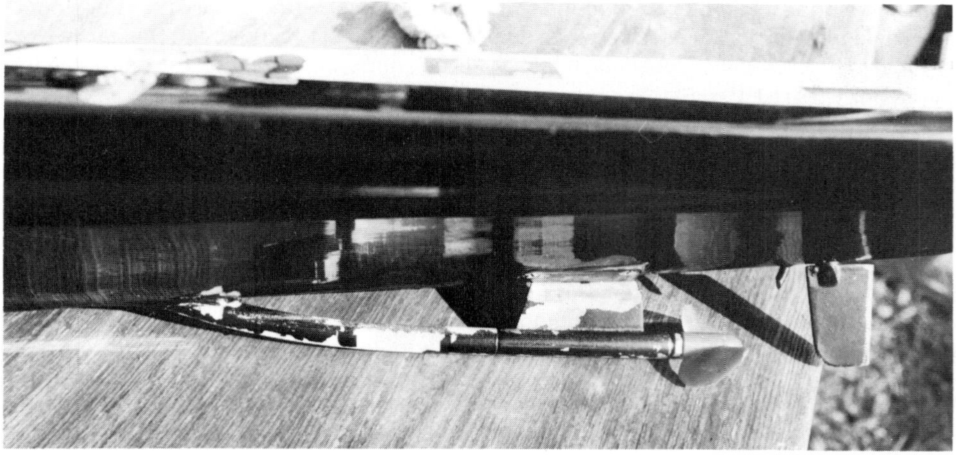

Bild 37 Die biegsame Welle ermöglicht einen zum Rumpfboden parallelen Antrieb

minium und Messing geeignet. Wegen der im Verhältnis zum Wellendurchmesser relativ großen Außenabmessungen der Kugellager hat das Stevenrohr einen ebenfalls großen Durchmesser. Wird ein dünneres Rohr aus Messing verwendet, so müssen zu den Enden hin konische Anpassungsstücke eingefügt werden. Die Kugellager brauchen nicht unbedingt im Rohr befestigt werden. Ein straffer Sitz genügt. Zumindest aber beim schraubenseitigen Ende muß ein Anschlag in Form eines Ringes eingebracht werden, der festgelötet beziehungsweise -geklebt wird. Dadurch wird vermieden, daß die Schraube das Lager in das Rohr hineinschiebt.
Bei den gewichtslimitierten Klassen der Elektrorennboote haben sich von den normalen Wellen völlig abweichende Ausführungen entwickelt. Wenn man bedenkt, daß eine Stahlwelle von nur 4 mm Durchmesser je nach ihrer Länge bis zu 50 Gramm schwer sein kann, ist die Forderung nach anderen Lösungen zwangsläufig unumgänglich. Denn schließlich will man hier ja möglichst viel Gewicht für die Antriebsbatterie zur Verfügung haben. Zur Gewichtsersparnis gibt es zwei Alternativen:

— dünne Stahlwelle aus Federstahldraht mit nur 1,5 bis 2 mm
— Aluminiumrohr mit 4 bis 6 mm Durchmesser.

Die Drahtwelle läßt sich ebenso kugellagern wie dickere Wellen. Nur muß man Zwischenstücke zur Adaptierung einsetzen, da die Kugellager nicht unter 4 mm Innendurchmesser haben sollten. Es gibt zwar schon Kugellager mit nur 2 mm, aber diese wären den Belastungen nicht lange gewachsen. Wird ein Aluminiumrohr als Welle verwendet, so soll dieses eine möglichst große Wandstärke haben, um eine gewisse Mindeststabilität zu gewährleisten.
In die Rohrenden paßt man kurze Wellenstummel aus Stahl ein, die dann in den Lagern laufen. Das Außenrohr ist ebenfalls in Aluminium ausgeführt, der Aufbau wie vorher beschrieben. Die Aluminiumwelle ist wegen ihrer Schlagempfindlichkeit nicht für SR-Rennen geeignet.
Ein technischer Leckerbissen ist die biegsame Welle. Sie wird aus Federstahldraht, 1,5 mm stark, hergestellt und läuft in einem Kunststoffrohr mit möglichst geringem Reibungswiderstand. Dazu eignen sich am besten Nylon oder Teflon. Die Wellenenden können praktisch nicht in der herkömmlichen Weise gelagert werden. Deswegen verzichtet man auch auf der Motorseite auf eine bewegliche Kupplung, sondern bohrt die Motorwelle an und befestigt die Welle direkt darin. Wegen der Flexibilität der Welle ist das schrau-

benseitige Ende leider nicht genügend stabil und muß deshalb hinter der Schraube nochmals gelagert werden. Dieses Lager ist ebenfalls in Kunststoff aufgebaut. Die ganze Konstruktion ist mechanisch wesentlich labiler als alle anderen Lösungen und wird deshalb nur in der Klasse F1 — E 1 kg angewandt.

Komplett konfektionierte Wellen und auch Einzelteile dazu bieten die großen Modellbau-Hersteller sowie auf Rennboot-Zubehör spezialisierte Firmen wie zum Beispiel Valerino und Hoppe in reicher Auswahl an.

Mit wenigen Ausnahmen sind die Motoren im allgemeinen nicht starr mit der Antriebswelle verbunden. Der Kupplung im Rennboot kommen daher mehrere Aufgaben zu. Zunächst einmal ist sie Bindeglied im Kraftübertragungsweg vom Motor zur Schraubenwelle. Die Leistung des Motors soll mit möglichst wenig Reibungsverlusten zur Antriebsschraube gelangen. Da es niemals möglich ist, Motorwelle und Schraubenwelle in eine genau fluchtende Gerade zu bringen, muß die Kupplung den erforderlichen Versatzausgleich herstellen. Ein weiterer wichtiger Punkt ist die Entlastung der Motorwelle von dem Gegendruck, der durch die Antriebsschraube entsteht. Dazu ist ein gewisses minimales Axialspiel erforderlich, um Verbiegungen des Rumpfes bei Betrieb zu überbrücken.

Für die Konzeption der Kupplung gibt es viele Möglichkeiten. Dem konstruktiven Geschick des Modellbauers sind da kaum Grenzen gesetzt. Dennoch sollten wir einige Grundregeln beachten. Die Kupplung ist eines der wesentlichen typischen Verschleißteile im Rennboot. Im Punkt Zuverlässigkeit erfordert sie also besondere Aufmerksamkeit bezüglich Haltbarkeit und Pflege. Nach dem Grundprinzip — das schwächste Teil gibt zuerst nach — achten wir auf möglichst gleiche Widerstandsfähigkeit der ineinandergreifenden Teile.

Die einfachste Form einer Kupplung besteht aus einer Scheibe mit senkrecht darauf stehenden Mitnehmerbolzen und, als Gegenstück dazu, ein Mitnehmersteg in Form eines Flachmaterials, mittels Gewinde in der Mitte auf der Antriebswelle befestigt. Des geringen Aufwandes wegen wird man die Scheibe gleich als Schwungrad ausbilden, wenn es sich um einen Verbrennungsmotor handelt. Als Mitnehmerbolzen dienen handelsübliche Rohrfederstifte. Solche Kupplungen sind für kleine Verbrennungsmotoren bis etwa 500 Watt ausreichend, nicht aber bei größeren Leistungen. Hierzu verwenden wir Kardangelenk-Kupplungen, bei versetzten Wellen solche mit Doppelgelenk. Problematisch sind beim Kardangelenk die von den Mitnehmerbolzen belasteten Reibflächen. Vor allem, wenn bei der Umdrehung der Bolzen immer nur die gleiche Stelle belastet ist, wird schnell eine Kerbe entstehen. Abhilfe schaffen hier abgeflachte Mitnehmerbolzen, wel-

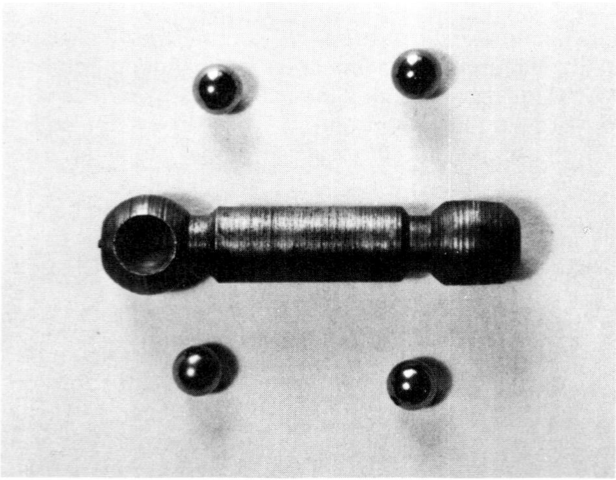

Bild 38 Kugelläufer-Kupplung von Valerino

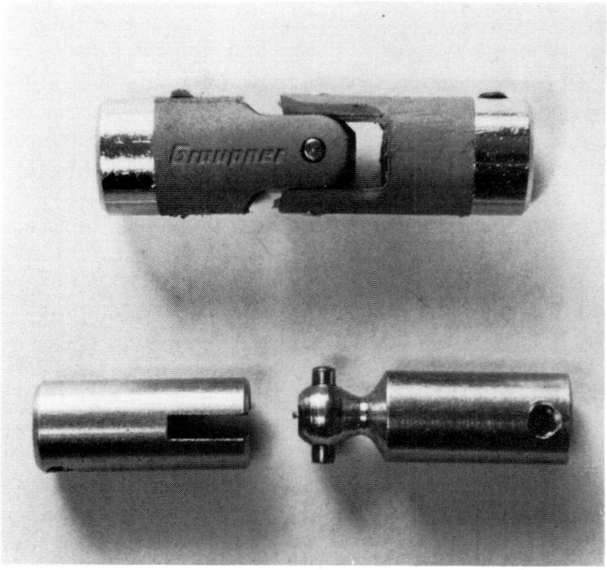

Bild 39 Einfache Gelenkkupplungen, wie sie in Baukasten-Modellen verwendet werden

che die Flächenpressung erheblich reduzieren. Kardan-Gelenkkupplungen gibt es für glatte Wellen mit Schraubklemmstück und diversen gängigen metrischen- und Zollgewinden für die Motorseite. Der Modellbaufachhandel hat in den letzten Jahren ein so ausgewogenes, breites Sortiment entwickelt, daß man eigentlich nur in Sonderfällen Kupplungen anzufertigen braucht. Für kleine Elektro-Rennboote gibt es bewährte Lösungen in Kunststoffausführung für alle gebräuchlichen Motoren.
Ein Problem bei Rennbooten ist die hohe Geräuschentwicklung, die gerade wegen dem in letzter Zeit zunehmenden Umweltbewußtsein einige Schwierigkeiten bereitet. Selbst das Elektrorennboot mit seinem leisen Motor erzeugt im Stand bis zu 75 dBA. An diesem hohen Lärmpegel hat die Kupplung einen ganz beträchtlichen Anteil. Die Ursache liegt in der nicht ständigen kraftschlüssigen Verbindung der Kupplungsteile. Lautstarke Vibrationen entstehen auch, wenn die Wellenenden nicht möglichst kurz eingespannt sind und damit die Kupplung radial schwingen kann. Als geräuschärmste Lösung hat sich in meinen Elektro-Rennbooten eine Vierfach-Klauenkupplung bewährt, bei der zwischen den Metallteilen ein sternförmiger Gummi eingebaut ist. Dadurch wird die Verbindung auch elastischer, was beim Einschalten des Motors allen Antriebselementen zugute kommt.

Bild 40 Die Klauen-Kupplung mit Nylon-Mittelstück kann hohe Kräfte sehr geräuscharm übertragen (Gundert Sportmodelle)

Getriebe

Verbrennungsmotoren entwickeln ihr maximales Drehmoment in der Nähe der maximalen Drehzahl. Arbeitet der Motor im Direktantrieb auf die Schraubenwelle, sinkt die Drehzahl infolge der Belastung meist in einen Arbeitsbereich mit wesentlich schlechterem Wirkungsgrad ab. Darüber hinaus geht die Effektivität der Antriebsschraube mit zunehmender Drehzahl zurück.
Um eine optimale Ausnutzung der Antriebskraft zu erzielen, ist über Getriebeuntersetzung eine entsprechende Anpassung durchzuführen. Um die richtige Dimensionierung für die Untersetzung zu finden, muß erst der günstigste Arbeitspunkt aus der Kennlinie des Motors entnommen werden. Das dann rechnerisch zu ermittelnde Übersetzungsver-

Bild 41 Für die Zusammenstellung von Getrieben ist meist eine große Auswahl von Zahnrädern notwendig. Die beiden Räder der unteren Reihe sind für Zahnriemen vorgesehen.

Bild 42 Aufsteckgetriebe für Elektromotor Mabuchi 550. Bewährte Ausführung mit Kugellager am Abtrieb. Lieferbare Untersetzungen: 1,5/2,0/2,5. (Graupner)

Bild 43 Kräftig dimensioniertes Getriebe mit Kunststoff- und Stahlzahnrad

Bild 44 Hier sind die Zahnräder etwas zu schmal ausgefallen

hältnis liegt üblicherweise zwischen 1:1,5 bis 1:2. Damit dreht die Antriebsschraube nur noch mit etwa 10 000 bis 17 000 Umdrehungen/Minute.
Vereinzelt gibt es Verbrennungsmotoren, bei denen komplette Getriebe entweder fertig montiert oder als nachrüstbare Einzelteile geliefert werden. Das wohl bekannteste Beispiel ist der Webra Speedy, der in der Klasse FSR-1,8 dominiert. Ansonsten ist man meist auf den Selbstbau angewiesen, wobei allerdings die Beschaffung geeigneter Zahnräder einige Schwierigkeiten bereitet.
Für Leistungen ab etwa 1 kW werden gehärtete Zahnräder verwendet, die oft in einem geschlossenen Getriebekasten im Ölbad laufen. Bei kleineren Leistungen mit offen laufenden Rädern empfiehlt es sich, für eines der beiden Zahnräder Kunststoff einzusetzen, um die Geräuschentwicklung in erträglichen Grenzen zu halten. In jedem Fall ist wegen der hohen Flächenpressungsbelastung der Zahnflanken eine Schrägverzahnung vorzuziehen.
Eine weitere Möglichkeit der Untersetzung besteht im Einsatz von Zahnriemen. Hierfür gibt es aus dem Maschinenbau eine große Auswahl von standardisierten Riemenrädern und Riemen. Natürlich sind nur nylonverstärkte Zahnriemen für Extrembelastung geeignet. Der Motor muß auch grundsätzlich eine Schwungmasse erhalten, damit der Riemen ruhig läuft und nicht zum Springen neigt.

Wie wir gesehen haben, ist der Einsatz von Untersetzungen immer eine heikle Angelegenheit und daher vorwiegend dem Spezialisten und gut ausgerüsteten Modellbauer vorbehalten. Kommt ein Getriebe deshalb nicht in Frage, so muß eben bei der Auswahl der Antriebsschraube besonders viel probiert werden, bis man die beste Lösung gefunden hat.

Schrauben

Die Schiffsschraube als letztes Glied im Antrieb muß die vom Motor erzeugte Leistung mit möglichst hohem Wirkungsgrad in Vortriebsenergie umsetzen. Wie wir schon in den vorigen Kapiteln gesehen haben, sind Auswahl und Dimensionierung von einigen Faktoren abhängig, welche das Verhalten der Schraube beeinflussen.
Seit der Erfindung der Schiffsschraube durch Archimedes hat es viele Entwicklungen auf diesem Gebiet gegeben. Verschiedene Erfahrungen des Großschiffbaus sind auf die Verhältnisse beim Rennboot übertragbar, auch wenn es, wie schon gesagt, kein Wasser im Maßstab 1:100 gibt.
Der wesentliche Unterschied zum übrigen Schiffsmodellbau liegt in dem Drehzahlbereich, den Rennbootschrauben typisch bestreichen. Er umfaßt etwa 10 000 bis maximal 25 000 Umdrehungen/Minute, in Ausnahmefällen noch höher. Wenn man dies mit den 100 bis 300 Umdrehungen/Minute einer Großschiffsschraube vergleicht, wird verständlich, daß hier ganz andere Verhältnisse und Problemschwerpunkte vorliegen. In einem wesentlichen Punkt sind sie jedoch etwa gleich, in der absoluten Umfangsgeschwindigkeit der Schraubenblätter. Je höher die Umfangsgeschwindigkeit ist, um so stärker macht sich die Erscheinung der sogenannten Kavitation bemerkbar. Und zwar unabhängig davon, ob eine riesige Schraube langsam dreht oder eine Modell-Schraube dafür sehr schnell.
Was versteht man nun eigentlich unter Kavitation, und wie kommt sie zustande? Die Blätter der Schiffsschraube können nicht unendlich dünn ausgeführt werden, sie haben also ein mehr oder weniger starkes Querschnittsprofil. Die hohe Umfangsgeschwindigkeit des Blattes läßt zu den Enden hin einen Unterdruck und damit Hohlräume entstehen. Dort, wo der Druck des umgebenden Wassers höher ist als in den Hohlräumen, bilden sich Dampfblasen, die zuletzt wieder kondensieren. Infolge der Kondensation fallen die

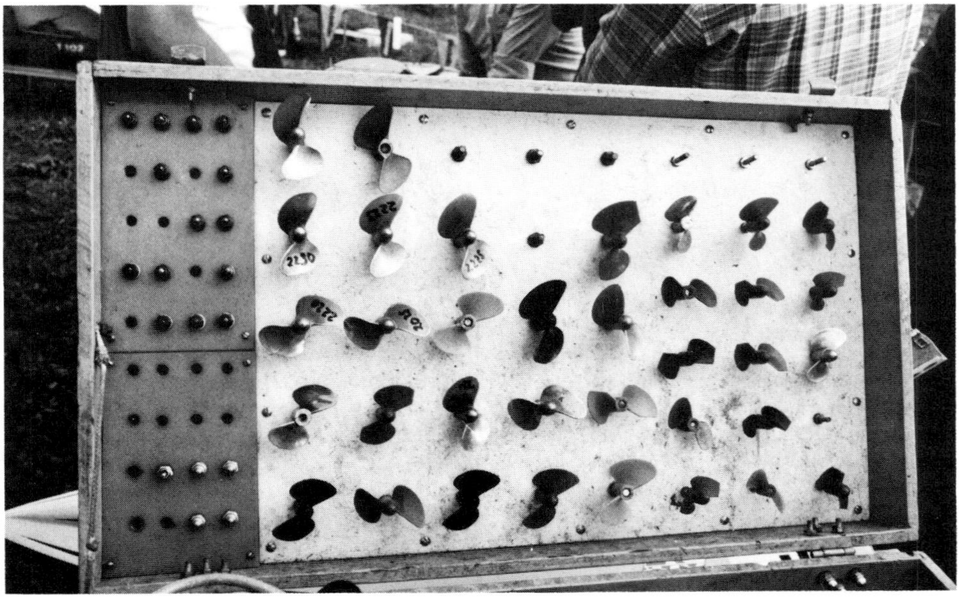

Bild 45 Das Schraubensortiment eines Profis, ein notwendiges Requisit auf Wettbewerben

Dampfblasen mit großer Kraft in sich zusammen und können dabei sogar die Oberfläche der Schraubenblätter zerstören. Mit zunehmender Drehzahl nimmt der Effekt derart zu, bis zuletzt nur noch Hohlräume entstehen und die Schraube quasi völlig in der Luft dreht. Einen ähnlichen Vorgang kann man gelegentlich beobachten, wenn ein Rennboot nach scharfer Wende auf einmal stehenbleibt, wobei der Motor hochjault, um danach wieder loszuschießen.
Wir können also davon ausgehen, daß der Wirkungsgrad einer Schiffsschraube mit zunehmender Drehzahl zurückgeht. Trotz aller Bemühungen mit den verschiedensten Blattformen, Materialien und Super-Polish der Oberfläche wird es immer nur Kompromisse geben. Deshalb ist es besonders wichtig, mit der Drehzahl des Motors auch das Verhalten von Schrauben zu berücksichtigen.
Nach den vorstehenden Überlegungen kann man sich gut vorstellen, daß für ein bißchen mehr an Geschwindigkeit überproportional mehr an Leistung hineingesteckt werden muß. Als Anhaltspunkt für die erforderliche Motorleistung soll die folgende Faustformel dienen, die für reine Gleitkörper in Betracht kommt.
Schraubenleistung in Watt:
$N \approx 0{,}35 \times v^3 \text{ (m/Sek.)} \cdot \sqrt{\text{Modellgewicht (kp)}}$
Zusätzlich zeigt das Diagramm für ein angenommenes Beispiel deutlich, wie rapid der Leistungsbedarf mit der Geschwindigkeit zunimmt. Daraus können wir erkennen, daß etwa 8 mal soviel Vortriebsleistung aufgebracht werden muß, um die Geschwindigkeit nur zu verdoppeln. Auch wird dabei klar, wie wenig sinnvoll es oft ist, den Motor bis zum letzten auszureizen. Mehr läßt sich durch Optimierung des Schraubenwirkungsgrades erreichen. Wie schon im Kapitel Getriebe angesprochen, muß auch auf die günstigste Motordrehzahl Rücksicht genommen werden. Einen Wirkungsgrad von 100 % wird es natürlich nie geben. Wie sieht es nun eigentlich unter Vernachlässigung der Kavitationsverluste mit der Vortriebsgeschwindigkeit aus, bzw. welche Fahrt macht das Modell in

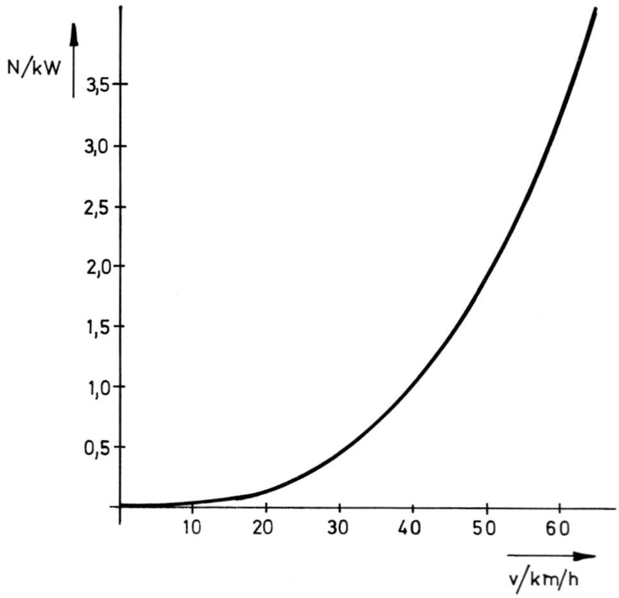

Bild 46 Erforderliche Antriebsleistung in Abhängigkeit der Geschwindigkeit, für ein Boot mit 4 kg Fahrgewicht. (Rumpf in V-Form)

Abhängigkeit der Drehzahl? Oder andersherum betrachtet, wie groß muß die Steigung der Schraube sein, um bei gegebener Drehzahl die gewünschte Geschwindigkeit zu erzielen?
Das Maß der Steigung ist der theoretische Weg, den ein als endlose Schnecke gedachtes Schraubenblatt bei einer Umdrehung zurücklegt. Daraus resultiert eine theoretische Beziehung, die sich in folgender Näherungsformel ausdrücken läßt:

$$v\,(\text{m/Sek.}) \approx \frac{\text{Steigung (cm)} \cdot n\,(\text{U/Min.})}{2\,\pi \times 1000}$$

$$\text{oder: Steigung (cm)} \approx \frac{2\,\pi \cdot 1000 \cdot v\,(\text{m/s})}{n\,(\text{U/Min.})}$$

Zur Verdeutlichung spielen wir wieder ein Beispiel durch.
Angenommen, die Modellgeschwindigkeit soll 30 km/h betragen, und die verfügbare Drehzahl liegt bei 15 000 U/Min. Damit errechnet sich eine Schraubensteigung von etwa 3,5 cm. Die erforderliche Schraubensteigung sagt für sich alleine betrachtet noch nicht viel aus. Aber wir können jetzt bei der Auswahl einen Schritt weiter gehen und kommen zu dem Verhältnis Steigung/Durchmesser. Für die im Handel erhältlichen Rennbootschrauben gibt es einige Abstufungen. Die gebräuchlichsten sind 0,85 / 1,4 / 1,6 und maximal 1,8. Zum Beispiel hat eine Schraube mit der Bezeichnung 1,6 mal 40 einen Durchmesser von 40 mm und eine Steigung von 64 mm. Sie wird als überquadratisch bezeichnet, weil ihre Steigung größer ist als der Durchmesser.
Suchen wir nun aus dem vorangegangenen Beispiel eine Schraube aus, so rechnen wir weiter:
3,5 cm : 0,85 (falls Schraube mit kleiner Steigung) und kommen auf 4,12 cm. Der nächstliegende gängige Schraubendurchmesser wäre 42,5 mm.

Die vorstehenden Überlegungen sind allerdings von theoretischen Verhältnissen ausgegangen. In der Praxis müssen wir aber mit einem Verlust bei jeder Schraubenumdrehung rechnen, dem sogenannten Schlupf, der zum Kavitationsverlust hinzukommt. Der Schlupf entsteht dadurch, daß ein Teil des von der Schraube beschleunigten Wassers nicht nach hinten verdrängt wird, sondern rundum seitlich entweicht. Durch Beeinträchtigung der Führung des Schraubenabwassers bewirkt der Rumpf zusätzliche Verluste, die formbedingt sind. Im vorliegenden Rechenexempel müßte man noch einen kleinen Zuschlag machen und als Endergebnis eine Schraube der Größe 0,85 x 45 wählen. Natürlich ist es empfehlenswert, im Bereich dieser Größenordnung verschiedene Schrauben zu erproben. Für hochdrehende Motoren sind Schrauben mit kleiner Steigung und schmalen Blättern vorzuziehen. Bei langsamer laufendem Antrieb können breitblättrige Schrauben, oft als X-Typ bezeichnet, eingesetzt werden.
Antriebsschrauben für Rennboote bietet der Fachhandel aus verschiedenen Materialien gefertigt an. Die Preise reichen von etwa DM 1,30 für einfache Standard-Plastikschrauben bis zu DM 40,— für hochwertige Metallschrauben. Als Werkstoffe kommen Polyamid, glasfaserverstärktes Nylon, Aluminium, Messing und Beryllium-Bronze zur Anwendung. Für den allgemeinen Rennbetrieb der SR-Klassen sind die billigen Kunststoffschrauben meist völlig ausreichend. Für Höchstleistungen in den F1-Klassen lohnen sich die teueren Metallschrauben.
Die einfacheren Schrauben sind mit Gewinde M4 oder M5 versehen und werden nur auf die Welle aufgeschraubt. Deshalb sollte man immer darauf achten, daß die Schraube sauber läuft und nicht eiert. Schrauben mit größerer Unsymmetrie lieber gleich wegwerfen.

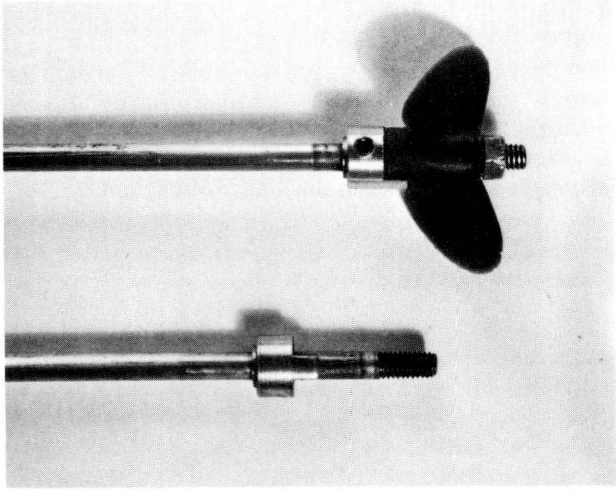

Bild 47 Octura-Schraube (Valerino) für höchste Ansprüche

Die teueren Metallschrauben werden meist zwischen einem Mitnehmer-Stellring und einer Schraubennabe am Wellenende befestigt. Bei solchen Schrauben empfiehlt es sich, die Blätter sauber zu polieren, falls sie es nicht ohnehin schon sind. Vorher sollten sie noch ausgewuchtet werden. Dazu steckt man die Schraube auf ein Stück eng passende Welle und legt diese auf die Schneiden zweier hochkant auf einem Balsabrett eingesteckten Rasierklingen. Bei Unwuchtigkeit wird sich dann die Schraube auspendeln und kann entsprechend nachgearbeitet werden.

MINISPEED

Mit dem MINISPEED von Graupner hat es praktisch angefangen, der neue Zug zum Elektrorennboot. Bis dahin gab es zwar schon einen größeren Kreis von Elektrofans, die aber ihre Boote nahezu ausschließlich selbst entwickelten und bauten. Wie der Konstrukteur des MINISPEED, Willi Senff, richtig erkannte, mußte also ein einfach und billig zu bauendes Baukastenmodell her, um die Masse der Modellbauinteressenten anzusprechen. Mit dem MINISPEED wurde ein Modell geschaffen, das besonders auf den Anfänger und damit auch auf den Nachwuchs abgestimmt ist. Durch die bei Graupner übliche sehr sorgfältige Ausarbeitung der Bauanleitung sowie Ausstattung des Bausatzes ist es selbst dem ungeübten Modellbauer möglich, innerhalb weniger Stunden ein ansprechendes Rennboot zusammenzubauen.

Der Baukasten enthält mit Ausnahme des Antriebsmotors und der Fernsteuerung alle zum Bau benötigten Teile. Der Rumpf besteht aus zwei Schalen aus ABS-Kunststoff. In die Oberschale ist gleich eine Innenabschottung mit integriert. Die beiden Schalen werden durch eine rundumlaufende Klebewulst miteinander verbunden. Damit entsteht ein sehr verwindungssteifer Rumpfkörper, der gleichzeitig wegen der geschlossenen Luftkammer praktisch unsinkbar ist. Die Oberschale ist am eingeformten Rumpfboden mit einer Reihe von Noppenlöchern versehen, auf die nach der Montage der Rumpfhälften ebenfalls Klebstoff gegeben wird. Dies trägt noch erheblich zur Stabilität bei. Für die Abtrennung des Fernsteuerraums und zur Befestigung des Motors ist je ein Stück bereits vorbereitetes Sperrholz einzusetzen. Der Fernsteuerraum wird mit einem eigenen Deckel aus ABS verschlossen. Dieser Deckel überlappt auf allen Seiten und schließt damit ausreichend dicht ab.

Als Standard-Motorisierung ist ein Jumbo 550 (Mabuchi) vorgesehen. In Verbindung mit einer Antriebsschraube von 35 mm Durchmesser und 7 NiCd-Zellen 1,2 Ah wird eine für den Anfänger ausreichende Geschwindigkeit erreicht. Die Fahrzeit beträgt damit gut 10 Minuten. Der Motor wird einfach in die Aussparung des Motorspants mit zwei stirnseitigen Schrauben befestigt. Als Antriebswelle ist dem Baukasten eine einfache Gleitlagerwelle beigefügt, die für den Normalfall völlig genügt. Der Motor ist über eine kräftige Gelenkkupplung aus Kunststoff mit der Welle verbunden.

Der Motor kann über Mikroschalter betätigt werden. Besser ist aber ein richtiger Fahrtregler, mit dem sich die Geschwindigkeit fein regulieren läßt. Für die relativ kleine

Bild 48 MINISPEED – ein Elektrorenner für den Anfänger

Bild 49 Das Boot besitzt eine enorme Wendigkeit und ist leicht zu beherrschen

Leistung reicht ein Widerstandsfahrtregler, der von einem Servo betätigt wird. Damit dieser Regler nicht zu warm wird, sollte er nicht im Fernsteuerraum, sondern neben dem Motor montiert sein. Die Verbindung zum Servo stellt in diesem Fall eine in einem Kunststoffrohr geführte Schubstange her.
Im Fernsteuerraum ist ausreichend Platz, um jede beliebige Anlage samt Fahrtregler bequem unterzubringen. Durch den zusätzlichen Kabinendeckel, der den gesamten Bootsinnenraum abdeckt, ist die Fernsteuerung gut vor Spritzwasser geschützt.
Mit der schon erwähnten Motorisierung sind bereits beachtliche Geschwindigkeiten erreichbar. Wer aus dem Jumbo 550 mehr herausholen will, kann ihn mit 10 Zellen und maximaler Schraubengröße 42,5 mm betreiben. Dann wird aber eine Kühlung notwendig,

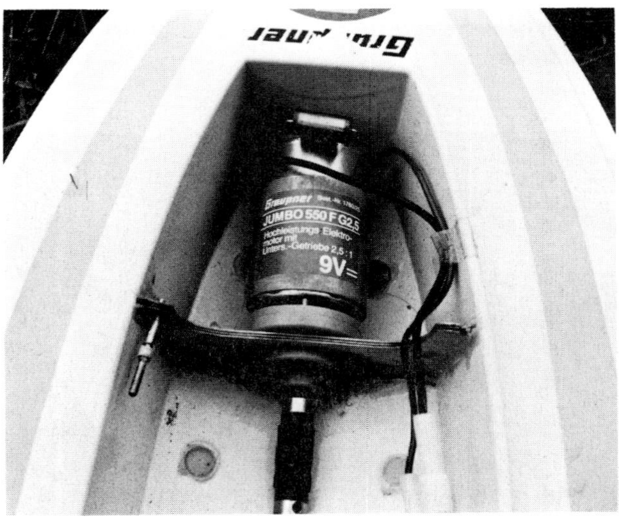

Bild 50 Der höchste Wirkungsgrad wird mit dem Getriebemotor erreicht

Bild 51 Selbst mit diesen kleinen Flitzern lassen sich spannende Rennen fahren

wie in der Rubrik Elektromotoren beschrieben. Neuerdings bietet Graupner diesen Motor mit Untersetzungsgetriebe an. Bewährt hat sich die Ausführung 1:2 oder 1:2,5. Die Untersetzung bietet den Vorteil des wesentlich besseren Wirkungsgrades, auch kann auf die Kühlung verzichtet werden. Mit einer Schraube 32,5 X und 10 Zellen läuft das Boot gut 10 Minuten bei höherer Geschwindigkeit. Dieses Beispiel zeigt deutlich, was eine optimale Anpassung bewirken kann.
Das MINISPEED ist auch mit wesentlich kräftigerer Bestückung ausrüstbar. Überhaupt ist es nahezu ideal für Versuche mit verschiedenen Antrieben. Bis zu einem maximalen Fahrgewicht von etwa 2,5 kg kann man so ziemlich alles reinpacken. Das Fahrverhalten ist dabei unwahrscheinlich stabil und gutmütig. Selbst die stärkste Motorisierung ist unkritisch, weil das Boot kaum umzuwerfen ist. Natürlich gibt es schnellere Baukastenmodelle, die aber dafür empfindlicher bei rauhem Wasser sind. Der kleinstmögliche Wendekreis liegt auch bei hoher Geschwindigkeit deutlich unter einem Meter, was selbst für ein kleines Modell eine phantastische Wendigkeit bedeutet. Deshalb ist das MINISPEED gerade für den Figurenkurs gut geeignet. Insgesamt betrachtet kann das MINISPEED als eines der besten Boote für den Neuling wie auch für den erfahrenen Modellbauer bezeichnet werden.

Bild 52 Die Wettbewerbsflotte des Minispeed-Konstrukteurs Willi Senff

MAXISPEED

Als sinnvolle Ergänzung zum MINISPEED hat Graupner das MAXISPEED im Programm. Mit einer Belastungsmöglichkeit bis zu einem Fahrgewicht von deutlich über 2,5 kg paßt es in die große FSR-E Klasse. Aber auch Anfänger werden ihren Spaß an diesem Boot haben, das bei geschickter farblicher Ausgestaltung wie ein richtiger großer Renner aussieht.

Die Grundkonzeption bezüglich Form und Aufbau entstammt dem MINISPEED, nur die Schnauze ist erfreulich abgestumpft und damit ungefährlicher. Das MAXISPEED ist etwa 120 mm länger und entsprechend breiter als sein kleiner Bruder. Als Motorisierung kann man mit dem Mabuchi 550 beginnen, mit dem bereits eine ordentliche Geschwindigkeit erzielt wird. Besser ist der etwas größere Motor vom Typ 426 von Graupner, der mit bis zu 12 Zellen betrieben werden kann. Für FSR-E über 2 kg können auch die großen Motoren von Robbe und Keller eingebaut werden. Platz ist hierfür reichlich vorhanden. An Batteriebestückung sind maximal etwa 3 Stück 7er Packs 1,2 Ah unterzubringen.

Die Montage und Ausrüstung erfolgt genauso wie beim Minispeed. Für größere Motoren sollte man lieber gleich eine kugelgelagerte Welle einbauen und eine Wasserkühlung des Motors vorsehen. Der Aufbaudeckel paßt gut auf das Rumpfoberteil. Für den Fall, daß er doch einmal bei flotter Fahrt verlorengeht, klebt man in ihn ein Stück Styropor, damit er nicht absäuft.

Bei schwacher Motorisierung macht das Boot etwas mehr Spritzwasser als das Minispeed, weil es nicht so richtig aus dem Wasser kommt und die äußeren breiten Rumpfkanten das Wasser kräftig seitlich wegspritzen lassen. Dafür wird das MAXISPEED aber selbst bei stärkerem Seegang nicht unterschneiden. Ansonsten ist das Fahrverhalten ausgezeichnet, mit sehr kleinem Wendekreis. Damit kann es auch gut im Figurenkurs eingesetzt werden.

Bild 53 MAXISPEED – im Design wie seine großen Vorbilder

Ruder

Wie bei jedem anderen Schiff bestimmt im allgemeinen das Ruder im Rennboot die Fahrtrichtung. Eine Ausnahme stellt nur der Antrieb mittels Außenbordmotors dar, der ohne zusätzliches Ruder, allein durch seine steuerbare Veränderung der Schubrichtung die Lenkbarkeit ermöglicht.
Neben der Steuerung kommt dem Ruder noch weitere Bedeutung zu. Meist als schwertförmiges Gebilde geformt, wirkt es in Verbindung mit der Kielfunktion des Rumpfbodens fahrtstabilisierend. Von der Wirkungsweise her sind Rumpf und Ruder also immer als eine Einheit zu betrachten. Bei einem völlig flachen Rumpfboden zum Beispiel ist das Boot nicht richtig steuerbar, sondern es driftet selbst bei größtem Ruderausschlag nur seitlich weg.
Die Ursache liegt in diesem Fall in dem fehlenden Gegenbezugspunkt beziehungsweise in der Drehachse. Abhilfe schafft hier ein kleines Schwertblech, etwa ein Drittel der Rumpflänge vom Bug entfernt, am Rumpfboden senkrecht stehend angebracht. Verbessert wird das noch durch den Einsatz von Doppelrudern.
Jedes am Rumpfboden vorstehende Teil setzt dem Vorwärtstrieb des Schiffes im Wasser einen mehr oder weniger großen Widerstand entgegen, der in einem Geschwindigkeitsverlust resultiert. So auch das Steuerruder. Hinzu kommt, daß durch das Ruder zusätzlich noch das Strömungsverhalten der Antriebsschraube ganz wesentlich negativ beeinflußt wird. Bemerkbar macht sich dies vor allem in eng gefahrenen Kurven, in denen die Geschwindigkeit unter Umständen erheblich abfällt.
Wirkungsgrad und Verluste des Ruders hängen damit im wesentlichen von Anbringungsort bzw. Entfernung zur Antriebsschraube und dem Heckspiegel, Umrißform, Querschnittsform und dem Verhältnis von Vorruder zur Gesamtbreite ab. Mit Vorruder ist die Breite des Blattes gemeint, die vor der Ruderwelle liegt. Bezüglich dem Verhältnis Vorruder/ Gesamtbreite gibt es immer nur einen Kompromiß, der vom jeweiligen Anwendungsfall abhängt.

Bild 54 Bei diesem schnellen Hydro dient der beweglich aufgehängte Außenborder gleichzeitig als Ruder

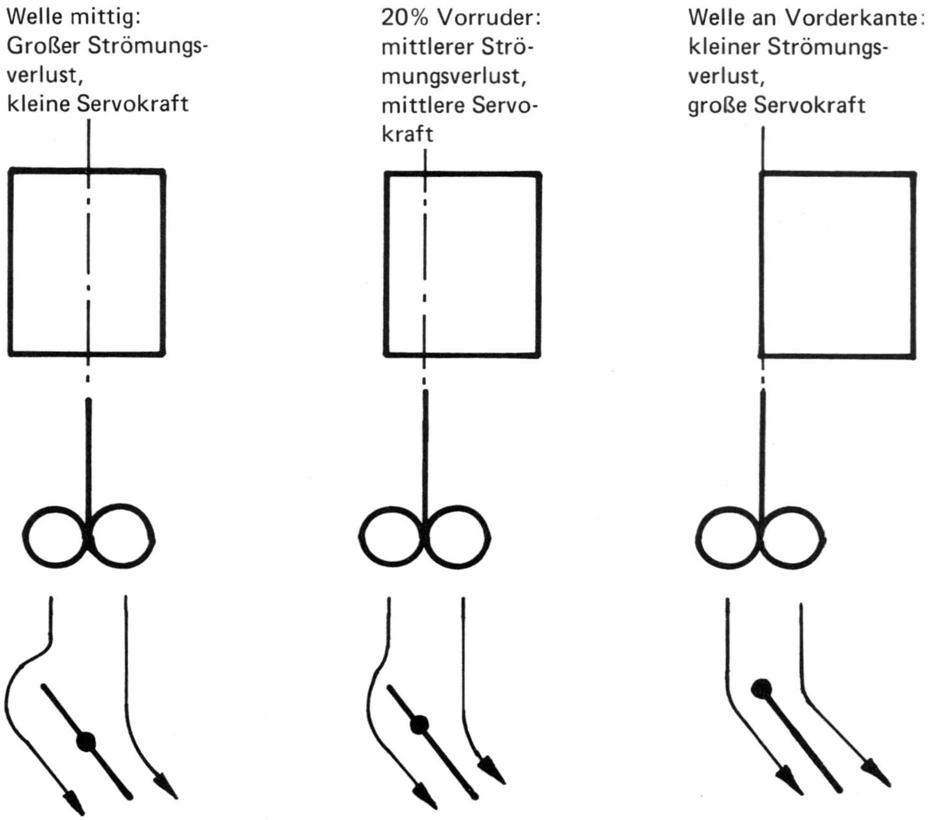

Bild 55 Einfluß der Ruderanordnung

Bild 56 Ruderformen

Bild 57 Ein stabiles Ruder für Hochleistungsboote. Die Schmierung erfolgt über Rohr und Nippel am Heck. (Gundert Sportmodelle)

Für die Dimensionierung des Vorruders stehen sich zwei gegensätzliche Interessen gegenüber. Auf der einen Seite steht die für die Ruderbetätigung vom Servo aufzubringende Antriebskraft. Dem steht das Streben nach möglichst kleinem Schraubenwasser-Strömungswiderstand gegenüber. Um die Auswirkungen besser zu verstehen, müssen wir erst mal die physikalischen Zusammenhänge etwas näher betrachten.
Die geringste Kraft muß das Servo aufbringen, wenn die Ruderwelle genau in der Mitte der Blattbreite sitzt. Dabei unterstützt nämlich der Schraubenwasserstrom die Auslenkung des Ruderblattes dadurch, daß er das Vorruder mit herüberdrückt. Als Nachteil stellt das Ruder für die Schraube dann praktisch eine Wand dar, um die das antreibende Wasser herum muß.
Das andere Extrem ist die am vorderen Blattende angebrachte Welle. Ein solches Ruder läßt das Schraubenwasser ohne große Verluste am Blatt vorbeifließen. Da auch wenig Wirbel entstehen, ist die Wirksamkeit des Ruders wesentlich besser, und es lassen sich kleinere Wendekreise fahren. Der Geschwindigkeitsverlust in der Kurve ist erheblich geringer. Allerdings muß leider eine höhere Servokraft aufgebracht werden. Deshalb wird man oft eine Zwischenlösung in Form des reduzierten Vorruders wählen. Als günstige Breitenverhältnisse haben sich Vorruder von 15 bis maximal 30 % bewährt. Der bremsende Einfluß des Vorruders kann zudem mit größerem Abstand zur Antriebsschraube verringert werden. Bild 55 zeigt deutlich die Zusammenhänge. Nach Möglichkeit wird man versuchen, ein kräftiges Servo einzusetzen, um mit wenig Vorruder auszukommen.
Ein weiterer Punkt ist die Querschnitts- und Umrißform. Für den Querschnitt gibt es zwei grundsätzliche Möglichkeiten. Diese sind die übliche Stromlinienform mit dickerem Vorderteil oder die umgekehrte Variante, das Keilruder. Die Dicke des Ruderblattes wird im wesentlichen von seiner Welle bestimmt, je nach dem, wie weit die Welle darin befestigt ist. Geht sie über die ganze Blatthöhe, so wird das Blatt bis zu 5 mm dick. Das Blatt kann dünn gehalten werden, wenn man die Welle nur kurz einspannt. Zur Vermeidung größerer Strömungsverluste wird der Blattquerschnitt stromlinienförmig gemacht, ohne scharfe Kanten und Ecken.
Bezüglich der Umrißform bestehen unter den Modellbauern unterschiedliche Auffassungen. Eine feste Empfehlung kann auch im Hinblick auf die stark streuenden Strömungsanforderungen in Abhängigkeit der jeweiligen Rumpfform nicht gegeben werden. Gängige Formen zeigt Bild 56. Wie für die Querschnittsform gilt auch hier die Regel, scharfe Kanten möglichst zu vermeiden.

Die Größe des Ruders hängt von den Bootsabmessungen und dem Schraubendurchmesser ab. Das Blatt sollte etwa so hoch sein wie der Schraubendurchmesser. Das Verhältnis Höhe / Breite ist typisch 3:2. Schmale und hohe Ruder sind allgemein verlustärmer und wirkungsvoller als breite mit geringer Höhe. Die Oberkante des Ruderblattes sollte zum Rumpfboden einen Mindestabstand von etwa 3 mm haben. Wenn die Unterkante tiefer als die untere Spitze der Schraube liegt, wird ein gewisser Schutz der Schraube erzielt.

Das Ruderblatt kann aus verschiedenen Werkstoffen hergestellt werden. Für große und schnelle Boote sind Messing oder rostfreier Stahl vorzuziehen. Bei kleineren Booten genügen die handelsüblichen Ausführungen in Kunststoff oder Eigenanfertigung aus Aluminium. Folgende sehr stabile und leichtgewichtige Lösung hat sich für Elektrorennboote bewährt. Als Ruderblatt verwende ich kupferkaschiertes Epoxy, 1,5 bis 2 mm dick. Für die Achse aus 2 mm-Federstahldraht wird ein Schlitz eingesägt und dann der Draht beidseitig verlötet und die Lötstelle sauber verschliffen. Als Wellenrohr dient ein Messingrohr mit 2 mm Innendurchmesser bzw. Aluminiumrohr 6 mm mit 2 Stück Miniaturkugellagern 2 mm. Dieses Epoxyruder hat sich wegen der Glasfaserarmierung als sehr schlagfest erwiesen. Durch die Verwendung des Federstahldrahtes als Welle kann diese federnd nachgeben.

Für große Boote eignen sich Stahlwellen 4 mm in Messingrohr, möglichst mit Kugellagern versehen. Bei Kugellagerung ist auf Dichtigkeit zu achten. In das Ruderwellenrohr läßt sich auch ganz elegant das Staurohr für die Wasserkühlung integrieren.

In den superschnellen Hydro- und Tunnelbooten werden Keilruder eingesetzt. Diese sind aus gezogenem, hochfestem Aluminiumprofil hergestellt. Das Keilruder wird völlig anders montiert als normale Ruder. Das nach vorne spitz zulaufende Blatt wird nicht direkt an der Welle befestigt, sondern in eine Klemmhalterung eingespannt, die gleichzeitig als Ruder-Umlenkhebel ausgebildet ist. Das Kühlwasserrohr wird am dicken Ende des Blattes eingebracht und oberhalb der Umlenkhebel über einen Schlauch ins Bootsinnere geleitet. Keilruder haben kein Vorruderblatt.

BIG SWAMP BUGGY

Rennboote werden im allgemeinen von einer Unterwasserschraube angetrieben. Jedoch haben auch luftschraubengetriebene Modelle ihren Reiz. Gerade die Flugmodellbauer sind für solch ein Modell leicht zu haben. Vielleicht ist es aber ganz einfach der technische Anreiz, mal etwas anderes zu machen. So war es wohl auch bei Karsten Laskowski, der einen Baukasten für ein Luftschraubenboot in einem amerikanischen Modellbaugeschäft gefunden hatte. In den USA sind Luftschraubenboote weit verbreitet,

Bild 58 Auch im hohen Wellengang fühlt sich der Luftschraubengleiter recht wohl

weil es dort auch genügend große Vorbilder gibt. Das BIG SWAMP BUGGY ist recht preisgünstig. Das Modell ist 78 cm lang, 31 cm breit und für Motoren von 6,5 bis 10 ccm konzipiert.
Nachstehend schildert Karsten Laskowski seine Erfahrungen beim Bau und Betrieb dieses Bootes.
Der Bau gestaltete sich nicht sehr schwierig. Das ganze Modell besteht aus Sperrholz. Die Teile sind sauber vorgestanzt, somit kann man die Laubsäge getrost beiseite legen und mit dem Schnitzmesser arbeiten. Es empfiehlt sich, genau nach Bauplan vorzugehen. Dann ist man auch vor Überraschungen sicher. Der Bauplan ist sehr übersichtlich und klar verständlich gehalten. Zudem wird er durch einige Teilfotos ergänzt.

Bild 59 Da am Rumpfboden keine Schraube hervorsteht, kann das Boot an jedem flachen Ufer anlaufen

Bild 60 Wichtig ist bei Luftschraubenantrieb der die Schraube umgebende Bügel zur Vermeidung von Verletzungen

Die Eigenwilligkeit dieses Modells tritt schon beim Bau zutage. Man beginnt nämlich mit dem Deck. Das Deck wird auf den Kopf gelegt. Darauf werden dann die Spanten und Holme geklebt; alles in 3 mm Sperrholz. Zum Schluß wird alles mit 1 mm starkem Sperrholz beplankt. Auch der Dom mit den Ruderblättern bereitet keine Schwierigkeiten. In gut 14 Tagen war das Modell fix und fertig. Es konnten die ersten Fahrversuche unternommen werden. Der Antrieb erfolgte mit einem Rossi 60 Speed. Es war jetzt gerade Ende Dezember und kalt. Im Wasser fuhr das Modell zügig, nahm auch rauhes Wasser nicht

übel. Nach einer Stunde mußten die Fahrversuche unterbrochen werden, das Rudergestänge war durch das hochspritzende Wasser vereist. Also wartete ich auf bessere Zeiten. Diese kamen dann im Januar.
Nun konnte der BIG SWAMP BUGGY zeigen, was auf der Packung stand. Er tat es auch. Er jagte über die Schnee- und Eisflächen — es machte richtig Spaß, ihm zuzuschauen. Ich wurde etwas übermütig, was sich in einigen atemberaubenden Stürzen mit vorangegangener Flugphase widerspiegelte. Trotzdem hat er, dank der robusten Bauweise, keine größeren Schäden erlitten.
Auch die in diesem Sommer gestarteten Wasserfahrten waren recht gut. Besonders gefielen mir die Fahrt über Schlick, Schlamm und Schilf. Das Boot macht seinem Namen alle Ehre.

Bild 61 Gerade im Winter macht es Spaß, mit dem BIG SWAMP BUGGY über Schnee und Eis zu flitzen

Das Luftschraubenboot eignet sich besonders für Modellbauer, die über keinen schönen, kristallklaren Gebirgssee Bayerns verfügen, sondern, wie ich, mit relativ stark bewachsenen Seen und Teichen vorlieb nehmen müssen. Dort wird das Fahren mit Unterwasserantrieb für Modellbauer und Schiff mitunter zur Qual.
Die amerikanische Firma Dumas Boats, die neben dem BIG SWAMP BUGGY noch andere Luftschraubengleiter herstellt, ist in Deutschland durch die Firma Kager in Frankfurt vertreten.

TAJA — ein Hydro für E- und V-Motoren

Ungewöhnliche Modelle finden immer das besondere Interesse erfahrener Modellbauer. Die Firma Strotmann, ein noch relativ junges Unternehmen in der Modellbaubranche, hat neben dem Erstlingsmodell TOBI ein weiteres ansprechendes Rennboot herausgebracht, das TAJA. Das TAJA ist ein reinrassiges Hydro, das nicht für den Sonntags-Rennbootfahrer bestimmt ist. Eher soll es den geübteren Modellbauer reizen, mal etwas Neues, anderes zu versuchen. In Ermangelung entsprechender Reglements in Europa gibt es bisher noch keine richtige Einsatzmöglichkeit für Hydros in Wettbewerben. Das TAJA ist ebenfalls in die Klasse F1 — E über 1 kg einzuordnen. Wie schon an anderer Stelle erwähnt, muß wie bei allen Hydros ein möglichst ruhiges Wasser zur Verfügung stehen.

Bild 62 TAJA – ein flottes Hydroboot

Das TAJA wird nicht als kompletter Bausatz geliefert, sondern nur zwei kräftige Rumpfschalen aus ABS mit einem Montageplan. Diese Lösung ist äußerst preiswert und praxisnah, da der geübte Rennbootbauer ohnehin weder eine ausführliche Bauanleitung noch irgendwelche einfachen Ausrüstungsteile braucht, die er doch nur wegwerfen und durch hochwertige Wellen, Kupplungen, etc. ersetzt. Die Rumpfschalen sind sauber und paßgenau gearbeitet. Sie werden, wie gehabt, an der umlaufenden Klebekante miteinander verbunden. Für die Ausrüstung mit schwächeren Motoren genügt die Einbringung eines Motorspants sowie ein Spant für die Abtrennung des Fernsteuerraumes. Bei Einbringung von Verbrennungsmotoren sowie kräftigen Elektromotoren ist es notwendig, die Verwindungssteifigkeit des Rumpfes mit seitlichen Abschottwänden im Innenraum zu verbessern. Sonst kommt es leicht zu Vibrationen wegen Unstabilität des Rumpfbodens. Gleichzeitig erhält man mit den Seitenwänden die erforderliche Luftkammer für die Sinksicherheit. Mit diesen Maßnahmen ist das Boot auch für Verbrenner bis zu etwa 2,5 ccm ausreichend stabil.
Der Innenraum ist wegen des schmalen Rumpfes ziemlich eng, bei geschickter Ausnutzung jedoch völlig ausreichend. Es sind neben großen Motoren wie z. B. Robbe 50/20 SE

bis zu 21 Zellen 1,2 Ah oder ein entsprechend großer Tank bequem unterzubringen. Mit diesem hohen Gewicht unterschneidet das Boot trotz seines äußerst flachen Bugs nicht, weil der von vorn bis hinten durchlaufende flache Rumpfboden selbst bei geringer Fahrt den nötigen Auftrieb liefert. Im Fernsteuerraum geht es ebenfalls entsprechend eng her. Mit einer kleinen Empfangsanlage läßt sich aber dieses Problem lösen. Ich habe bei meinem Modell einen Robbe Economic-AM-Empfänger samt Speedmax Fahrtregler eingebaut, welche zusammen mit einer 100 mA-Empfängerbatterie schön Platz haben. Der Speedmax-Regler von Robbe bietet genügend Reserve, um den Robbe Motor 50/20 SE mit 20 Zellen betreiben zu können. Eine Wasserkühlung von Motor und Regler erübrigt sich.

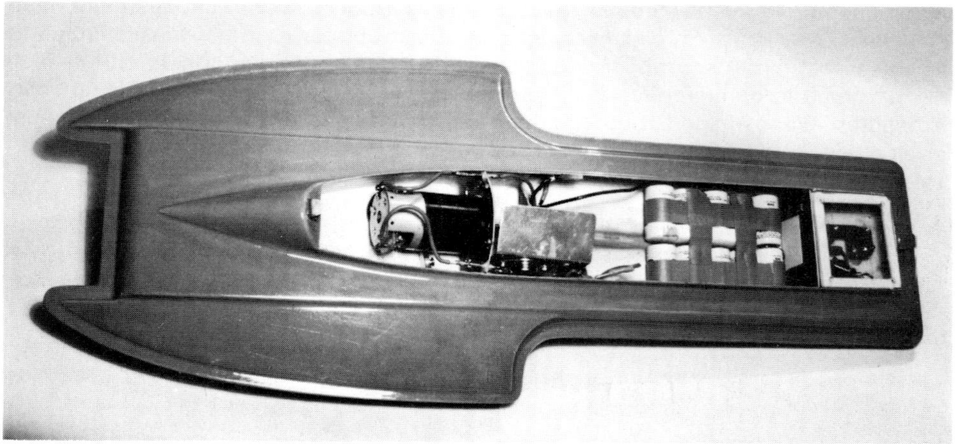

Bild 63 Mit dem Keller-Motor 50/14 erreicht TAJA hohe Geschwindigkeiten

Als Besonderheit ist das TAJA gemäß Bauplan an den Innenseiten der beiden Schwimmkörper mit Stabilisierungsflossen zu versehen. Diese Flossen verhelfen dem Boot zu einer für Hydros ungewöhnlich guten Wendigkeit bis zu mittleren Geschwindigkeiten. Bei starker Motorisierung sollte man sich jedoch vor zu großen Ruderausschlägen hüten, sonst spielt das TAJA Kreisel. Für die ersten Fahrversuche hatte ich anstelle des Fahrtreglers nur ein Schaltrelais eingebaut. Infolge des kräftigen Motors war das Boot damit nicht kontrollierbar und machte Sprünge wie ein wilder Mustang beim Rodeo, um in der ersten Kurve einfach umzuschlagen.
Nach Einbau des Fahrtreglers, sorgfältigem Austrimmen der Schwerpunktlage und Verkleinerung der Flossen zeigt nun das Boot ein gutmütigeres Fahrverhalten. Bei glattem Wasser liegt es nur auf den Hinterkanten der Schwimmer und des Hecks auf und entwikkelt eine hohe Geschwindigkeit.
Interessant wäre vielleicht der Einbau eines Z-Antriebes mit kombiniertem Ruder und halb über dem Wasser laufender Schraube. Damit ist bei leicht bewegtem Wasser die Springneigung sicher auszuschließen.

Antriebsmotoren

Der Antriebsmotor ist das eigentliche Kernstück im Rennboot, das ihm erst die nötige Kraft verleiht, um seinem Namen gerecht zu werden.
Von der Leistungsfähigkeit her kommen praktisch nur Verbrennungsmaschinen und Hochleistungs-Elektromotoren für das Rennboot in Frage. Wie eingangs schon gesagt, ist die Entscheidung zu der einen oder anderen Motorenart im wesentlichen Sache der persönlichen Mentalität. Trotz der in den letzten Jahren zunehmenden Umweltprobleme gehört für viele Rennbootsportler zu einem schnellen Schiff auch ein gewisser Lärmpegel.
Vor allem bei den SR-Rennen entsteht so die richtige Atmosphäre erst durch den Krach mehrerer Boote in Verbindung mit einer Wolke von Verbrennungs-Abgasen. Auch haben entsprechende Versuche eindeutig gezeigt, daß ein Boot mit Verbrennungsmotor deutlich schneller wirkt als ein gleichschnelles mit Elektromotor. Darüber hinaus finden es alte Hasen bei ihrem sportmäßig betriebenen Hobby durchaus schön, in öltriefenden Overalls und trotz der heute verwendeten Elektrostarter mit zerschundenen Fingern herumzulaufen. Wenn einige Grundregeln beachtet werden, müßte jedoch der Innenraum des Bootes mit Verbrennungsmotor keineswegs in einen Ölpfuhl ausarten.

Bild 64 Die heutigen leistungsfähigen Elektromotoren können kleine und mittlere Verbrennungsmotoren bereits ersetzen

Elektromotorische Antriebe sind dagegen nicht immer nur leise. Zwar fehlt bei ihnen das Auspuffgeräusch, aber dafür wird oft bei der Kraftübertragung gesündigt. Ich habe bei Elektrorennbooten schon Standgeräusche bis zu 75 dBA gemessen, was ja eigentlich nicht mehr gerade als zarter Sound zu bezeichnen ist.
Trotz aller Weiterentwicklungen auf dem Gebiet der Antriebsbatterien und Verbesserung des Wirkungsgrades der Elektromotoren werden Elektrorennboote wohl noch längere Zeit nur den unteren Leistungsbereich abdecken. Eine Ausnahme sind die Klassen F1 — E 1 kg und über 1 kg. Diese Boote sind meist wesentlich schneller als vergleichbare, gleich stark ausgerüstete Modelle mit Verbrennungsmotor. Die hohe Leistung wird allerdings nur für die kurze Zeit von etwa einer Minute erreicht. Hierin liegt letztlich das Problem aller Elektroboote, die Batterie. Die mitgeführte Energiemenge, bezogen auf ihr Ge-

wicht bzw. Volumen, ist bei der Batterie im Vergleich zum Kraftstoff des Verbrennungsmotors eben deutlich geringer. Daran wird sich auch künftig nicht viel ändern. Weiter sind die von Verbrennungsmodellmotoren erreichten Spitzenleistungen von bis zu 4 kW mit Elektromotoren im Rennboot nicht wirtschaftlich zu realisieren.
Zusammengefaßt ist festzustellen, daß die verbrennungsmotorischen Antriebe dominieren, wenngleich auch ein deutlicher Trend zum Elektromotor erkennbar ist. Gerade für Anfänger und Modellbauer, die nur mal so zum Spaß ein schnelles Schiff bauen wollen, stellt der relativ unproblematische Elektroantrieb eine ideale Anfangsbasis dar.

*Bild 65 Die Verbrennungsmotoren sind mit ihren beträchtlichen Literleistungen kleine Kraftpakete.
OS Max 40/60/90*

Verbrennungsmotoren

Der folgende Abschnitt soll nur einen groben Überblick über den heutigen Stand der für Rennboote geeigneten Verbrennungsmotoren geben. Für den am Detail interessierten Modellbauer empfehle ich das Studium des MODELL-Fachbuches ›Modellmotoren‹ des in Fachkreisen wohl bestens bekannten Motorspezialisten Prof. Dr. Ing. P. Demuth sowie dessen regelmäßig in den Zeitschriften MODELL und SCHIFFSMODELL erscheinenden Testberichte.
Modellmotoren sind Verbrennungskraftmaschinen, die in ihrer Funktion den Motoren in Kraftfahrzeugen und Flugzeugen gleichen. Nach der Art der Zündung lassen sie sich in drei Gruppen einteilen:

Bild 66 Webra .91 Marine

Motoren mit Selbstzündung

Durch besonders hohe Verdichtung entsteht eine starke Erwärmung des Kraftstoff-Luft-Gemisches bis zur explosionsartigen Selbstzündung. Wegen der ähnlichen Arbeitsweise spricht man auch vom »Dieselmotor«. Infolge der großen mechanischen Belastung wird diese Motorenart nur bis zu etwa 2,5 ccm Hubraum hergestellt.

Der Vorteil des Selbstzünders liegt in der Nichterfordernis einer eigenen Batterie für die Zündung. Nachteilig sind der vibrationsreiche Lauf und die höhere Kraft zum Anwerfen. Die in den Nachkriegsjahren überwiegend verwendeten Selbstzündermotoren sind heute in Rennbooten kaum noch anzutreffen.

Motoren mit ungesteuerter Zündung

Die Einleitung des Verbrennungsvorgangs erfolgt durch die glühende Drahtwendel der Glühkerze. Zum Anlassen des Motors muß die Kerze wie beim Kfz-Dieselmotor elektrisch vorgeglüht werden und erfordert damit eine eigene Starterbatterie. Hat der Motor gezündet und ist hochgelaufen, kann der Zündstrom wieder weggenommen werden, da nun die Kerzenwendel infolge der ständigen Verbrennungsvorgänge selbständig weiterglüht.

Der Glühkerzenmotor ist heute der gebräuchlichste Rennbootantrieb. Die industrielle Großserienfertigung ist so weit ausgereift, daß damit eine leicht zu handhabende und bei geringer Pflege zuverlässig arbeitende Maschine zur Verfügung steht. Solche Motoren werden serienmäßig von 0,33 ccm bis max. etwa 30 ccm Hubraum bei Leistungen von 25 Watt bis ca. 4 kW hergestellt.

Motoren mit Fremdzündung

Wie bei Großmotoren besorgt eine elektrische Zündkerze die Einleitung der Verbrennung. Der Zündzeitpunkt wird von der Kurbelwelle her exakt gesteuert. Diese Motorenart weist eine wesentlich geringere Verdichtung auf, als Brennstoff ist daher in Verbindung mit der erzwungenen Zündung Benzin geeignet. Man spricht deshalb auch vom Benzinmotor bzw., wegen der ähnlichen Bauform, vom Rasenmähermotor.

Bild 67 Eine gute Zugänglichkeit zum Antriebsaggregat ist wichtig im Wettbewerb

Benzinmotoren gibt es von etwa 15 ccm bis 50 ccm Hubraum. Gebräuchlich sind sie in der Rennklasse FSR-35, wobei die 35 den maximal zulässigen Hubraum bezeichnet. Meist wird die Zündkerze durch das Prinzip der Magnetzündung versorgt, weswegen keine spezielle Zündbatterie erforderlich ist. Zum Starten ist üblicherweise gleich ein Seilzugstarter an den Motor mit angebaut.

Rennboot-Modellmotoren sind meist einzylindrige Zweitakter. Der Vorzug gegenüber Viertaktmotoren liegt im kostengünstigeren Aufbau mit weniger bewegten Teilen. Da bei jeder Kurbelwellenumdrehung ein Arbeitstakt verrichtet wird, ist die hubraumbezogene Leistung meist höher als die vergleichbarer Viertakter. Durch den Wegfall von Ventiltrieben sind gleichzeitig höhere Umdrehungszahlen erreichbar. Als Nachteil sei die schlechtere Verbrennung mit größeren Rückständen an unverbrauchtem Gemisch genannt, das über den Auspuff entweicht. Die bessere Ausnutzung des Kraftstoffs erzielt der Viertakter. Er entwickelt ferner ein wesentlich niedrigeres Geräusch, so daß unter Umständen auf eine Schalldämpfung verzichtet werden kann. Viertakter gibt es als Glühzünder wie auch mit Fremdzündung. Bevorzugt kommen sie in der Klasse FSR-35 zum Einsatz. Der Viertakter ist als Modellmotor eine noch relativ junge Entwicklung. Hier wird es in den kommenden Jahren sicher noch erhebliche Verbesserungen geben.

Eine Sonderform unter den Verbrennungsmotoren stellt der Rotationskolbenmotor nach dem System Wankel dar. Der bisher einzige im Handel erhältliche Motor (Graupner, Hersteller O. S. Japan) liefert bei einem Kammervolumen von 5 ccm etwa 400 Watt bei 15 000 Umdrehungen/min. Dieser Wankelmotor ist damit stärker als vergleichbar große Hubkolbenmotoren. Als Besonderheit sei das ventillose Viertaktprinzip erwähnt und die hervorragende Laufruhe.

Modellmotoren werden in verschiedenen Zylinderanordnungen hergestellt:
Einzylinder, Zweizylinder in Reihe, Boxermotor.

Bild 68 Ein kleines Problem ist manchmal das Ankoppeln des Schalldämpfers

Der in Rennbootsmodellen fast ausschließlich verwendete Einzylindermotor erreicht zwar nicht die Laufruhe mehrzylindriger Typen, ist dafür aber unkritischer in der Steuerung, vor allem beim Hochdrehen aus dem Leerlauf. Es werden zudem nur einige wenige Reihenmotoren angeboten, die, mit Wasserkühlung versehen, auch für Schiffe geeignet sind.

Konstruktionsmerkmale

Neben dem Hubraum ist das Bohrungs-Hub-Verhältnis einer der wesentlichen Parameter des Verbrennungsmotors. Gemeint ist damit das Verhältnis des Bohrungsdurchmessers zum Kolbenhub. Ist der Hub kleiner als der Durchmesser, spricht man vom Kurzhub-

Bild 69 Die Japaner mischen auch bei Modellmotoren kräftig mit. Fuji 19- 4- SBB

Bild 70 Motorträger von Gundert

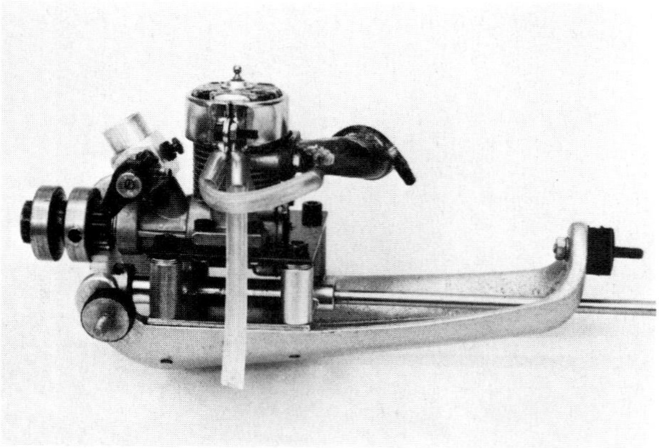

motor, der bedingt durch die geringere Kolbengeschwindigkeit höhere Umdrehungszahlen verkraftet und damit meist auch größere Leistungen erbringt. Der Langhubmotor dagegen erzielt ein etwas höheres Drehmoment. Beim Zweitaktmotor bestimmt der absolute Hub ganz wesentlich die mögliche Höhe der Spülschlitzöffnungen. Bei extrem geringem Hub wird die Spülschlitzhöhe trotz gleichem, entsprechend verbreitertem Querschnitt so gering, daß keine ausreichende Spülung mehr gewährleistet ist.
Dem Streben nach kurzem Hub zur Realisierung hoher Drehzahlen und Leistung sind also Grenzen gesetzt. Jede Motorkonstruktion stellt damit zwangsläufig einen Kompromiß mit unterschiedlichen Lösungen dar, je nach Verwendungszweck. Ein ausgesprochener Rennmotor ist deshalb anders dimensioniert als ein gutmütigeres Triebwerk für Dauerrennen. Bei Hochleistungsmotoren ist der Hub immer kleiner als die Bohrung und zwar bis etwa maximal 10 %. Damit ist eine gute Leistung bei hohen Drehzahlen sowie auch ein ausreichendes Drehmoment bei niedrigen Umdrehungszahlen möglich. Die Frischgaszufuhr erfolgt meist über Kurbelwellendrehschieber und mittels einer Kombination aus Querstromspülung und ›Schnürle-‹Umkehrspülung.
Ein wichtiger Punkt sind die Lagerstellen des Motors. Während bei kleineren und billigen Typen die Kurbelwelle in einer Bronzebüchse gelagert ist, werden größere und leistungs-

Bild 71 Wichtig ist eine vibrationsdämpfende Montage des Motors

Bild 72 Ein „heißer" Motor, CMB 15 ccm

fähigere Motoren grundsätzlich mit Wälzlagern ausgerüstet. Bei Hochleistungstypen sind meist Rillenkugellager mit Nadellagern kombiniert, die eine höhere Tragfähigkeit aufweisen. Die übrigen Lager sind allgemein als Gleitlager ausgeführt.
Als Material für den Kolben werden zumindet bei den größeren Motoren über 5 ccm praktisch nur Aluminiumlegierungen eingesetzt. Zur Abdichtung sind hierbei Kolbenringe erforderlich. Diese Ringe sind in der Handhabung sehr empfindlich.
Ähnliche Aufmerksamkeit ist den übrigen Dichtungen zu widmen, vor allem der Zylinderkopfdichtung. Diese Dichtungen sind allgemein nur einmal zu verwenden.

Drehzahlsteuerung

Mit Ausnahme der Kompressionsveränderung beim Selbstzünder wird die Drehzahlbeeinflussung nur vom Vergaser besorgt. Zunächst einmal hat der Vergaser die Aufgabe, den aus dem Tank geförderten Kraftstoff mit der angesaugten Luft zu einem zündfähigen Gemisch fein zu vernebeln. Der Vergaser besitzt allgemein drei Regulierelemente:
die Leerlaufeinstelldüse, die Hauptdüse und die Drosselklappe.
Wie der Name schon sagt, muß über die Leerlaufdüse der Motor bei geschlossener Drosselklappe versorgt werden. Die Hauptdüse regelt die Kraftstoffzufuhr, das heißt, eine Regelung findet meist gar nicht statt, sondern mit der Düsennadel wird nur die maximale Kraftstoffzufuhr bzw. der Kraftstoffanreicherungsgrad eingestellt. Die Drehzahlregelung selbst ist nun im wesentlichen mit der Drosselklappenstellung zu bewerkstelligen. Je nach Öffnungswinkel wird mehr oder weniger Ansaugluft eintreten können, die dann, bedingt durch den im Strömungskanal entstehenden Unterdruck, mehr oder weniger Kraftstoff aus der Hauptdüse mitreißt. Die ganze Vergaserkonstruktion muß sehr sorgfältig auf

Bild 73 Integrierter Kühlkopf, OPS 15 ccm

den jeweiligen Motortyp, den Kraftstoff und nicht zuletzt auf die Betriebsart abgestimmt sein. Ein reines Speedboot stellt ganz andere Anforderungen als ein Mannschaftsrenner mit ständigen Lastwechseln.
So gibt es dementsprechend auch die verschiedensten Konzeptionen. Druckvergasersysteme sind in Rennbooten kaum gebräuchlich, da hier keine großen Förderhöhen zu bewältigen sind.
Profis verwenden neben der Steuerung der Drosselklappe zusätzlich die Düsennadelverstellung per Fernsteuerung. Nur so ist eine optimale Abstimmung des Motors auf den jeweiligen Betriebszustand möglich. Eine saubere Regelung wird durch die Wahl der richtigen Glühkerze unterstützt. Kommt es z. B. auf schnelle Übergänge vom Leerlauf auf Vollgas an, empfiehlt sich eine Kerze mit Steg über der Glühöffnung. Dadurch wird die Gefahr des sogenannten ›Ausblasens‹ verringert, gerade bei fetterem Leerlaufgemisch.

Kühlung

Konstruktion und Fertigungstoleranzen der Motoren sind prinzipiell so aufeinander abgestimmt, daß eine gute Leistung bei geringem Verschleiß über einen möglichst großen Betriebstemperaturbereich erzielt wird. Dennoch ist dieser Bereich wegen der vielen unterschiedlichen Ausdehnungskoeffizienten und sonstigen Temperaturabhängigkeiten relativ klein. Wir merken das deutlich in der Warmlaufphase, bei der mancher Motor nicht so recht will, wird von ihm plötzlich volle Leistung verlangt. Oder auch im SR-Rennen, wenn der Motor leicht überhitzt und durch Kolbenklemmer oder Ähnlichem plötzlich stehenbleibt. In beiden Fällen hilft nur ein ausgewogenes Kühlsystem. Zudem, wo eine beträchtliche Menge an Verlustwärme abzuführen ist.

Bild 74 OPS 60 Speed SPP/RCB

Zu kühlen ist in erster Linie der Zylinder mit einem Kühlmantel oder Kühlring, eventuell sogar zwei davon übereinander angeordnet. Die früher oft praktizierte Lösung, nur ein paar Windungen Kupferrohr um den Zylinder zu legen, ist völlig unzureichend. Überhaupt ist es zweckmäßig, im Rennboot nur die speziellen Marine-Varianten der handelsüblichen Motoren zu verwenden, die neben dem richtig dimensionierten Wasserkühlmantel auch den Auspuffstutzen an der richtigen Stelle haben, nämlich nicht seitlich, sondern nach hinten zur Welle hin gerichtet.
Außer dem Zylinder kann es notwendig sein, den Auspuffstutzen und eventuell das Kurbelgehäuse zu kühlen. Hierzu sind die entsprechenden Hinweise der Hersteller unbedingt zu beachten. Selbstverständlich müssen die Anschlußschläuche ausreichend wärmefest sein, damit sie auch mal einen längeren Leerlauf an Land überstehen.

Bild 75 Robbe Picco 65, 11 cm, bis 4 PS

Bild 76 *Elektrische Anlasser erleichtern den Start*

Kraftstoffversorgung

Eine zuverlässige, gleichförmige Kraftstoffzufuhr ist im Rennboot besonders wichtig. Gerade im SR-Rennen können schon geringfügige Unregelmäßigkeiten zu Aussetzern führen. Es werden je nach Bootsgröße und Laufdauer ganz beträchtliche Mengen Sprit mitgeführt. Mengen bis zu 2 Litern sind keine Seltenheit. Als Tank sind die üblichen Kunstflugtanks geeignet. Bei größeren SR-Booten werden meist zwei davon eingebaut. Zu achten ist auf eine einwandfreie, knickfreie Schlauchführung und richtigen Überlauf von einem zum anderen Tank sowie beider Entlüftung. Nicht zu vergessen ist das Kraftstoff-Filter.

Behandlung von Verbrennungsmotoren

Nach den Beschreibungen der Motorenhersteller braucht man die neuen Motoren keiner besonderen Einlaufprozedur mehr zu unterziehen. Vor allem die Typen mit Leichtmetall-

Bild 77 *HB 12 Marine*

Bild 78 K & B 3,5 ccm, Außenborder mit biegsamer Welle zur Kraftumlenkung

kolben und Kolbenringen können im Modell unter Normalbedingungen einlaufen. Dies darf jedoch keinesfalls an Land und damit ohne Kühlung geschehen.
Will man den Motor nicht ohnehin vor dem Einbau auf einem Einlaufbock betreiben, so sollte mit dem Boot eine bis zwei Stunden lang mit kleiner bis mittlerer Drehzahl jeweils 5 bis 10 Minuten lang gefahren werden. Dabei ist mit der Düsennadel das Gemisch zunächst überfett einzustellen und ein zahmer Sprit, also kein Rennkraftstoff mit hohem Nitromethananteil zu verwenden. Besonders unbelastet ist jedes übermäßige Hochdrehen zu vermeiden. Nach dieser Einlaufzeit kann langsam auf mageres Gemisch und höhere Belastung übergegangen werden.
Bis vor wenigen Jahren wurden Rennbootmotoren mit einem in die Schwungradrille eingelegten Riemen per Hand angeworfen. Das war bei größeren Motoren und im Rennbetrieb recht mühsam und kraftzehrend. Heute gehört der elektrische Anlasser zur Standardausrüstung jedes Modell-Rennsportlers. Der Modellbaufachhandel bietet eine Reihe brauchbarer Anlasser an. Im Anfangsstadium ist noch der im Boot fest eingebaute Anlasser. Der Anlasser sollte unter Last etwa 3000 U./min drehen. Seine Leistung ist vom anzutreibenden Motor abhängig und liegt zwischen 50 und 150 Watt. Typen für 12 Volt Betriebsspannung sind wegen des geringeren Stroms vorzuziehen.
Nach längerer Laufzeit ist der Motor nur noch so gut wie seine Wartung. Zumindest nach jeder Saison oder vor entscheidenden Rennen ist die Maschine auseinanderzunehmen und sorgfältig zu reinigen mit anschließender Untersuchung. Teile, die erste Verschleißerscheinungen zeigen, lieber gleich auswechseln. Die Teile lassen sich am besten in reinem Waschbenzin saubermachen. Anschließend sind sie sofort mit gewöhnlichem HD-Öl einzuölen.
Eine Demontage des Motors soll allerdings nicht durch Laien und mit ungeeignetem Werkzeug erfolgen. Wer in solchen Dingen keine Erfahrung hat, sollte dies lieber einem Fachmann oder dem Herstellerwerk überlassen. Die größeren Modellbaulieferanten bieten einen ausgezeichneten Service.
Zuletzt noch ein paar Worte zur Leistung. Von den Motorherstellern werden oft Fantasiewerte angegeben, die sich auf einen in der Praxis niemals vorkommenden Betriebszustand beziehen. Will man verschiedene Motoren anhand der technischen Daten vergleichen, so ist das nur mit Meßkurven und genau definiertem praxisnahen Betriebszustand möglich. Auch Angaben bezüglich leistungssteigernder Schalldämpfergarnituren sind unbedingt zu beachten.

Bild 79 HB 21 PDP Marine (Graupner)

Im Folgenden sind nun einige für Rennboote besonders interessante Motoren kurz beschrieben.

WEBRA Speedy 1,8

Der Speedy ist mit Abstand der stärkste Motor in dieser Größenordnung. Er ist speziell für die Klasse FSR-1,8 geeignet und wird komplett mit Schwungscheibe und Untersetzungsgetriebe (2:1) geliefert.

Technische Daten:

Bohrung	13,5 mm
Hub	12,5 mm
Hubraum	1,79 ccm
Leistung	0,44 kW bei 24 000 U./min
Drehzahlbereich	4500 bis 30 000 U./min
Gewicht	245 Gramm (mit Getriebe und Schwungscheibe)

Bernhard HB 21 PDP

Geeignet für die Klasse FSR-3,5. Einer der stärksten Motoren in dieser Klasse mit sehr weitem Drosselbereich.

Technische Daten:

Bohrung	16,6 mm
Hub	16,1 mm
Hubraum	3,48 ccm
Leistung	0,58 kW bei 27 500 U./min
Drehzahlbereich	3000 bis 28 000 U./min
Gewicht	320 Gramm

Bild 80 OS Max 6,5 ccm

O S Max 40 R-SR

Geeignet für die Klasse FSR-6,5.
Flachdrehschiebermotor mit Wasserkühlmantel am Zylinderkopf, komplett mit Schwungscheibe und Kupplung. Gutmütiger Dauerläufer.
Technische Daten:

Bohrung	21,2 mm
Hub	18,4 mm
Hubraum	6,5 ccm
Leistung	1,1 kW bei 20 500 U./min
Drehzahlbereich	3500 bis 22 000 U./min
Gewicht	400 Gramm (mit Schwungscheibe)

O S Max FS 60 M

Ausgereifter Viertaktmotor mit hohem Drehmoment. Besonders niedriger Geräuschpegel. Da Viertakter dieser Größenordnung in den üblichen Wettbewerbsklassen weniger Chancen haben, ist dieser Motor mehr zum Spazierenfahren geeignet oder für Modellbauer mit Vorliebe für das technisch Besondere, wie z. B. Tragflächenboote oder vorbild-

Bild 81 OS Max 60, Viertakter

Bild 82 OS Max 90 R, Marine

getreue Sportbootmodelle. Für letztere ist das vorbildgetreue Geräusch ein interessanter Faktor.

Technische Daten:

Bohrung	24,00 mm
Hub	22,00 mm
Hubraum	9,96 ccm
Leistung	0,42 kW bei 10 500 U./min
Drehzahlbereich	2000 bis 11 000 U./min
Gewicht	840 Gramm (mit Schwungscheibe)

O S Max 90 R-SR

Spitzenmotor des Herstellers Ogawa. Geeignet für die Klassen F1 — V15 und FSR-15. Flachdrehschiebermotor mit 2 Wasserkühlmänteln für Zylinder und Kopf. Komplett mit Schwungscheibe und Kupplung. Resonanzdämpfer Graupner oder Rossi. Hervorragende Drosseleigenschaften und schneller, stotterfreier Übergang zu Vollgas. Durch gute Leistungskonstanz und Stehvermögen vor allem für SR-Rennen geeignet.

Technische Daten:

Bohrung	27,00 mm
Hub	26,20 mm
Hubraum	15,00 ccm (die Wettbewerbsgrenze wird nur knapp eingehalten)
Leistung	2,3 kW bei 20 000 U./min
Drehzahlbereich	1800 bis 21 000 U./min
Gewicht	1100 Gramm (mit Schwungscheibe)

Rossi R 90 RC/RV

Der zur Zeit stärkste handelsübliche Rennbootmotor mit Rohrdrehschieber-Vergaser. Geeignet für die Klassen F1 — V 15 und FSR-15.

Wellenseitiger Auspuffstutzen.

Technische Daten:

Bohrung	26,90 mm
Hub	26,30 mm
Hubraum	14,96 ccm
Leistung	ca. 4,1 kW bei 21 000 U./min (mit Rossi Resonanzdämpfer)
Drehzahlbereich	4000 bis 23 000 U./min
Gewicht	1070 Gramm (mit Schwungscheibe)

Die Gundert-Flotte

In Deutschland gibt es einen kleinen Kreis von Rennboot-Modellbauern, die ihr Hobby vielleicht schon zwei oder drei Jahrzehnte nahezu professionell betreiben und durch ihre bewährten Konstruktionen die Weiterentwicklung richtungweisend beeinflussen.
Einer der bekanntesten und erfolgreichsten von ihnen ist Heiner Gundert, der inzwischen seine Hochleistungsrennboote und das erforderliche mechanische Zubehör in Serie herstellt und vertreibt. In langjähriger Praxis mit einigen Rückschlägen hat er in zäher Kleinarbeit eine Rennbootkonzeption geschaffen, die sich auch im internationalen Vergleich durchaus gut behaupten kann. Dabei standen stets eigene Ideen im Vordergrund. Das heißt, z. B. die Zusammenhänge von Strömungsverhalten und Kraftkomponenten wurden von ihm stets auch von der theoretischen Seite her näher durchleuchtet. Und nicht nur irgendwelche ›Modeerscheinungen‹ nachgebaut, wie sie immer wieder auf Wettbewerben auftauchen. Auch im Hinblick auf die heute wesentlich härteren Forderungen des Umweltschutzes ging er neue Wege, um den Bedingungen Rechnung zu tragen. Damit entstand das nachfolgend beschriebene Konzept, das vom bisher Üblichen etwas abweicht, dafür aber bis ins kleinste Detail sorgfältig durchdacht ist.
Das Gundert-Speed-Design mit dem attraktiven Aussehen und die speziell auf hohe Geschwindigkeit und ausgewogenes Fahrverhalten ausgelegte Form resultiert in einer kleinen Flotte gleichartiger, aber unterschiedlich großer Boote:

— DORA
— BETSY
— LOLA
— BELLA

Damit wird der ganze Bereich der Wettbewerbsklassen in praxisnahen Abstufungen abgedeckt. Das heißt, vom kleinen FSR- 1,8 Renner bzw. FSR- E bis hin zur 15 cm-Bestückung oder den großen Elektro-Boliden kann in allen Klassen gefahren werden.
Die hier erstmals in einem Baukastenmodell realisierten, wirkungsvollen Maßnahmen zur Reduzierung des Geräuschpegels in Verbindung mit schwingungssteifer Rumpfform, vibrationsdämpfender Motoraufhängung und vollverkleidetem Motor und Auspuffanlage machen die Boote gleichwohl für Verbrennungsmotoren und Elektromotoren mit ihren

Bild 83 Heiner Gundert mit seiner Flotte. Vom kleinen 1,8er Boot bis zum 15 ccm-Boliden die gleiche Grundform.

hohen Leistungen und interessanter Technik bestens geeignet. Trotz der auf Höchstleistung getrimmten Gesamtkonzeption wird auch der Sonntagsfahrer gerade wegen des gutmütigen, unkritischen Fahrverhaltens seinen Spaß an den schnellen und wendigen Booten haben.
Da die verschiedenen Boote praktisch konstruktiv gleich sind, will ich nachfolgend weniger die Boote spezifisch beschreiben, sondern mehr deren gemeinsame technische Details.

Rumpf

Der aus glasfaserverstärktem, eingefärbtem Polyester gefertigte Rumpf wird bereits montiert geliefert. Somit entfällt das oft lästige Verbinden von Schalen und die Lackierung. Lediglich raumtrennende Spanten sind einzusetzen. Sie werden je nach der Art des Antriebs — ob Elektro- oder Verbrennungsmotor — unterschiedlich angeordnet. Bei Elektroantrieb wird der Spant quer vor dem RC-Raum eingebaut, und mit dem hinteren, größeren der beiden Bugspanten ergeben sich wasserdichte Auftriebsräume in Bug und Heck. Für Verbrennungsmotor-Antriebe ist der Einbau der Spanten so vorgesehen, daß vorne zwischen den beiden Bugspanten ein schmaler Raum entsteht. Im Deck werden zu diesem Raum hin Öffnungen angebracht und am hinteren Spant unten eine Öffnung zum Innenraum des Bootes ausgespart. Durch diesen Hohlraum wird die Luft zum Motor geleitet und das Eindringen von Spritzwasser verhindert. Außerdem wirkt der Hohlraum als Dämpfer für nach außen dringende Geräusche des Antriebsaggregats.
Für den innenliegenden Einbau des Resonanzrohrs läßt sich rechts oder links des RC-Raums durch Einbau des dafür vorgesehenen Längsspants ein Tunnel erzeugen. Zur Durchlüftung des Innenraums und des Auspufftunnels ist im oberen Bereich des Spiegels eine Öffnung zum Auspufftunnel angebracht. Hier kann auch das Kühlwasserauslaßrohr, das entlang dem Auspuffrohr verklebt wird, nach außen treten. Diese spezielle Art der Luftführung durch den Innenraum ermöglicht die vollständige Abdeckung des Motorraums und somit eine Geräuschpegelreduzierung um 3—5 dB (A). Außerdem wird eingedrungenes Spritzwasser zuverlässig vom Motor ferngehalten und läßt sich durch die Öffnung im Spiegel leicht ausleeren.
Generell müssen alle zu verklebenden Teile an den Verbindungsstellen sauber und fettfrei sein. Sie sollten mit einer Verdünnung (z. B. Aceton, Nitroverdünnung etc.) gereinigt

Bild 84 Praktisch und formschön ist die mit einem Handgriff abnehmbare Kabinenhaube. Gleichzeitig wird eine gute Schalldämpfung und Spritzwasserschutz erreicht.

Bild 85 Die Rumpfform basiert auf der Erfahrung vieler Wettbewerbe. Welle und Ruder sind von außen her an den Nippeln einfach abzuschmieren.

und zur besseren Verbindung mit mittelfeinem Schleifpapier aufgerauht werden. Die Verklebung erfolgt mit Polyesterharz und Glasmattenstreifen oder mit Klebern, die sich gut mit Polyester und Metallen verbinden, z. B. Stabilit-Express.
Dem Baukasten beigegeben sind ferner eine fertige Motorabdeckhaube, der wasserdichte RC-Deckel mit Patent-Schnellverschlüssen sowie die Teile für die im Rumpfboden integrierte Trimmklappe. Eine Wellenrohrauflage für das Stevenrohr ist bereits angeformt. Durch diese weitgehende Vorbereitung ist das Boot in relativ kurzer Zeit fertigzustellen. Dies beschleunigen noch die lieferbaren, einbaufertigen Ausrüstungsteile wie Welle, Ruder, Motorträger, Schalldämpfer usw. Der Rumpf bietet eine Menge Platz für ausreichend dimensionierte Kraftstofftanks bzw. Fahrbatterien.

Antrieb und Ausrüstung

Die Antriebsanlage sollte mit möglichst geringer Steigung im Boot eingebaut werden. Die am Rumpf hierfür angeformte Wellenrohrauflage ist entsprechend flach ausgebildet. Ist eine größere Neigung als die vorgesehene notwendig, z. B. weil die Antriebsschraube größer ist, so ist es möglich, die Antriebseinheit einfach steiler einzustellen durch entsprechendes Unterlegen. Der Wellenaustrittspunkt bleibt dabei als Festpunkt erhalten. Das gute Fahrverhalten wird dadurch nicht beeinträchtigt, wenn der Schwerpunkt des Bootes im Bereich des Wellenaustritts bleibt.

Trimmklappe

Durch die in den Rumpf integrierte Trimmklappe ist das Boot einfach und schnell an die jeweiligen Wasserverhältnisse anzupassen. Dies geschieht mit Verdrehen der Einstellschraube. An dieser Stelle müssen noch ein paar Worte allgemein zum Thema Trimmklappen gesagt werden.
Die Gundert-Boote unterscheiden sich in diesem Punkt von den meisten sonst anzutreffenden Lösungen dadurch, daß hier nur eine einzige, nicht außerhalb des Rumpfes befindliche Trimmklappe verwendet wird. Der heute oft noch angewandte, manchmal etwas gedankenlose Anbau von zwei Trimmklappen hat etwas historische Hintergründe. Als vor etwa 15 Jahren die ersten, wirklich leistungsfähigen Rumpfkonstruktionen zu uns kamen, waren diese Boote für relativ kleine Antriebe konzipiert. Anstatt Größe und Form anzupassen, wurden einfach immer größere Motoren reingepackt, mit dem Effekt labileren Fahrverhaltens. Mit Gewichtsverlagerung konnte dabei nicht mehr geholfen werden. Also mußte der Rumpf künstlich mit außerhalb angebrachten Trimmklappen verlängert werden, um das Boot mit der Übermotorisierung überhaupt zu stabilisieren.
Der sachgemäße Ausgleich des hohen Drehmoments kann dagegen durch zwei Maßnahmen erfolgen. Da ist erstmal die richtige Verteilung des Gewichts der Ausrüstung im Boot. Die normalerweise rechtsläufige Antriebsschraube ist bestrebt, ein nach steuerbord gerichtetes Drehmoment in Längsachse des Rumpfes zu erzeugen. Daher muß der

Bild 86 Mit der mittels Stellschraube justierbaren Trimmklappe ist eine optimale Anpassung an jede Betriebssituation möglich

Schwerpunkt nicht in der Kielmitte liegen, sondern auf der Backbordseite. Dies ist durch entsprechende Anordnung der Empfangsanlage, Antriebsbatterien bzw. Kraftstofftanks zu erzielen. Bei Mehrkammertanks soll deshalb auch zuerst der steuerbordseitige Tank entleert werden und zuletzt der linksliegende.

Die in den Gundert-Booten innerhalb des Rumpfbodens integrierte Trimmklappe sitzt auf der Steuerbordseite und ermöglicht zusätzlich die dynamische Austrimmung. Besonders bei Verwendung von Untersetzungsgetrieben und damit erhöhtem Drehmoment ergibt sich damit eine einfach zu justierende Anpassungsmöglichkeit an die jeweiligen Wasserverhältnisse in Abhängigkeit der Motorisierung.

Bild 87 Die günstige Rumpfkonstruktion und ausgereifte Aggregate erleichtern den ordentlichen und zuverlässigen Aufbau

So erhält man in jedem Fall, gleich ob mit Verbrennungsmotor oder Elektroantrieb ausgerüstet, ein sehr schnelles und sicher laufendes Boot. Vor allem für den Verbrennungsmotor bietet es auch für die Zukunft Einsatzmöglichkeit, da die Umweltprobleme durch die in einem Baukastenmodell erstmals realisierten Maßnahmen zur Geräuschreduzierung optimal nutzbar sind. Mit den für den Ausbau vorgesehenen elastischen Motorträgern und schallgedämpften Auspuffanlagen lassen sich leicht Pegel von weit unter 80 dB, bei den kleineren Typen sogar unter 75 dB (A) erzielen. Damit ließen sich solche Boote auch in bewohnten Gebieten betreiben.
Nachfolgend sind nun die verschiedenen Typen mit ihren wesentlichen technischen Daten zusammengefaßt.

— DORA für FSR- 1,8	F1- V2,5	F1- E über 1 kg
Länge	650 mm	
Breite	240 mm	
Fahrgewicht	2 bis 2,5 kg	
Tank	2 mal 250 ccm	
Antriebsleistung	bis ca. 0,4 kW	

— BETSY für FSR- 3,5	F1- V5	F1- E über 1 kg
Länge	760 mm	
Breite	280 mm	
Fahrgewicht	3 bis 3,5 kg	
Tank	2 mal 500 ccm	
Antriebsleistung	bis ca. 0,75 kW	

— LOLA für FSR- 6,5	F1- V15	F1- E über 1 kg
Länge	860 mm	
Breite	330 mm	
Fahrgewicht	4 bis 5 kg	
Tank	2 mal 1000 ccm	
Antriebsleistung	bis ca. 1,5 kW	

— BELLA für FSR- 15	
Länge	1000 mm
Breite	390 mm
Fahrgewicht	6 bis 8 kg
Tank	3 mal 1000 ccm
Antriebsleistung	bis ca. 3 kW

Schalldämpfer

Im Zuge eines steigenden Umweltbewußtseins sind die Rennbootmodellbauer mit zunehmenden Problemen konfrontiert. Daß heute verbrennungsmotorisch getriebene Modelle nur noch in einem Mindestabstand von 1500 Metern zur nächsten Besiedelung betrieben werden dürfen, ist nicht zuletzt eine Folge des Lärmschutzes. Nach dem derzeitigen Erkenntnisstand der akustischen Forschung treten bei einer durchschnittlichen Dauerbelastung von etwa 85 dB (A) bleibende Schäden im menschlichen Gehör auf. Eine wesentliche Beeinträchtigung des physischen Wohlbefindens und der Leistungsfähigkeit ist bereits bei ca. 65 dB (A) gegeben.

Bild 88 Schalldämpfer nehmen manchmal riesige Dimensionen an

Gelegentlich wird fälschlicherweise noch von dem Begriff Lautstärke und Phon gesprochen. Das früher gebräuchliche ›DIN-Phon‹ wurde bereits vor einigen Jahren durch den Schalldruckpegel ›dB (A)‹ abgelöst, der international gültig ist. Alte und neue Maßeinheit sind nicht identisch, da der Verlauf nur bis zu etwa 60 dB (A) annähernd gleich ist, also ein Bereich, der für Rennboote kaum interessant ist. Die A-Bewertung des Schalldruckpegels ist dem Frequenzempfindlichkeitsverlauf des menschlichen Gehörs angepaßt. Die gesetzlichen Vorschriften des Lärmschutzes und deren Anwendung sind seit Jahren in ständigem Wandel. Aus der Fülle der Regelungen läßt sich für den Modellbauer ein Grenzwert ableiten, den er unbedingt einhalten muß, will er nicht strafrechtliche Schwierigkeiten auf sich ziehen. Der Schalldruckpegel, der vom Gewässer her zum bewohnten Gebiet hin oder im Erholungsgebiet auf Anlieger einwirkt, darf nach VDI-Richtlinie 2058 tagsüber 50 dB (A) nicht überschreiten. Das bedeutet, daß z. B. auf dem Stadtweiher mit Verbrennungsmotor praktisch gar nicht gefahren werden darf, weil die 50 dB (A) zumindest derzeit mit keinem Schalldämpfer zu realisieren sind. Wie schon in anderen Kapiteln angesprochen, setzt sich das Gesamtgeräusch aus mehreren Komponenten zusammen, von denen das Auspuffgeräusch den höchsten Anteil hat.
Um den Problemkreis der Auspuffgeräuschdämpfung in den Griff zu bekommen, hat sich Prof. Dr. Ing. P. Demuth sehr ausführlich mit der Physik und dem Aufbau von Schalldämpfern beschäftigt.
Der Lärm kommt dadurch zustande, daß beim Öffnen der Auspuffschlitze im Zylinder noch ein Überdruck bis zu 10 atü herrscht. Dieser Überdruck entspannt sich in einem Druckstoß, der als knallartiges Geräusch unser Ohr erreicht. Der Auspuffknall wäre weniger laut bei weniger heftigem Druckstoß. Um dies zu erzielen, gibt es mehrere Möglichkeiten:
Einmal kann man den Motor in eine genügend große Kammer hineinpuffen lassen, die nur eine relativ kleine Öffnung zur Umgebungsluft hat. Aus dieser kleinen Öffnung strömt nun das Abgas weniger stoßartig, mehr kontinuierlich und damit geräuschärmer. Leider hat bei Zweitaktmotoren diese Dämpferbauart Fehler. Es verbleibt im Zylinder ein hoher Gasdruck bestehen, ebenso bleiben viele heiße Abgase zurück und nur wenig Frischgas kann über den Überströmschlitz in den Zylinder strömen. Damit sinkt die Motorleistung rapide ab, der Motor überhitzt, mit resultierendem Kolbenfresser. Bei Glühzündern ist

Bild 89 Durch die verschiedenen Motorkonstruktionen ist die Ankopplung des Rohrs oft ein mechanisches Problem

dies höchstens für den Leerlauf ein erwünschter Betriebszustand, denn ohne hohen Abgasgegendruck verbleibt zu wenig Restgas im Zylinder, und der Motor kühlt ab mit nachfolgendem Erlöschen der Glühwendel.
Man kann aber auch den Druckstoß der Abgase beim Öffnen der Auspuffschlitze zum Spülen des Zylinders benutzen. Damit setzt sich ein guter Auspuff aus zwei Teilen zusammen:

— leistungssteigernder Teil
— Dämpferteil.

Wie der eigentliche Schalldämpfer nach dem leistungssteigernden Teil aus Rohr und Diffusor aussieht, ist eigentlich gleichgültig. Prinzipiell sind folgende Dämpferarten verwendbar:

— Absorptionsdämpfer
— Reflexionsdämpfer
— Reihenfilter
— gestaffeltes Reihenfilter.

Heiner Gundert hat sich mit der praktischen Realisierung des Schalldämpfersystems sehr ausgiebig beschäftigt und die nachstehenden Lösungen entwickelt, die er serienmäßig anbietet.
Die Schalldämpfer sind direkt nach dem Motor mit den Krümmern oder zusätzlich nach den gedämpften oder ungedämpften Resonanzrohren anschließbar. Die Verbindung erfolgt mit hochtemperaturfesten Silikonschläuchen. Die Dämpfer sind in der Größe nicht auf bestimmte Hubräume festgelegt. Je größer der Dämpfer, desto besser seine Wirkung. Die Schalldämpfer sind mit einem hochhitzebeständigen Kleber verklebt, sollten jedoch gut gekühlt werden. Da sie hohl sind, ohne jegliche Stahlwolleeinlage oder ähnliche leicht verölende Stoffe, können sie auch nach längerem Gebrauch nicht verschmutzen.

Bild 90 Innenliegender Schalldämpfer und geräuschabsorbierende Auskleidung des Deckels

Resonanzrohre

Ende der 60er Jahre wurden die ersten Resonanzrohre (Tüten oder Pfeifen genannt) erfolgreich eingesetzt. Dies waren Rohre nach dem Doppelkonus-Prinzip und in der Abstimmung von Motor und Rohr je nach Wetterlage und Temperatur sehr kritisch. Diese unbefriedigende Lösung veranlaßte Kevin Lindsey in England, Form und Grundprinzip von leistungssteigernden Auspuffanlagen weiterzuentwickeln. Das Ergebnis ist die ED Power Pipe, die nun in drei Größen hergestellt wird:
— Größe 1, für Motoren bis 3,5 ccm
— Größe 2, für Motoren bis 6,5 ccm
— Größe 3, für Motoren zwischen 10 und 15 ccm.

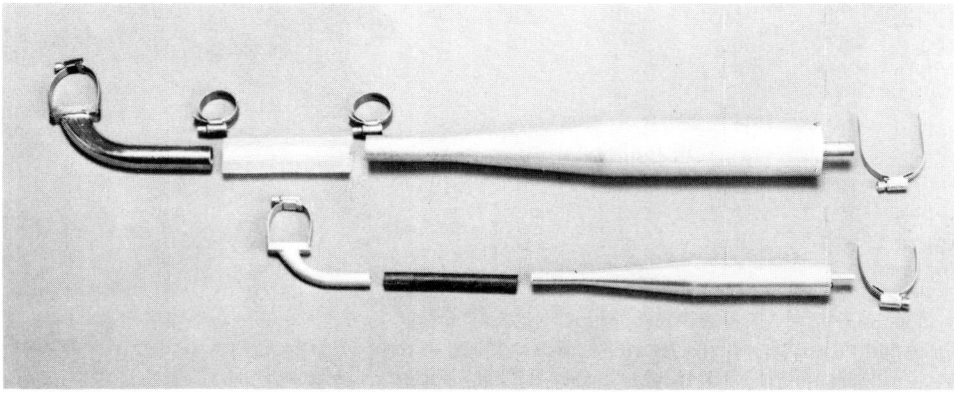

Bild 91 Leistungssteigernde Resonanz-Schalldämpfer von Robbe, für Motoren mit 3,5 und 15 ccm Hubraum. Die Abstimmung erfolgt durch Längenvariation.

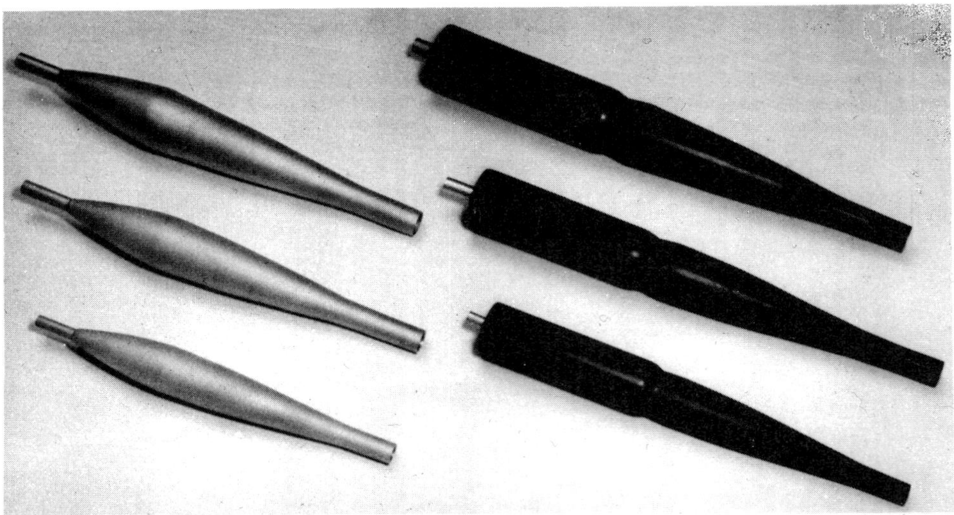

Bild 92 ED – Power Pipes von Gundert

Die Leistungssteigerung ist mit bis zu 40 % nicht nur ganz erstaunlich hoch, auch die abzustimmende Resonanzlänge ist unkritisch. Dies bedeutet gegenüber den Doppelkonusrohren, daß die Leistungssteigerung über einen weiten Drehzahlbereich zur Verfügung steht. Besonders wichtig ist dies beim Betrieb in Rennbooten, der bei hoher Leistungsausbeute einen problemlosen Drossellauf erfordert. Die ED Power Pipes sind also wirksame Leistungsteigerer. Je höher die Drehzahl des Motors ist, um so kürzer muß das Rohr sein. Die genaue optimale Länge hängt von einigen Einflußgrößen ab, wie z. B. dem Kraftstoff, dem Wetter oder der Anbringungsart, ob innerhalb oder außerhalb des Rumpfes. Die folgende Tabelle soll einen Anhaltspunkt für die richtige Abstimmung geben, wobei die Bezugsdrehzahl in Verbindung mit der Länge L zu setzen ist.

Drehzahl 1 / min	Power Pipe 1	Power Pipe 2	Power Pipe 3	Drehzahl 1 / min	Power Pipe 1	Power Pipe 2	Power Pipe 3
8000	240	380	400	20000	210	244	280
9000	240	374	390	21000	219	235	270
10000	235	368	380	22000	205	228	260
11000	235	360	370	23000	205	222	
12000	230	347	360	24000	200	217	
13000	230	333	350	25000	200	213	
14000	225	317	340	26000	195		
15000	225	300	330	27000	195		
16000	220	284	320	28000	190		
17000	220	270	310	29000	190		
18000	215	261	300	30000	185		
19000	215	253	290				

Die Anschlußrohre von Krümmer und Resonanzrohren müssen zur Erreichung der richtigen Abstimmlänge entsprechend der Tabelle angepaßt werden.
Das gesamte Auspuffsystem sollte möglichst dicht sein und wird hierzu mit einem Schlauch, der über Rohr und Krümmer geschoben wird, abgedichtet. Die Resonanzrohre

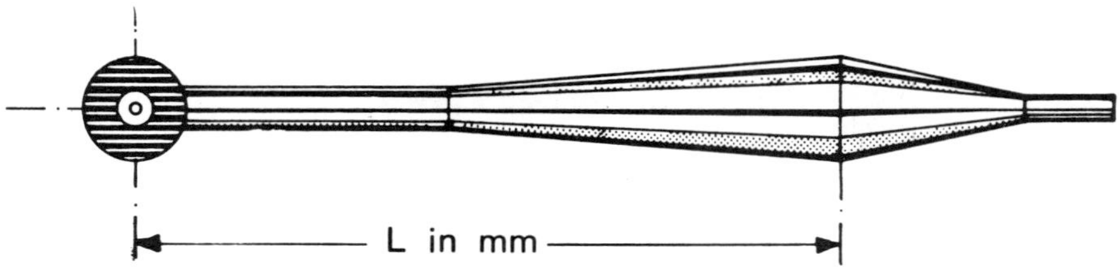

Bild 93 Resonanzlängen

mit Dämpfer sind mit hochtemperaturfestem Kleber verklebt. Ausreichende Kühlung durch entsprechende Luftführung und zusätzliche Wasserkühlung der besonders heißen Bereiche ist sicherzustellen.

Optimierung

Durch Änderungen am Motor und sorgfältiges Abstimmen des ganzen Systems läßt sich noch mehr Leistung aus der Kombination Motor / Resonanzrohr herausholen. Allerdings muß man sich auch darüber im klaren sein, daß leistungsanhebende Maßnahmen die Lebensdauer des Motors verringern können.
Die wirkungsvollste Veränderung am Motor ist die Vergrößerung des Auspuff-Öffnungswinkels von normalerweise 120 bis 140 Grad auf 150 bis 160 Grad oder sogar noch mehr. Das praktisch durchführbare Maximum ist 180 Grad. Aber jedes Motor / Resonanzrohr-System wird immer kritischer, je mehr man den Auslaßwinkel 180 Grad annähert. Deshalb sollten 165 Grad möglichst nicht überschritten werden.
Die Spitzendrehzahl des Motors wird mit der Verlängerung der Auslaßzeit höher, deshalb ist es günstiger, dieselbe Antriebsschraube zu verwenden und diese entsprechend höher drehen zu lassen. Wenn der Motor so mehr Leistung bringt, wird das ganze System auch heißer und macht eine besonders sorgfältige Kühlung notwendig, vor allem am Auspuff des Motors.
Die Besonderheit des heißeren Laufes erfordert es, den Motor erneut einlaufen zu lassen, damit er sich an die erhöhten Betriebsbedingungen anpassen kann.

Mechanische Anpassung

Ein wichtiger Punkt in der Ausrüstung des Rennbootes ist die sachgerechte Ankopplung des Schalldämpfers an den Motor. Zwar gibt es für die meisten Typen standardmäßiges Zubehör, jedoch können Probleme auftreten, wenn die Unterbringungsmöglichkeit an den räumlichen Gegebenheiten scheitert. Es muß also oft modifiziert und improvisiert werden. Dabei entstehen vor allem dem weniger gut ausgerüsteten Modellbauer manchmal beträchtliche Schwierigkeiten. Als Ausweg hilft hier nur Zubehör, das flexible Anpassungen ermöglicht.
Dazu liefert die Firma Gundert unter der Bezeichnung ›Kombi-Flex-Krümmer‹ ein praktisches Verbindungssystem. Dieses System besteht aus einem biegsamen Metallschlauch und entsprechenden Endstücken. Für die Anpassung ist kein spezielles Werkzeug erforderlich. Erhältlich sind drei Größen und drei Formen, nämlich Kombi-Flex-Krümmer, Kombi-Flex-Rohr oder Kombi-Flex-Auspuffstutzen in Einzelteilen als Bausätze. Alle Teile sind auch einzeln lieferbar und besonders leicht. Die Flanschteile aus Alu-Feinguß haben an der Motorseite Führungen zum verschiebungssicheren Befestigen am Motorflansch. Diese sind durch einfaches Zufeilen an jeden beliebigen Motor anpaßbar. Der Metallschlauch ist nahtlos und besteht aus rostfreiem Stahl. Er ist beliebig ablängbar oder durch ein längeres Stück zu ersetzen.

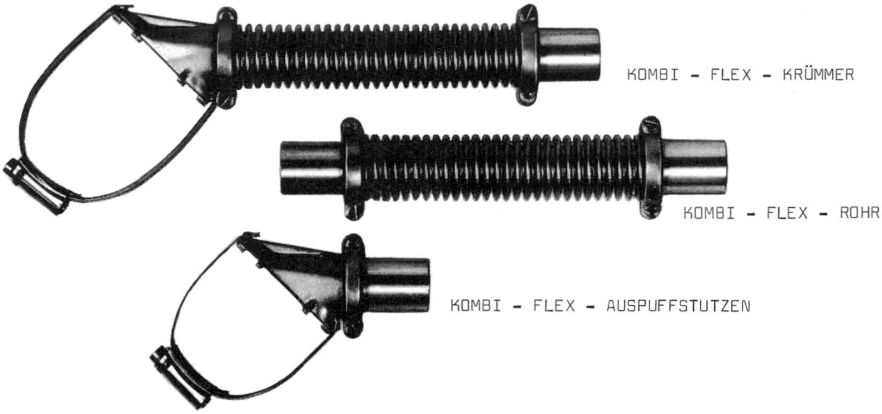

Bild 94 Gundert-Kombi-Flex-Krümmer Bausätze erleichtern die Anpassung des Schalldämpfers

Das Flanschteil, der Metallschlauch und das Endrohr werden mit zweiteiligen Klemmringen zusammengehalten und mit Dichtungen in verschiedenen Dicken abgedichtet. Die Befestigung am Motor erfolgt in der üblichen Weise mit einer Metallschelle. Auch hier ist eine Spezialdichtung einzusetzen. Die Verbindung zum Endrohr und Resonanzrohr stellt ein Silikonschlauch mit Klemmringverschraubung her.

Bild 95 Kombi-Flex-Krümmer in einem 1,8er Boot

Umweltprobleme

Schnelle Rennboote, vor allem solche mit Verbrennungsmotor, haben es leider an sich, ihre Umgebung nicht ausschließlich mit reiner Freude zu beglücken. Ein größeres Umweltbewußtsein, das sich gelegentlich bis zur Hysterie steigert, führte in den letzten Jahren zunehmend zum Problem geeigneter Gewässer. Mit Wehmut denken wir an jene Tage zurück, in denen man praktisch auf jedem Tümpel, eventuell sogar im heimischem Stadtparksee, seinem Hobby frönen konnte. Und dies meist sogar ohne jeglichen Schalldämpfer, denn das ersatzweise Auspuffrohr sollte ja nur Abgase und Rückstände aus dem Boot bringen, um nicht im eigenen Dreck zu ersticken. Wenngleich auch der kernige Sound für den echten Rennbootfahrer einfach dazugehört, so gibt es eben doch Menschen, die solches als lästig und nervtötend empfinden.
Zusammengefaßt wird die Umwelt durch folgende Einflüsse belastet:

— Geräuschentwicklung
— Verschmutzung, Rauchentwicklung
— Gefahr von Zusammenstößen mit Menschen oder Sachen.

Das Hauptproblem ist wohl der Lärm. In den Wettbewerbsbedingungen ist heute eine Grenze von 80 dB (A) festgelegt. Gemeint ist damit der Schalldruckpegel in dB (über $2x10^{-4}\mu bar$), gemessen in einer Entfernung von 10 Metern zum fahrenden Boot. Das (A) bedeutet, daß der Messung die Empfindlichkeitskurve des menschlichen Gehörs zugrunde gelegt wird. Diese A-Kurve ist der Mittelwert der frequenzabhängigen Hörempfindlichkeit, ermittelt aus einer großen Zahl von Versuchspersonen. Der Schallemissionspegel in dB hat nichts mit dem früher verwendeten Begriff der Lautstärke in Phon zu tun. Die Verhältnisse von Phon und dB(A) sind nur bis zu Pegeln von etwa 60 dB annähernd vergleichbar, was für die Rennboote nicht in Betracht kommt. Wegen der Frequenzabhängigkeit der Messung kann es vorkommen, daß z. B. gleichlaut empfundene Boote eventuell stark unterschiedliche Meßergebnisse zeigen. Dies ist dann auf das unterschiedliche Frequenzspektrum der Schallquellen zurückzuführen. Deswegen ist das heute praktizierte Meßverfahren stark umstritten, bessere Lösungen sind jedoch schwierig. Zudem sind die üblicherweise verwendeten einfachen Meßgeräte relativ ungenau mit einer Fehlergröße von etwa 3 dB. Um diese Fehler auszugleichen, wird man bei Wettbewerben allgemein noch Anzeigewerte bis zu maximal 84 dB(A) zulassen.
Nach anfänglichen Protesten hat sich in den letzten Jahren gezeigt, daß es durchaus möglich ist, die Boote leiser zu machen. Werte zwischen 75 und 78 dB(A) sind keine Seltenheit. Und das oft sogar bei gesteigerter Leistung. Das Geheimnis liegt in den leistungsanhebenden Resonanzschalldämpfern, die sich zunehmender Beliebtheit erfreuen. Gelegentlich werden jedoch wieder Stimmen laut, die Geräuschpegelgrenze wieder anzuheben, weil ja sonst angeblich keine weitere Leistungssteigerung mehr drin wäre. Solchen Bestrebungen sollte man im Interesse aller Rennsportler Einhalt gebieten. Sonst könnte es mit Verbrennungsmotoren in Rennbooten eventuell ganz schnell vorbei sein, wenn die Umwelt den Lärm einfach nicht mehr akzeptiert.
Es gibt jetzt schon Leute, die nur zum Training 50 km oder gar noch weiter fahren, um ein Gewässer mit genügendem Abstand zur nächsten Besiedelung zu finden. In den heutigen Zeiten des zunehmenden Widerstandes gegen jede Form von Lärm helfen also auf die Dauer nur Vernunft und Selbstdisziplin. Höhere Geschwindigkeiten lassen sich ferner auch ohne ständiges weiteres Ausreizen des Motors erzielen. Die Möglichkeiten, die in strömungsgünstigen Rümpfen, Abstimmung des Antriebes und der Schiffsschrauben liegen, sind ganz bestimmt bei weitem noch nicht ausgeschöpft. Der Einsatz von vibrationsdämpfenden Schwingelement-Motorträgern hat dies z. B. in den letzten Jahren deutlich gezeigt.
Ein weiterer wichtiger Punkt möglicher Umweltbelastung ist die Verschmutzung durch Verbrennungsrückstände, bedingt durch den hohen Schmiermittelanteil im Kraftstoff,

von dem naturgemäß eine beträchtliche Menge über den Auspuff entweicht. Im rauhen Rennbetrieb gelangt auch ein gewisser Teil unverbrannten Kraftstoffs direkt ins Wasser bzw. an Land in den Boden. In manchen Ländern sind zur Verringerung der Verschmutzung entsprechende Ölabscheider zwingend vorgeschrieben.
Demgegenüber darf allerdings die Gefahr einer möglichen Grundwasserverschmutzung nicht überbewertet werden. Selbst bei größeren Wettbewerben mit einem Kraftstoffumsatz von maximal 100 Litern werden doch nur relativ kleine Mengen an Schadstoffen zurückbleiben. Hier muß nämlich berücksichtigt werden, daß im wesentlichen nichtmineralische Öle im Sprit enthalten sind, die keine Belastung darstellen. Die geringen hochgiftigen Bestandteile sind ferner meist flüchtig oder werden im Wasser durch natürliche Umsetzung relativ schnell neutralisiert. Der direkten Gefährdung ist eigentlich mehr der Modellbauer selbst ausgesetzt. Vor allem dann, wenn er ohne genügende Kenntnisse der verwendeten Chemikalien selbst Sprit zusammenmischt.
Eine manchmal anzutreffende Unsitte ist die Schmierung der Antriebswelle mit Öl, das aus einem eigenen Vorratsbehälter nachfließt. Dadurch gelangt zwangsläufig schädliches Öl ins Wasser. Solche Praktiken sollten heute eigentlich der Vergangenheit angehören. Eine richtig aufgebaute Welle ist entsprechend abgedichtet, falls sie überhaupt im Ölbad läuft.
Schnelle Schiffsmodelle können im Falle einer Kollision beträchtliche Verletzungen bzw. Sachschäden anrichten. Zur Vermeidung der damit verbundenen Ärgernisse sollen nachfolgende Grundregeln unbedingt beachtet werden:

— kein Boot starten, wenn Menschen im Wasser sind
— vor dem Anlassen des Motors sich vergewissern, daß die Schraube frei laufen kann. Danach aufpassen, daß die Schraube nicht in die Kleidung gerät
— das Boot nicht in Naturschutz-, Grundwasserschutzgebieten und reinen Fischteichen betreiben
— einen Mindestabstand von 1500 Metern zur nächsten Besiedelung einhalten
— nicht in der Nähe großer Boote oder sonstiger Wasserfahrzeuge fahren
— Fernsteuerfrequenzen überprüfen bei gleichzeitigem Betrieb mehrerer Boote
— ausreichenden Abstand zu Flugmodellplätzen einhalten
— beim Einsetzen ins Wasser nochmal sich vergewissern, daß das Wasser frei ist
— keine überflüssigen, riskanten Manöver in Ufernähe bei Wettbewerben.

Gelegentlich gibt es Schwierigkeiten mit Anglern, die ja heute praktisch an jedem Gewässer vertreten sind. Hier hilft auf die Dauer nur taktisch geschickte Argumentation und vorbeugende Abstimmung. Von den Anglern kommt oft das Argument, die Boote würden die Fische vertreiben oder deren Wachstum und Aufzucht behindern. Diese Behauptung ist sachlich unrichtig. In den Vereinigten Staaten wurden Anfang der sechziger Jahre umfangreiche Versuche unternommen, die sogar ergaben, daß in Gewässern mit starkem Motorbootbetrieb die Fische deutlich besser gedeihen als ohne fahrende Boote. Dies ist wohl auf die wesentlich höhere Sauerstoffanreicherung durch die das Wasser pflügenden Rennboote zurückzuführen. Vielleicht ist Ihnen auch schon mal aufgefallen, daß die Fische oft viel besser beißen, wenn das Wasser kräftig von Schiffsmodellen aufgerührt wird.
Anders sieht es mit den Angelschnüren aus. Um die sollte man tunlichst einen großen Bogen machen. Die Leinen verwickeln sich leicht im Antrieb des Rennbootes oder werden von der Schraube schlichtweg abgeschnitten. Was verständlicherweise den Zorn der ›Wurmbader‹ weckt. Am besten ist also die vorherige Absprache mit den Petrusjüngern. Das gleiche gilt für alle sonstigen Wassersportler wie Segler, Surfer etc. Wird in dem Gewässer gebadet, so sollte man lieber zu solchen Zeiten auf Rennbootfreuden verzichten. In jedem Fall empfiehlt sich der Abschluß einer entsprechenden Haftpflichtversicherung bzw. die Erweiterung einer bereits bestehenden. Als Mitglied in Vereinen ist der Modellsportler meist gemeinschaftlich abgesichert.

Bild 96 Einfacher Hand-Schallpegelmesser

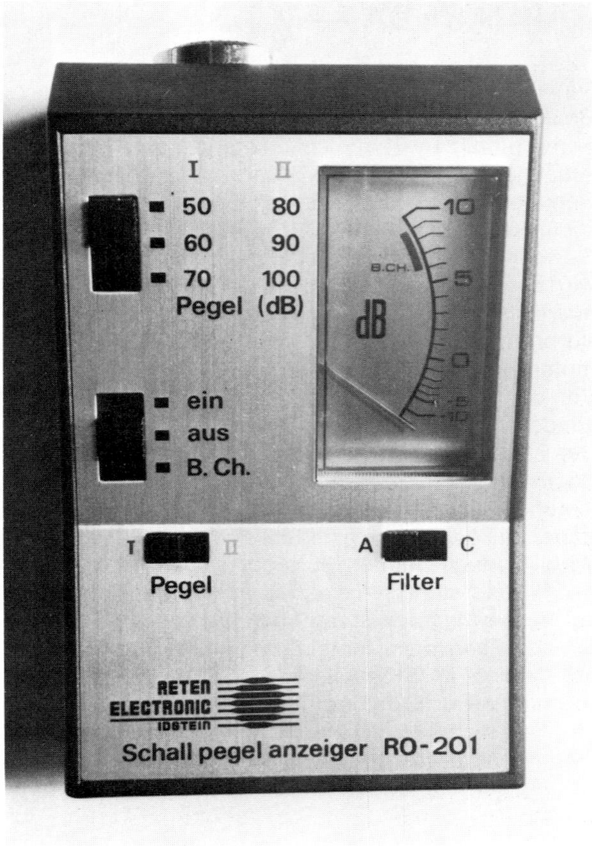

Ein oft unterschätztes Kriterium sind die von Fernsteuerung ausgesandten Signale. Es versteht sich wohl von selbst, daß nur mit FTZ-Prüfzulassung versehene Anlagen eingesetzt werden. Verboten ist auch die Benutzung des ausschließlich für Flugmodellbauer reservierten 35-MHz-Bandes. Überhaupt ist im Falle eventuell nahegelegener Modellflugplätze erhöhte Vorsicht geboten. Die Motoren im Elektrorennboot müssen ausreichend entstört sein, damit im SR-Rennen nicht andere Teilnehmer gestört werden. Vor allem auf Wettbewerben ist Disziplin mit Abgabe der gerade nicht benutzten Sender oberstes Gebot. Selbst zu Hause im stillen Kämmerlein bitte nicht immer unbekümmert herumfunken, sondern auch an eventuell im Haus gleichzeitig betriebene Fernsehgeräte denken. Im Nahbereich von wenigen Metern Abstand kann nämlich ein den postalischen Bestimmungen durchaus entsprechender Sender Störungen des Bildes hervorrufen.
Die vorstehenden Hinweise sollen kein mahnender Zeigefinger sein, sondern nur mögliche Probleme aufzeigen. Wenn Sie sich als Rennbootfahrer vorbildlich verhalten, helfen Sie mit, in der Öffentlichkeit Interesse statt Widerstand für unser Hobby zu wecken. Schließlich sind die Rennbootsportler leider eine verschwindend kleine Minderheit gegenüber ihrer Umwelt.

BARRACUDA — V 3,5

Das BARRACUDA der Firma Krick ist eines der ganz wenigen komplett ausgestatteten Baukastenmodelle für verbrennungsmotorischen Antrieb. Meist werden V-Boote nur als Fertigrumpf bzw. Rumpfschalen gehandelt. Mit diesem Bausatz ist es jedoch auch dem Anfänger möglich, sich praktisch ohne besondere Vorkenntnisse ein leistungsfähiges Rennboot zu schaffen. Bezüglich der Wettbewerbsklassifizierung ist das Modell für F1-V2,5; FSR- 1,8 und FSR- 3,5 geeignet.
Gewöhnlich sind V-Rümpfe aus Polyester oder Epoxy hergestellt. Mit dem BARRACUDA wird bewiesen, daß es bei geschickter Formgebung und Ausgestaltung möglich ist, einen ausreichend stabilen Rumpf auch aus ABS bis zu einer gewissen Leistungsgröße von Verbrennungsmotoren zu erzeugen. Die Bauanleitung sieht den Einsatz eines Spitzenmotors vor, den 3,5 ccm-Typ von OPS. Damit sind beachtliche Fahrleistungen erzielbar. Von der Konzeption her ist das Modell ein typisches Rauhwasserboot und deshalb besonders für SR-Rennen interessant.
Der Rumpf wird wie üblich aus zwei Schalen erstellt. Vor dem Zusammenkleben sind jedoch wegen der besseren Zugänglichkeit die Antriebsaggregate einzubauen. Die stabilisierenden Spanten und sogar das Motorfundament sind aus ABS. Der eigentliche Motorträger aus Aluminium mit Messing-Verstärkungsleisten sitzt auf diesem Fundament. Die Stabilität der gesamten Motoraufhängung ist völlig ausreichend. Selbstverständlich können Profis stattdessen einen massiven Motorträger mit Schwingelementen nach vorheriger Versteifung des Rumpfbodens einbringen.
Für den Schalldämpfer ist für eine Innenverlegung nicht genügend Platz. Deshalb wird der Original-OBS-Schalldämpfer schräg nach oben herausgeführt. Der im Baukasten vorhandene Drucktank mit kompletter Armatur genügt zwar für den F1-Kurs vollkom-

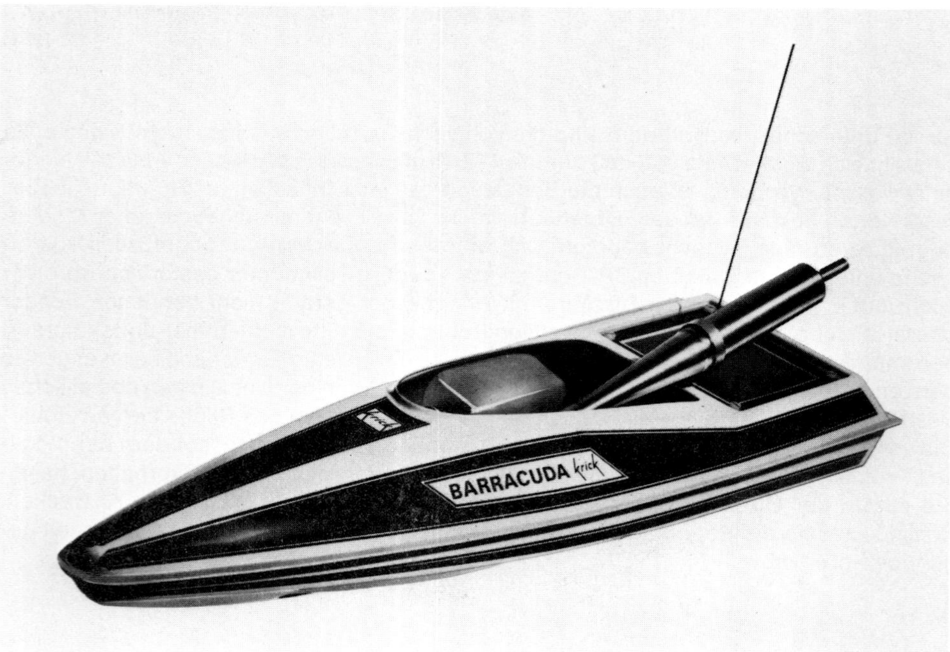

Bild 97 BARRACUDA – ein Baukastenboot

men, zum 30-Minutenlauf wäre er aber zu knapp bemessen. Hierfür kann ein größerer Tank eingebaut werden. Besser sind wegen der Raumnutzung zwei getrennte Tanks. Eventuell muß deswegen der Deckausschnitt vergrößert werden, was unbedenklich möglich ist.
Der Fernsteuerraum bietet ausreichend Platz für Empfänger und zwei Servos für Ruder und Drossel. Will man auch die Düsennadel verstellen, wird es etwas eng, mit kleinen Servos und Bowdenzuggestängen ist das Problem aber zu meistern. Für den Empfängerschalter ist in vorbildlicher Weise ein Durchführungsgestänge vorgesehen, um den Schalter trocken zu halten.
Das BARRACUDA ist sicher auch von Anfängern ohne Schwierigkeiten beim Fahren leicht und schnell zu beherrschen.

Kraftstoffe

Die Kraftstoffe sind der Lebenssaft für das mit Verbrennungsmotor betriebene Rennboot. Ihre Zusammensetzung und Qualität haben für die Gesamtleistung des Modells ganz entscheidende Bedeutung. Dem Sprit sind neben den Hauptbestandteilen die verschiedensten Essenzen aus der Chemie beigemischt. Sie sollen je nach Einsatzzweck das Verhalten des Motors beeinflussen. So ist z. B. für das Einlaufen des neuen Motors eine etwas andere Zusammensetzung erforderlich als später im Speedrennen.
Wir unterscheiden drei Hauptarten von Kraftstoffen für den Rennbootsbetrieb:
— ›Diesel‹-Sprit mit ätherhaltigen Bestandteilen für Selbstzündermotoren
— Glühzündersprit für die Glühkerzenmotoren
— Benzin, rein oder als Gemisch mit Öl für die Benzinmotoren der FSR- 35 Klasse.
Auf den Kraftstoff für Selbstzünder soll hier nicht näher eingegangen werden, da diese Motorenart heute im Rennboot kaum zum Einsatz kommt. Zum Benzin für die großen Brummer ist ebenfalls nicht viel zu sagen. Verwendet wird gewöhnliches Tankstellenbenzin, das je nach Betriebsvorschrift mit mehr oder weniger Zweitaktöl zur Schmierung vermischt ist.
Für die Glühzünder bietet der Markt eine Vielzahl der verschiedensten Gemische an. Auch läßt sich Sprit aus diversen Stoffen selbst zusammenstellen. Wichtig ist in jedem Fall, daß nur einwandfrei reine und möglichst frische Substanzen verwendet werden. Der folgende Abschnitt ist eine Untersuchung des Motorexperten Prof. Dr. Ing. D. Demuth und repräsentiert die derzeitigen Erkenntnisse der Kraftstoffchemie für Modellmotoren.
Die Probleme mit den Kraftstoffen beginnen beim Öl. Bisher wurde von allen deutschen Kraftstoffmischern und Modellbauherstellern Rizinusöl als Schmiermittel verwendet. Rizinusöl wird hauptsächlich in Brasilien aus einer tropischen Pflanze gewonnen. Neben Brasilien liefern Indien, Rotchina und andere tropische Staaten dieses Öl. Qualitativ am besten ist ›Brazil Nr. 1-Rizinus‹ und das daraus gewonnene Rizinus für pharmazeutische Zwecke, das dann noch die Bezeichnung DAB 7 trägt. Diese Angaben allein sind aber noch keine Gewähr für ein optimales Schmieröl für Modellmotoren. Rizinus neigt durch Sauerstoffaufnahme zum Verharzen und klebt dann Kolbenringe und Lager fest. Aus den Harzen entsteht nach weiterer Oxydation im heißen Brennraum des Motors Ölkohle. Die Ölkohle nimmt nun schneller aus den Brenngasen Wärme auf und wirkt bei der Wärmeableitung aus dem Kolben als Isolierschicht. Der Kolben wird noch heißer, und es kann zum Kolbenklemmen kommen, der Motor wird ›sauer‹. Es ist chemisch kaum möglich, dem Rizinus dieses Verharzen abzugewöhnen, da es keine wirksamen Additive gibt. Bei Automobilölen auf Mineralölbasis sind solche Reinigungsadditive bekannt und in allen Motorenölen beigemischt. Nur leider mischen sich diese Autoöle nicht mit Alkohol, unserem eigentlichen Motorenkraftstoff.

Mildern kann man die Wirkung des Verharzens durch eine Reinigung des Rizinusöls, einer Raffination. Solche speziell für die Modellmotoren gereinigten Rizinusöle sind in den USA zu einem fast zehnfach höheren Preis als Rizinusöl nach DAB 7. Diesen Saft verwendet daher kein Kraftstoffmischer in Deutschland. Da aber auch keiner der Hersteller eine Eingangskontrolle für das Rizinusöl vornimmt und auf seine Eignung für Modellmotoren prüft, kann eine ganze Menge von dem ruinierenden Stoff in den Markenkraftstoffen sein.
In den USA wird nun seit einiger Zeit synthetisches Schmieröl verwendet. Diese Öle sind meist Polyglykole mit Propylenoxid in der Molekülkette. Diese Öle schmieren fast so gut wie Rizinus, sofern nicht im Motor eine Temperatur von 240 bis 250° C überschritten wird. Bei höheren Temperaturen verdampfen diese Schmiermittel ohne Rückstand. In den Modellmotoren liegen aber die Temperaturen im Pleuellager und Zylinder/Kolben/Kolbenring knapp unter dieser kritischen Temperatur. Bei der kleinsten Kühlungsunterbrechung kann daher örtlich das Öl verdampfen, die Schmierung bricht zusammen. Am Pleuel entsteht dann ein Lagerfresser mit Abreißen der Pleuelstange am unteren Lagerauge. Wenn im Zylinder %der am Kolben so das Schmiermittel wegdampft, entfällt hier die isolierende Wirkung des Ölfilms vor den heißen Brenngasen und der Motor überhitzt, bis der Kolben im Zylinder klemmt. Kolbenfresser treten dabei nicht auf.
Die Amerikaner helfen sich aus dieser Zwickmühle, indem sie Polyglykole mit Rizinus oder Sojabohnenöl fetten. Meist ist nur 50 bis 60 % des Ölanteils Glykol und der Rest solch ein fettes Öl. Rizinus beginnt bei den hohen Temperaturen zwar schneller zu verharzen und Ölkohle zu bilden, aber es schmiert immer noch und isoliert. Bei Bootsmotoren mit zuverlässig funktionierender Wasserkühlung laufen die Motoren meist kälter als in Flugmodellen. Daher scheinen die Polyglykole im Rennbootmotor problemlos zu schmieren. Der Hersteller solcher Öle ist die Firma Hoechst mit Zweigwerk in Gendorf/Bayern.
Es gibt bei den Polyglykolen Sorten mit der Bezeichnung B 11/150 und B 11/300 von Hoechst, die bis zu 250° C schmieren und sich beachtlich gut in Wasser lösen. Die Sorte B 11/150 ist dünnflüssiger und bringt daher weniger ›Ölreibung‹ bei besserer Schmierung der Gleitlager. Nur die Isolierwirkung ist schlechter, auch greift das Öl Kunstharze an (DD-Lacke sind jedoch beständig). Öle mit der Bezeichnung B 01/120 oder B 01/240 lösen sich in Wasser nicht mehr, dafür aber in Mineralöl und gerade noch in Alkohol. Diese Öle sind nur bis 240° C belastbar und schmieren etwas schlechter. Auch hier verspricht die dünnflüssigere Sorte B 01/120 günstigere Ergebnisse. Diese Öle werden von den Firmen Multiplex und Hille in ihren Kraftstoffen verwendet. Den Ölen sind noch Additive beigegeben, um Korrosion und ein zu rasches Verdampfen zu verringern.
Ideal für Modellmotoren wären Esteröle, die nicht verharzen, kaum Rückstände und Ablagerungen bilden und bis knapp unter 300° C sicher schmieren. Zwei Öle dieser Art wurden in der Schweiz entwickelt, sind hervorragend in fast allen Punkten, nur leider sehr teuer. Der Preis liegt bei knapp DM 10,—/kg. Diese Öle sind noch dünnflüssiger als Rizinus oder Polyglykole. Am Diagramm des Viskositätsverlaufes von Rizinus kann man sehen, daß es bei Temperaturen unter 0° C wie dicker Honig wird und damit der Motor schlecht anspringt. Der Betrieb von Rennbootsmotoren wird daher bei niedrigen Temperaturen mit synthetischen Ölen wesentlich erleichtert. Das Esteröl Syntolube aus der Schweiz ist zwar wesentlich dünnflüssiger, schmiert aber hervorragend. Hier kann es höchstens bei älteren Motoren Kummer mit dem Anspringen im heißen Zustand geben.
Als Zündbeschleuniger und für höchste Drehzahlen bei Rennmotoren unbedingt notwendig wird von Experten Propylenoxid oder — wie es auch genannt wird — 1,2 Epoxypropan mit Volumenanteilen zwischen 1 und 15 % verwendet. Ein Prozent bringt leichteres Anspringen und wirkt außerdem als Konstanthalter für den Leerlauf. Je kleiner der Motor und je intensiver die Kühlung ist, um so mehr kann von dem Zündbeschleuniger zugesetzt werden. Gibt man zuviel davon in den Kraftstoff, so kann der Motor klingeln. Nur hören kann man dieses Klingeln nicht. Bei der klopfenden Verbrennung wird der Ölfilm, der zur Wärmeisolierung im Zylinder dient, durchschlagen, der Motor überhitzt und bringt

weniger Leistung. Manche Pleuellagerschäden oder Kurbelwellenbrüche dürften auf solch ein Klopfen der Verbrennung zurückzuführen sein.
Die Markenkraftstoffe der Modellbauindustrie können auch bei normalen Alltagsmotoren klopfen. Vor allem ist dies der Fall, wenn Nitromethan im Kraftstoff ist. Nitromethan wird mit Wasser zum Sprengstoff initiiert. Kommt Nitromethan mit Aminen zum Beispiel aus Reinigungszusätzen oder Laugen zusammen, so genügt schon ein schiefer Blick oder ein unsanftes Abstellen der Spritkanne, und es explodiert. Nitromethan sollte daher möglichst nur für Spitzenleistungen verwendet werden, zumal es erst in Anteilen von mehr als 20 % im Kraftstoff eine merkliche Leistungsanhebung bringt. Wer seinen Motor schonen will, sollte lieber auf Nitromethan verzichten. Auch sind die Abgase des Motors giftiger. Bei den großen Wettbewerben ist oft ein Sprit mit der Bezeichnung 20/80 vorgeschrieben. Die 20 sind dabei der prozentuale Anteil des Rizinus.
Welchen Kraftstoff sollte man nun verwenden, welcher ist empfehlenswert?
In der nachstehenden Tabelle sind die üblichen Kraftstoffe einiger Hersteller zusammengefaßt und in den einzelnen Gesichtspunkten mit Punkten bewertet.

Bewertung: BESTENS: 10, SCHLECHT: 0, NORMAL: 5	LABOR-TEST			MOTOR Dauerlauf			HANDHABUNG								ZUM EIN-LAUFEN GEEIGNET	VERSCHLEIß	SCHLUSS BEWERTUNG
	OXYDATION	ROST + KORROS.	ABLAGERUNGEN	ZYLINDERKOPF TEMP °C	ÖLANTEIL ABGAS	ÖLKOHLE MOTOR	GERUCH UMWELT	LEERLAUF	ANSPRINGEN 10er	ANSPRINGEN 3,5er	ANSPRINGEN 0,8er	LEISTUNG über 12000 10	LEISTUNG 3,5	LEISTUNG 0,8			
GRAUPNER Titan G1	5	5	2	175	4	4	8	6	10	10	7	100	300	0	ja	gering	Guter Alltagskraftstoff
" Titan G5	4	4	3	179	4	4	8	8	10	10	9	100	300	200	ja	gering	Guter zuverlässiger Lauf
" Titan G 12	4	3	3	182	4	3	5	10	10	10	10	300	400	500	weniger	gering	Guter Lauf + Mehrleistung
WiK G-spezial	6	8	6	172	5	5	8	7	10	10	10	150	300	100	ja	gering	Sehr guter Alltagssprit
" G-super	5	7	5	175	5	5	8	8	10	10	10	200	300	200	ja	gering	Guter zuverlässiger Lauf
" Contest	4	5	5	186	5	5	5	10	10	10	10	400	550	800	kaum	wenig	Für Höchstleistungen, teuer
SIMPROP Super	6	5	4	174	5	5	8	7	10	9	7	100	200	100	ja	gering	Sehr guter Alltagssprit
Super 5	5	5	5	177	5	5	8	8	10	10	7	100	300	400	ja	gering	Guter Alltagssprit.
Super 15	4	4	3	183	5	4	5	9	10	10	10	200	400	900	weniger	wenig	Wettbewerb + kleine Motoren
ROBBE Roktan-AKA	5	6	6	172	5	6	8	8	10	10	10	100	100	0	ja	gering	Sehr guter Alltagssprit
Roktan forte	5	5	6	172	5	6	7	9	10	10	10	200	300	200	ja	gering	Guter Lauf + Mehrleistung
ENGEL Glo Normal	4	5	3	175	4	4	8	7	10	8	5	100	200	0	ja	gering	Preiswerter Alltagssprit
Glo Extra	4	5	3	178	5	4	7	9	10	10	7	100	300	200	ja	gering	Guter Alltagskraftstoff
SYNTOLUBE ME 20 %	8	10	7	169	7	8	10	10	10	10	10	400	700	1000	ja	keiner	bestes Öl/sehr teuer/kühlt.
O MULTIPLEX Mach2000	10	8	10	190	9	10	10	10	9	8	5	500	900	1200	ja	kaum	Alltagsprit/teuer/heißer Motor
O WEBRA Sprit S	8	10	9	188	10	10	10	10	10	10	8	400	1000	1200	ja	kaum	milder Rennsprit/heißer Motor
K&B 100	8	10	8	179	8	9	10	10	10	9	8	200	500	300	ja	gering	Motorschonender Sprit
O K&B 500	7	10	8	177	8	9	8	10	10	10	8	400	600	900	ja	gering	Bester Universalsprit-teuer
O K&B 1000	5	7	7	189	8	8	4	10	10	10	10	600	1200	2100	nein	kaum	Rennsprit, sehr teuer
O HILLE & Co HMS	10	8	10	187	10	10	10	10	10	8	5	400	800	800	ja	kaum	Motorschonender Sprit
O Selbstmix: 12% rein HILLE Speed Oil	10	8	10	189	10	10	10	10	10	10	8	500	900	1000	ja	kaum	Preiswert motorschonend mit Wasser Kunstharzlack angr
Titan G5 +2% SpeedOil	6	10	8	177	5	7	8	8	10	10	10	200	300	500	ja	kaum	Wirksames Additiv, = guter Spr.

O — Motoren neigen bei schlechter Kühlung zu Kolbenklemmern und Pleuellagerschäden

Bild 98 Handelsübliche Modellkraftstoffe

Nach den praktischen Erfahrungen kann der Ölanteil bei synthetischem Öl bis auf 8 % reduziert werden. Darunter treten Lagerfresser auf. Aus Sicherheitsgründen und zur Motorschonung und geringerem Verschleiß ist ein Ölanteil von 18 bis 20 % empfehlenswert. Ein Zusatz von Propylenoxyd zu handelsüblichen Kraftstoffen bringt besseren Leerlauf und Mehrleistung. Auf einem HP 61 Gold Cup brachte z. B. der Graupner G1 Sprit bei 3 % Propylenoxyd die gleichen Leistungsdaten wie der G12 Kraftstoff von Graupner. Der Preis des Propylenoxides liegt um DM 11,—/Liter bei reinster Qualität und bei DM 3,— für technische Sorten. Vorsicht, Propylenoxid verdampt und siedet schon bei 34° C und

bildet ein explosives Gemisch schon bei einer Konzentration von 2 % in Luft. Noch eine Warnung: Selbstmischen bitte nur im Freien, da sehr leicht zündfähige Luftgemische entstehen können. Rauchen und offenes Feuer verbieten sich dabei von selbst.
Für die Selbstmischer noch einige Bezugsquellen für Öle:

— Polyglykole von Hoechst:
  Chemie Technik GmbH, 7000 Stuttgart 1, Silberburgstr. 1
— Chemotechnische Erzeugnisse, Hille und Co., 575 Menden, Postfach 314
— Esteröle:
  Industrie Chemie, CH 5200 Windisch/Schweiz, Postfach 26
  Für Syntolube — ME:
  M. E. Abbondio, CH 8545 Rickenbach / ZH/Schweiz, für ›Mikrolube‹.

Propylenoxid ist im örtlichen Chemiehandel erhältlich.

AVANTI

Das von der Firma Krick vertriebene AVANTI ist das schnellste unter den kleineren Baukastenmodellen. Bedingt durch das große Längen-/Breitenverhältnis von etwa 3,4 bietet der überaus schlanke Rumpf einen relativ kleinen Fahrwiderstand. Die gut dimensionierte V-Form und zwei Führungskufen unterstützen die Verbesserung der Fahreigenschaften im Vergleich zu ebenen Rumpfböden erheblich. Dies macht sich vor allem bei starkem Wellengang bemerkbar, in dem die Geschwindigkeit gegenüber ruhigem Wasser nur ganz geringfügig abfällt. Das Boot springt dabei nicht, wie manche anderen, sondern durchschneidet die Wellen verlustarm. Trotz der hervorragenden Geradeaus-Führung ist das AVANTI noch ausreichend wendig.
Im Gegensatz zu anderen Baukastenmodellen sind die beiden Rumpfhälften anstelle von ABS aus Polystyrol tiefgezogen. Dies ist bei allen Klebeverbindungen zu beachten, für die in diesem Fall Stabilit-Express nicht geeignet ist. Geklebt wird deshalb mit Uhu Plus oder Epoxyklebern. Der Aufbau ist ähnlich dem MINISPEED von Graupner. Wird das Boot für SR-Rennen eingesetzt, empfiehlt es sich, vor dem Zusammenbau der Rumpfschalen ent-

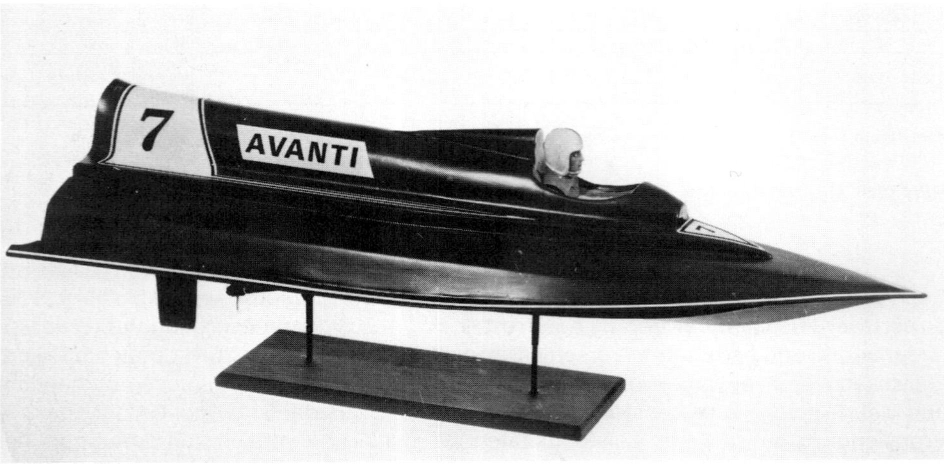

Bild 99 Avanti – ein bewährtes Baukastenmodell für Elektroantrieb

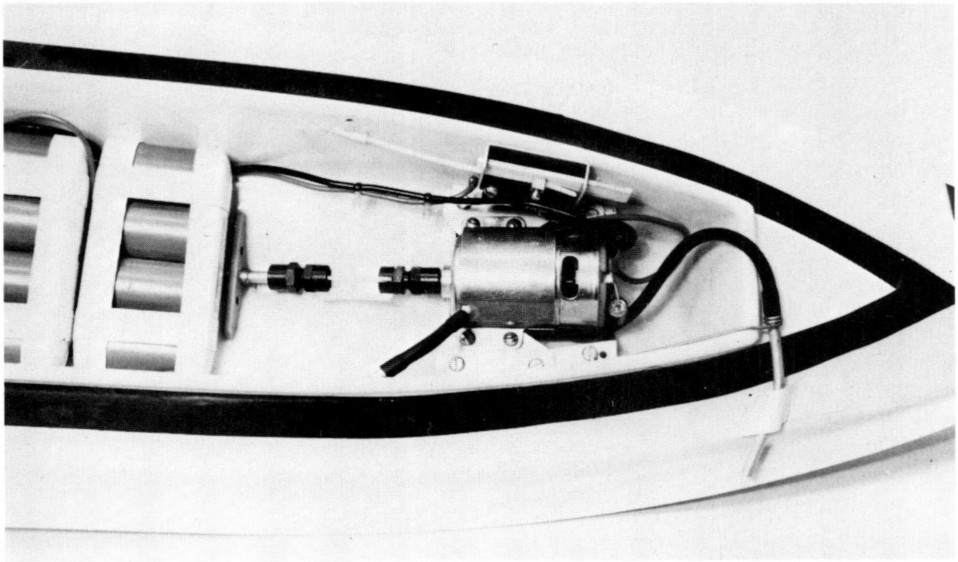

Bild 100 Trotz des schlanken Rumpfes ist reichlich Platz für die Ausrüstung

sprechende Styroporstücke einzupassen. Die geschlossene Luftkammer sichert zwar eigentlich die Sinksicherheit, aber im rauhen Rennbetrieb haben schon manche Baukastenrümpfe bei harten Kollisionen Löcher bekommen. Diese Empfehlung gilt für alle Rümpfe eigentlich generell.
Im AVANTI ist ausreichend Platz für den Antrieb und die Fernsteuerung, die in einem getrennten Raum unterzubringen ist. Im Bauplan ist der Mabuchi 550 vorgesehen, der dem Boot mit 10 Zellen und Schraube 42,5 mm eine Geschwindigkeit bis zu etwa 25 km/h verleiht. Das Boot kann aber auch stärker bestückt werden, etwa z. B. mit dem Robbe-Motor SE 50/14. Damit ist es außer FSR-E auch in der Geschwindigkeitsklasse F1- E über 1 kg einsetzbar. Das AVANTI kann bis zu einem Fahrgewicht von ungefähr 2 kg belastet werden.

AVANTI II

In der Reihe der Elektrorennboote sind in den letzten zwei Jahren einige interessante Baukastenmodelle auf den Markt gekommen. Neben Modellen wie MINISPEED, HAI und NESSY konnte sich eben auch das AVANTI der Firma Krick als erfolgreiches Boot einen guten Namen machen. Es war schon nach kurzer Zeit ein beliebtes Elektrorennboot sowohl für den Neuling auf diesem Gebiet wie auch den anspruchsvolleren Modellbauer. Das AVANTI hat nun mit dem Typ II einen größeren Bruder erhalten. Es ist wie das kleine Boot eine Konstruktion von Dieter Mack.
Von der Formgebung her sind AVANTI und AVANTI II identisch, nur ist das AVANTI II insgesamt etwa um 10 % größer. Mit einem Mehr an 7 cm Länge und 2 cm an Breite wurde ein gutes Stück Zunahme an Tragfähigkeit gewonnen. Das Boot ist damit für die neue FSR- E Klasse 2 kg oder 2,5 kg bestens geeignet. Durch das unveränderte, überaus schlanke Längen-/Breitenverhältnis läßt das AVANTI II gute Fahrleistungen erwarten.

Bild 101 Das große AVANTI II für FSR-E 2 kg

Gewonnen haben auch die Volumen des Fernsteuerraumes und des Motorraums. Die Vergrößerung aller Dimensionen bringt hier eine ganze Menge mehr Flexibilität und Zuladungsmöglichkeit. Aufbau und Konstruktion sind mit dem kleineren Typ identisch. Der Rumpf besteht wieder aus zwei Schalen mit umlaufendem Klebefalz. Eine Verbesserung stellt die rot eingefärbte Oberschale dar. Dadurch kann man sich das Lackieren des Rumpfes sparen. Die formschöne Abdeckhaube ist aerodynamisch gut durchgebildet und läßt sich einfach mit einem eingehängten Gummiband am Rumpf sichern. Um eine Kühlung des Antriebs zu unterstützen, empfiehlt es sich, die Haube vorn mit einem kleinen Ausschnitt zu versehen sowie den Heckabschluß groß auszusparen. Damit kann der Fahrtwind gut durchströmen. Versieht man die Haube mit ihrer integrierten Steuermann-Figur mit bunten Klebestreifen, so erhält das Boot einen flotten Eindruck wie die großen Vorbilder. Das Rennboot ist in wenigen Stunden mühelos aufzubauen und bietet viel Platz für die Fernsteuerung, Fahrtregler und Antrieb.

Ausrüstung

Vom Plan her ist als schwächste Motorisierung ein Mabuchi 550 vorgesehen, der für Anfänger und zum Spazierenfahren wohl auch ausreichend ist. Bezüglich der Dimensionierung und den Leistungsmöglichkeiten ist das AVANTI II meines Erachtens jedoch zu Höherem geboren, wie wir später an den gemessenen Fahrleistungen noch sehen werden. Der kleine Mabuchi-Motor ist mit dem im Baukasten befindlichen Motorspant aus Sperrholz stabil zu befestigen. Die Welle mit ordentlichen Gleitlagern ist über eine Kugelgelenkkupplung mit dem Motor verbunden. Die planmäßige Anordnung von Welle und Ruder ist gut aufeinander abgestimmt. Der Mabuchi-Motor kann mit der 35 mm-Schraube und bis zur 10 NiCd-Zellen betrieben werden. Mit dieser Bestückung und einer üblichen Sanwa-Fernsteuerung ausgerüstet, erreicht das Boot ein Fahrgewicht von etwa 1500 Gramm. Damit ist es für die FSR- E 2 kg Klasse geeignet oder, mit kräftigerer Motorisierung, auch für FSR-E 2,5 kg.

Bild 102 AVANTI II ist eines der schnellsten Baukastenmodelle für Elektroantrieb

Mit einer dicken Maschine wie z. B. Keller-Motor 50/14 und 15 Zellen 1,2 Ah beträgt das Gewicht knapp 2 kg, so daß hier noch einiger Spielraum mit Motoren oder noch mehr Zellen besteht. Selbst unter voller Ausnutzung der 2,5 kg-Grenze ist das Boot nicht überladen.

Fahrleistungen

Bereits mit dem Mabuchi 550 erzielt das AVANTI II eine hohe Geschwindigkeit. Wegen der größeren Auflagefläche liegt es weniger tief im Wasser und erreicht damit eine noch bessere Wendigkeit als das kleine AVANTI. Der minimale Wendekreis beträgt etwa einen Meter. Der Geschwindigkeitsabfall ist selbst in engen Kurven auffallend gering, ebenso bei rauhem Wasser. Hier zeigt sich deutlich der Vorteil des überschlanken Rumpfes. Trotzdem ist das Boot keineswegs kritisch in puncto Umwerfen. Sogar bei hohen, querlaufenden Wellen liegt es sicher im Wasser, auch Anrempler durch andere Boote im SR-Rennen sind unbedenklich. Die erzielbaren Geschwindigkeiten in Abhängigkeit der Ausrüstung sind in nachstehender Tabelle zusammengefaßt:

— Originalausrüstung mit Mabuchi 550, Schraube 35, 10 Zellen	20,5 km/h
— Originalausrüstung mit Mabuchi 550, Schraube 42,5, 10 Zellen	24,0 km/h
— Keller-Motor 50/14, Schraube 42,5, 15 Zellen	27,5 km/h
— Keller-Motor 50/14, Schraube 40 X, 15 Zellen	31,3 km/h

Geübtere Modellbauer werden die Chance der hohen Zuladung nutzen und entsprechend mehr Power reinpacken. Es lassen sich maximal 3 Batteriesätze zu je 7 Zellen 1,2 Ah bequem unterbringen, in diesem Fall werden die Batteriepacks senkrecht stehend nebeneinander angeordnet. Für die Befestigung stärkerer Motoren sollte an Stelle des

Spants aus Sperrholz ein solcher aus Aluminium oder Epoxy eingesetzt werden. Geeignet sind alle Motoren bis hin zum Keller 50/24. Bei so starker Motorisierung ist evtl. die Welle gegen eine kugelgelagerte Ausführung mit entsprechend stärkerer Kardangelenk-Kupplung auszutauschen. Für die dann erforderliche Wasserkühlung kann ein Staurohr ca. 5 mm vor der Ruderblattvorderkante eingebracht werden.
Mit kräftigen Motoren ist das AVANTI II auch in der Lage, sich in der Klasse F1 über 1 kg gut zu plazieren. Alles in allem stellt das Boot eine interessante Bereicherung in der Spitze der Baukastenmodelle dar.

Antriebsbatterien

Die Hochleistungs-Elektromotoren erfordern entsprechend kräftige Stromquellen. Letztere sind überhaupt der einzige Nachteil gegenüber dem Antrieb mit Verbrennungsmotor. Zwar können hohe Leistungen auch von elektrischen Speichern erbracht werden, aber ihr Gewicht je Wattstunde ist eben wesentlich höher als beim Kraftstoff des Verbrennungsmotors. Die Stromversorgung des Elektrorennbootes stellt also immer einen Kompromiß zwischen Leistung und Betriebsdauer dar.
Ferner sind an die Zuladung im Modell natürliche Grenzen gesetzt. Betrachtet man z. B. die Klasse F1- E über 1 kg, so ist festzustellen, daß die erfolgreichen Boote dieser Klasse gar nicht sehr viel über 1 kg schwer sind. Zu berücksichtigen ist nämlich die Tatsache, daß jedes Mehr an Gewicht eine noch größere Leistungszunahme erfordert. Irgendwo kommt sogar ein Punkt, bei dem ein weiteres Zupacken von Batteriegewicht sich ins Negative umkehrt, das heißt, die erzielte Geschwindigkeit wird geringer.

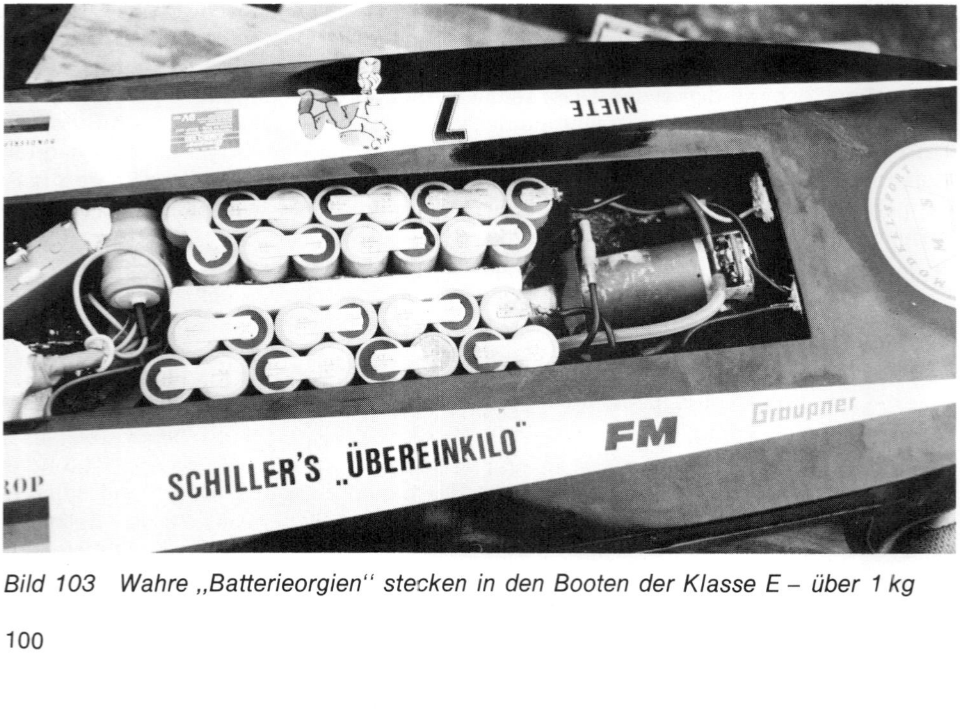

Bild 103 Wahre „Batterieorgien" stecken in den Booten der Klasse E – über 1 kg

Da Primärelemente meist einen für den hohen Strom viel zu großen Innenwiderstand aufweisen, sind als Speicher der elektrischen Energie nur folgende Arten von Zellen für schnelle Modelle gebräuchlich:

— Blei
— Silber/Zink
— Nickel/Cadmium.

Je nach Anforderung und Betriebsart sowie dem finanziellen Spielraum wird die Entscheidung für die eine oder andere Stromquelle unterschiedlich ausfallen. Die nachstehende Tabelle zeigt im Vergleich die wesentlichen Unterscheidungsmerkmale der verschiedenen Technologien.

Art	max. Strom (A)	Leistungsdichte (Gramm/Wh)	Minimale Ladezeit (h)	Lebensdauer (Zyklen)	Preis/Wh (DM)
Blei	5	150 — 200	3	300—500	15—20
Ag/Zn	50	15 — 25	10	20— 30	18—25
Ni/Cd	35	40 — 50	0,25—0,5	250—400	7—10

Anmerkungen:
Für die Belastbarkeit ist eine Zellengröße von 2 Ah und eine Entladung innerhalb von 2 Minuten zugrundegelegt.
Die Lebensdauer versteht sich für den Betrieb unter im Rennboot üblichen Hochstrombedingungen. Als Ende der Lebensdauer wird eine auf 75 % der Nennkapazität zurückgegangene Kapazität angesehen.

Bleibatterien

Die im übrigen Schiffsmodellbau als Antriebsbatterie üblichen Bleiakkus lassen sich auch für langsamere Rennboote, wie z. B. naturgetreue Nachbauten von Sportbooten und für die Klasse F3- E einsetzen. Für Hochstrombelastung sind sie nicht geeignet. Ihr hohes Gewicht läßt ohnehin die Anwendung in der F1- Klasse nicht zu. In der Handhabung sind die heutigen gasdichten Zellen mit nichtflüssigem Elektrolyten recht unkritisch. Es gibt viele Bauformen und Abstufungen bezüglich der Zellenzahl. Da Bleizellen nicht schnelladefähig sind, muß man für den Fahrbetrieb meist mehr Batteriesätze anschaffen als vergleichsweise bei Ni/Cd Zellen.

Silber-Zink-Batterien

Die Ag/Zn-Zelle ist die leistungsfähigste Speicherart unter den bisher handelsüblichen Batterien. Keine andere Zellentechnologie erträgt derart hohe Ströme bei so geringem Gewicht. Wie bei allem Schönen gibt es leider auch Nachteile: sehr geringe Lebensdauer und eine umständliche, langwierige Ladeprozedur.
Unterschieden werden zwei Typen, solche für Langzeitentladung und andere für Hochstromentladung. Die Standzeit liegt bei den für Rennboote gebräuchlichen Hochstromzellen deutlich unter einem Jahr und nicht über 25—30 Lade/Entlade-Zyklen. Zum Einsatz kommen die Typen 0,75 Ah (ca. 20 g), 1,5 Ah (ca. 35 g) und 3 Ah (ca. 65 g). Die Nennspannung von Ag/Zn-Zellen beträgt 1,5 Volt, bei Belastung sinkt die Spannung je nach Strom auf 1,4 bis 1,1 Volt ab. Als Besonderheit sei die mit der Erwärmung zunehmende Spannung erwähnt. Zur Inbetriebnahme und Pflege von Hochstromtypen sind die nachstehenden Hinweise zu beachten.
Die Zellen werden trocken angeliefert. Deshalb müssen sie als erstes mit dem beigefügten Elektrolyten in Form von chemisch reiner Kalilauge (KOH 1,4) gefüllt werden. Die in der Betriebsanleitung definierte Menge läßt man eine gute halbe Stunde einziehen und

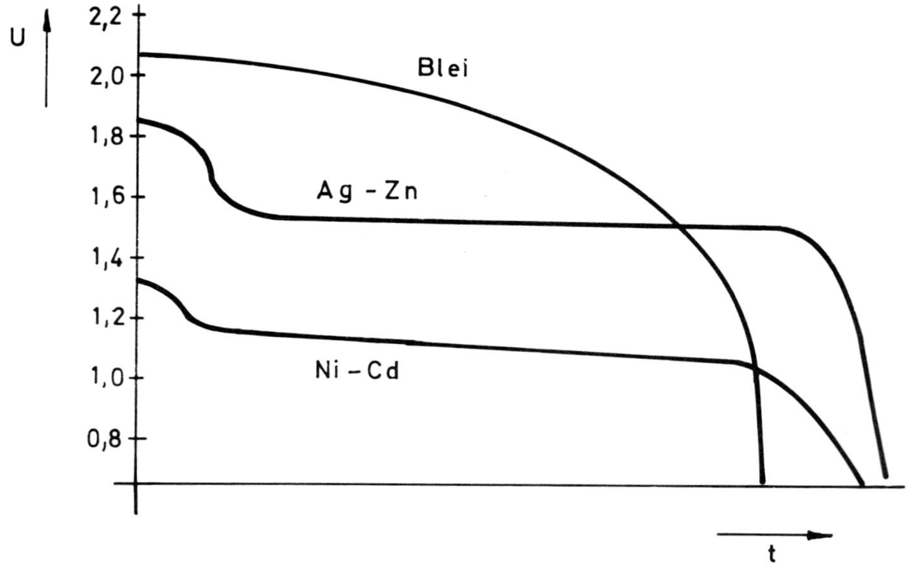

Bild 104 Entladespannungsverlauf von Blei-, Silber/Zink-, Nickel/Cadmium-Zellen

füllt dann nochmals etwas nach bis zur Markierung. Anschließend sollen die Zellen zwei Tage ruhen, danach wird der Füllstand kontrolliert und gegebenenfalls ergänzt. Hier noch ein Tip von Experten. Die Leistung und Lebensdauer läßt sich etwas erhöhen, wenn jetzt zusätzlich ein kleiner Schuß Lithium-Hydroxid zugegeben wird. Nun sind die Zellen mit einigen Ladungen zu formieren. Wichtig ist, daß dabei der Ladestrom 1/10 der Nennkapazität nicht übersteigt und bei der Ladeschlußspannung von 2,05 Volt abgeschaltet wird. Zu achten ist auch auf die minimale Entladeschlußspannung von ca. 1 Volt, die nicht unterschritten werden darf. Dazu hat es sich bewährt, jede einzelne Zelle mit je einer Siliziumdiode und Vorwiderstand zu entladen. Nach der letzten Formierung soll die Batterie nochmals einen Tag ruhen bis zum ersten Einsatz.
Da die Zellen untereinander kleine Unterschiede aufweisen, empfiehlt es sich, im späteren Betrieb die Zellen immer einzeln zu entladen und mit Konstantstrom getrennt neu zu laden. Nur mit solch sorgfältiger Handhabung sind gute Ergebnisse zu erzielen.
Wegen der umständlichen Prozedur und hohen Kosten sind die Ag/Zn-Batterien heute in westeuropäischen Ländern weniger gebräuchlich, sie wurden von den Ni/Cd-Batterien größtenteils abgelöst. Anders sieht es in den Ländern des Ostblocks aus. Dort sind Ni/Cd-Zellen kaum erhältlich, die Ag/Zn-Zellen dafür aber recht preiswert.
Bild 104 zeigt den Spannungsverlauf von Ag/Zn-Zellen im Vergleich zu Blei und Nickel-Cadmium.

Nickel-Cadmium-Batterien

Wie die Vergleichstabelle der verschiedenen Batterietechnologien zeigt, sind die Ni/Cd-Zellen die wirtschaftlichste Lösung. Die rasche Weiterentwicklung von Zellen mit Sinterelektroden hat damit eine nahezu ideale Stromquelle für Elektrorennboote geschaffen. Auch in der Leistung stehen Ni/Cd-Zellen den Silber/Zink-Elementen nicht viel nach. Der geringe Innenwiderstand ermöglicht hohe Dauerlastströme in der Größenordnung von etwa 10 mal Nennkapazität und kurze Spitzenströme mit bis zu 30 mal Nennkapazität für

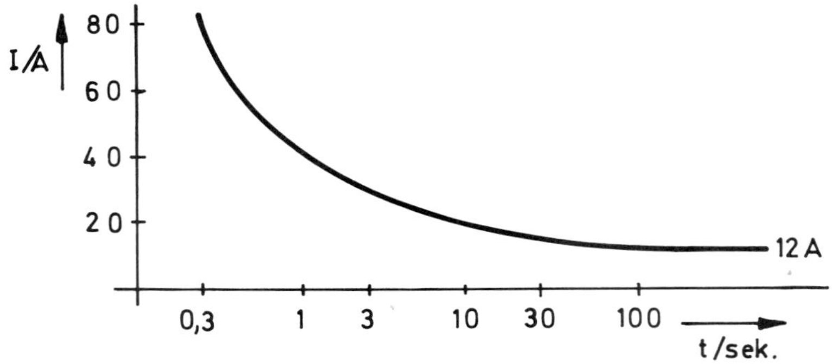

Bild 105 Zulässige Belastung von Ni/Cd-Zellen mit 1,2 Ah Kapazität

ca. 1 Minute. Weitere Vorteile liegen in der anspruchslosen Handhabung und der Schnelladefähigkeit. Dadurch kann ein Boot mit nur zwei Batteriesätzen fast fortlaufend betrieben werden, wenn der jeweils leere Aku gleich wieder aufgeladen wird. Dies kann mit speziellen Schnelladern an der Autobatterie geschehen.
Sinterzellen gibt es in einigen Kapazitätsgrößen. Gebräuchlich sind:
0,45 Ah — 0,5 Ah — 0,75 Ah — 1,2 Ah — 1,8 Ah.
Der Handel bietet Einzelzellen mit Lötfahnen zum beliebigen Zusammenschalten von Batterien und auch fertig konfektionierte Sätze an. Obwohl Ni/Cd-Sinterzellen im Prinzip wartungsfrei und auf rauhe Behandlung konzipiert sind, sollten dennoch einige Punkte beachtet werden, um eine optimale Leistung, verbunden mit einer vernünftigen Lebensdauer, zu erzielen.

Hochstromentladung

Die Grenze des zulässigen Stroms ergibt sich im wesentlichen aus der durch den Innenwiderstand entstehenden Erwärmung. Diese sollte etwa 50° C niemals übersteigen. In Bild 105 ist der maximal zulässige Strom für Zellen der Kapazität 1,2 Ah in Abhängigkeit der Belastungsdauer dargestellt. Der Bereich unterhalb der Hyperbel darf dabei nicht überschritten werden.

Tiefentladungen

Tiefentladungen können zu Umpolungen einzelner Zellen im Batterieverbund führen. In diesem Fall sind die betroffenen Zellen vor einer Ladung der Gesamtbatterie erst getrennt auf normale Spannung zu laden. Dies gilt vor allem nach längerer Lagerung oder wenn der Ladezustand der einzelnen Zellen nicht bekannt ist. Bei Langzeitlagerung (z. B. im Winter) ist darauf zu achten, daß keine Tiefentladung eintritt. Da Ni/Cd-Zellen mit Sinterzellen eine höhere Selbstentladung aufweisen als andere Akkus, empfiehlt sich hier besondere Aufmerksamkeit und gegebenenfalls Erhaltungsladungen.

Schnelladen

Die vom Hersteller angegebene maximal zulässige Stromstärke ist durchaus ernst zu nehmen. Bei einer Batterie von 1,2 Ah werden nach halbstündiger Ladung mit 2,4 Ampere ca. 80 % der möglichen Kapazität erreicht. Danach kann eine Volladung mit z. B. 2 mal I/10 (0,24 A) erfolgen. Nach Erlangen von 100 % Ladekapazität ist dann dieser

Strom auch als Dauerladestrom über einige Stunden zulässig. Wenn die Batterie sich außen fühlbar zu erwärmen beginnt, ist die Hochstromladung in jedem Fall abzubrechen.

Erwärmung

Mit zunehmender Erwärmung steigt der Innenwiderstand. Zur Erzielung eines guten Wirkungsgrades ist es daher vorteilhaft, entsprechende Kühlmaßnahmen zu treffen. So kann z. B. der Kühlluftstrom des Antriebsmotors durch Leitwände auch an den Zellen vorbeigeführt werden. Dazu sollten die Akkus nicht allzusehr verpackt sein. Eventuell kann man sogar die Blaustrümpfe (Varta) von den Zellen entfernen und mit schmalen Stegen (Pertinax o. ä.) die Zellen gegeneinander isolieren.

Kurzschlüsse

Wegen des sehr geringen Innenwiderstandes fließen im Kurzschlußfall Ströme bis zu weit über 100 Ampere, wobei die Zellen sehr schnell zerstört werden. Deshalb ist beim Umgang mit Hochleistungszellen größte Sorgfalt und Vorsicht geboten. Vor allem nicht benutzte Batterien sind entsprechend zu sichern.

Korrosion

Sollte durch Überbelastung und damit verbundenem Öffnen des Sicherheitsventils etwas Elektrolyt ausgetreten sein, so ist die Brühe möglichst bald zu entfernen. Auch eventuelle Rostbildung am Zellenmantel muß man beseitigen, da die Materialdicke hier recht gering ist.
Auch bei sorgfältigster Behandlung ist es nicht zu vermeiden, daß gelegentlich einzelne Zellen im Batterieverbund ›sterben‹. Ebenso können sogar in neuen Batteriepacks schwache Zellen vorkommen. Deshalb ist die regelmäßige Kontrolle der Batteriesätze unerläßlich. Wenn zum Beispiel einzelne Zellen sich deutlich mehr erwärmen als die übrigen, muß man der Ursache nachgehen. Da sich gerade bei Schnelladung und Hochstrombelastung die nun mal vorhandenen, fertigungsbedingten Streuungen besonders auswirken, sind nach jeweils ca. 5 Entladungen die Batterien mit Normalladestrom langsam vollzuladen. Damit können sich die Zellen wieder etwas formieren, ihr Ladezustand wird gleichmäßiger. Neue Batteriepacks lädt man erst mal mit Normalstrom, mindestens drei Zyklen. Dazwischen wird mit Hochstrombelastung entladen und die Spannung jeder einzelnen Zelle während des Entladevorgangs gemessen und protokolliert. Profis selektieren auf diese Weise grundsätzlich ihre Batteriesätze. Notwendig ist hierzu allerdings ein Digitalmeßgerät mit genügender Auflösung. Für die Entladung hat sich die Belastung mittels normaler Auto-Scheinwerferlampen (Bilux, 40/45 W, 12 V) bewährt. Für höchste Ansprüche auf Wettbewerben wird man die Batteriesätze aus Zellen mit nur sehr kleiner Abweichung (kleiner als 0,03 Volt) zusammenstellen. Wichtig ist dabei der Vergleich der Entladecharakteristik aller Einzelzellen.

Ladegeräte für Nickel-Cadmium-Batterien

Neben dem Netzladegerät für zu Hause ist es praktisch unerläßlich, für den Betrieb am Wasser ein Schnelladegerät zu besitzen. Die einfachste Lösung sind sogenannte Ladekabel, mit denen man die Batterie mit dem Auto-Akku verbindet. Jedoch ist man dabei von der Zahl der Zellen abhängig oder umgekehrt, der Ladestrom wird von der Zellenzahl und dem Widerstand des Kabels bestimmt. Besser ist es, ein Gerät mit einstellbarem Strom und Zeitabschaltung zu verwenden. Jede Ladung ohne Überwachung ist gefährlich. Zu leicht sind sonst die Batterien verheizt. Mit einfachen Ladegeräten lassen sich an der Autobatterie nur maximal 8 Zellen, in Reihe geschaltet, laden. Für mehrzellige Batte-

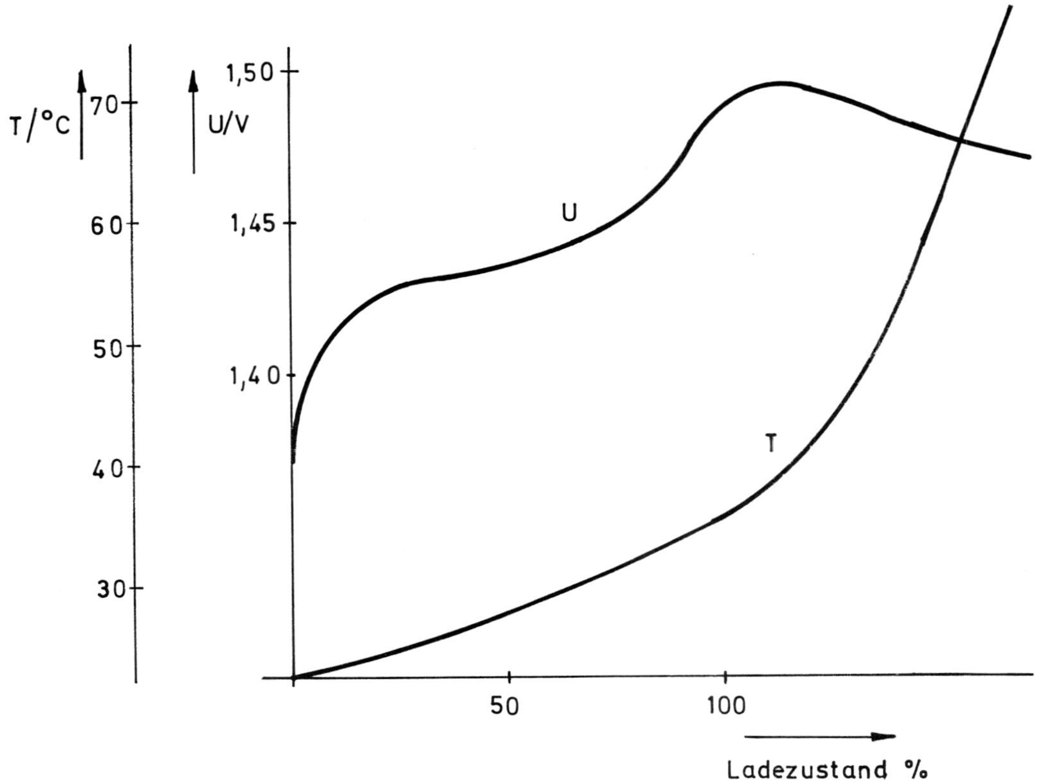

Bild 106 Spannungs-/Temperatur-Verhalten der Ni/Cd-Zellen beim Laden

rien muß die Versorgungsspannung höher sein. Deshalb bietet der Fachhandel inzwischen Geräte mit elektronischem Spannungswandler an, an denen wesentlich mehr Zellen, in Reihe geschaltet, anschließbar sind. Solche Schnellader haben meist auch eine Abschaltautomatik.
Für die Erfassung des 100 %igen Ladezustandes gibt es zwei Möglichkeiten:
— die Zellentemperatur
— die Ladespannungskennlinie.
Anfangs hat man versucht, den Abschaltpunkt mit Abtasten der Temperatur in den Griff zu bekommen. Damit konnte wenigstens die Überhitzung der Zellen vermieden werden. Wenn wir jedoch die Kennlinien nach Bild 106 betrachten, ist erkennbar, daß die Temperatur als Kriterium wegen des steilen Anstiegs zum Schluß hin doch sehr schwierig sein kann. Zudem müßte praktisch jede einzelne Zelle überwacht werden, was sehr mühsam und aufwendig ist. Ferner sind aus Gründen der Sicherheit die Batterien dann oft nicht richtig vollgeladen.
Auch das normale Messen der Zellenspannung und Abschalten bei einer bestimmten absoluten Ladeschlußspannung scheidet aus, weil die Zellen unterschiedliche Spannungen aufweisen, die noch dazu von der Temperatur abhängen. Deshalb sehen wir uns die verschiedenen Kennlinien nochmals näher an. Dabei ist festzustellen, daß die Zellenspannung erst stark ansteigt, zum Ende hin nur noch relativ langsam. Kurz nach Erreichen des ›Voll‹-Zustandes erfolgt nun nochmal ein kleiner Anstieg, bis die Zelle etwa 120 % ihrer Normalkapazität erreicht. Dann kehrt die Spannung um und pendelt sich auf einen etwas

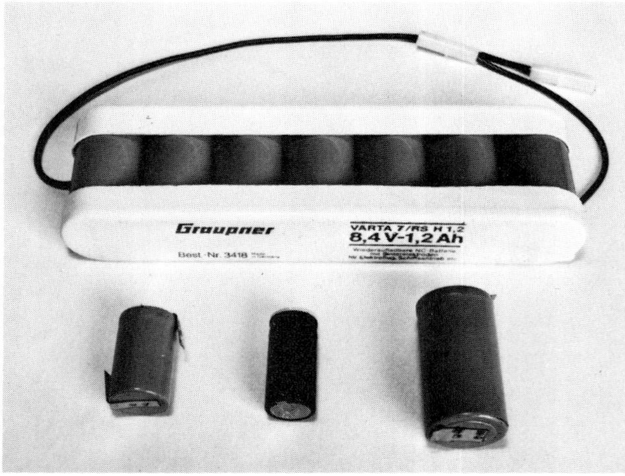

Bild 107 Handelsübliche Formen von NiCd-Zellen

geringeren Wert als den Spitzenwert ein. Dieser obere Umkehrpunkt wäre gleichzeitig der Zeitpunkt, bei dem die Zelle sicher voll ist, aber noch nicht zu warm geworden ist. Mathematisch betrachtet, wird in diesem Moment der Spannungsanstieg über der Zeit zu:

$$du/dt = 0$$

Mit Hilfe der heutigen modernen Elektronik läßt sich dieser Effekt einfach ausnutzen. Ein Differenzier-Verstärker mit sehr hochohmigem Eingang wertet das Signal aus und betätigt am Ende der Ladung ein Relais, das den Ladevorgang unterbricht. Auf diese Weise ist es möglich, die Batterien unabhängig von Ladezustand, Temperatur, Zellenzahl immer optimal zu laden ohne die Gefahr einer ungewollten Zerstörung. Billig sind solche Ladegeräte zwar nicht, für den ernsthaften Rennbootfahrer aber eigentlich eine Voraussetzung. Auf die Dauer gesehen, spart man evtl. sogar eine Menge Geld, wenn man bedenkt, daß bei unkontrollierter Ladung im Laufe der Zeit doch gelegentlich Batterien ›zu Tode‹ geladen werden.

PROPPY

Der mehr oder weniger ausgeprägte Fahrwiderstand von Gleit- oder Verdrängungs-Schwimmkörpern bremst die theoretisch mögliche Geschwindigkeit von Rennbooten erheblich. Man trachtet deshalb danach, diesen Widerstand niedrig zu halten. Ein Minimum an Verlusten wird erreicht, wenn sich der Bootskörper nur noch mit seinem Heckende sowie den Antriebs- und Steuerelementen im Wasser befindet. Realisierbar ist diese Forderung praktisch nur mit Hydro-Rümpfen.

Die Firma Robbe bietet mit ihrem PROPPY ein solches Modell an. Die Bezeichnung PROPPY basiert auf den sogenannten Propridern, den Propellerreitern. Die großen Vorbilder der Proprider werden in den Vereinigten Staaten in Rennen gefahren, bei denen damit schon Geschwindigkeiten bis zu 350 km/h erreicht wurden. Es liegt natürlich auf der Hand, daß ein Boot mit geringer Wasserberührung auch weniger stabil im Wasser geführt werden kann. Besonders bei stärkerem Wellengang neigt ein Hydro leicht zum Springen und ist in Kurven nur schwer zu beherrschen. Überhaupt sind enge Kurven kaum zu realisieren. Darum wird bei den in den USA üblichen Modell-Hydrorennen kein Rundkurs, sondern eine gerade, lange Strecke mit großräumiger Kehrtwendung gefahren.

Bild 108 PROPPY – ein Hydro für Elektromotor

Ähnliche Probleme zeigen sich in gewissem Maße auch bei dem PROPPY, das vor allem in Kurven etwas driftet. Zur Verbesserung des Fahrverhaltens hat Willi Kordel das Boot modifiziert. Die Neigung zum Springen wird durch Anspachteln eines Abrisses an der Heckkante, ca. 2 mm hoch, beseitigt. Die Lenkbarkeit ist mit Versetzen des Ruders um 26 mm nach vorne und nur noch 3 mm außermittig angeordnet zu erreichen. Auch die Schraubenwelle wird um etwa 30 mm nach vorne gerückt. Zwei Vierkantleisten, die seitlich unten am Rumpf angebracht und zum Dreieck abgeschrägt werden, verbessern die Führung. Wie Kordel berichtet, ist mit diesen Maßnahmen das Boot sehr schnell, zeigt ein ruhiges Fahrverhalten und eine befriedigende Wendigkeit.

Der Aufbau des PROPPY ist recht einfach in der üblichen 2-Schalenbauweise zu bewerkstelligen. Selbst der ungeübte Anfänger kommt damit leicht zurecht. Zur Motorisierung ist auch hier der Mabuchi 550 vorgesehen, der als Kompaktantrieb (Motor mit fertig angeflanschter Welle) geliefert wird. Damit entfällt das sonst notwendige Ausrichten von Motor und Welle.

Als maximale Motorisierung ist der Motor Robbe 50/ 14 SE einsetzbar. Damit sind bei glattem Wasser hohe Spitzengeschwindigkeiten erreichbar. Es ist bedauerlich, daß in Europa keine Hydro-Rennen gefahren werden, für die das PROPPY sicher gut geeignet wäre. Das PROPPY ist trotzdem ein recht interessantes Versuchsobjekt für Studien mit einem Hydroboot.

Bild 109 Navy Kompaktantrieb von Robbe

NESSY

Die Konzeption des NESSY von Robbe zielt auf den Einsatz in den großen Elektro-Rennbootklassen. Gefahren werden kann es in den Klassen F1- über 1 kg und FSR- E über 2 kg. Mit einem Leergewicht von über 800 Gramm wäre es für die übrigen Klassen viel zu schwer. Das relativ hohe Gewicht des Rumpfes ist in dem dickwandigen ABS-Material begründet, das dem Rumpf eine enorme Stabilität verleiht. Diese Widerstandsfähigkeit braucht aber auch ein großes Boot im SR-Rennen, denn es muß da einiges aushalten. Von der Gestaltung des Baukastens her können sicher Anfänger das NESSY leicht aufbauen und mit der Standardmotorisierung auch beim Fahren beherrschen. Es ist aber bezüglich der Leistungsfähigkeit doch eher für den ernsthaften Wettbewerbsfahrer und somit für entsprechend kräftigeren Antrieb ausgelegt.
Der sauber ausgearbeitete Bausatz mit übersichtlicher Bauanleitung enthält für den Rumpf zwei Schalen, die untere Hälfte ist weiß und die obere rot eingefärbt. Eine Lackierung erübrigt sich damit. Mit den beigefügten Abziehbildern läßt sich das Boot hübsch ausgestalten. Wie bei den meisten Baukastenmodellen, besitzt ebenso der NESSY-Rumpf eine umlaufende Klebekante. Der Rumpf ist offen, zur Sinksicherheit empfiehlt es sich, den nicht benötigten Hohlraum auszuschäumen oder abzuschotten. Die Öffnung des Oberteils wird durch einen durchsichtigen, blau eingefärbten Schiebedeckel verschlossen. Für SR-Rennen ist es zweckmäßig, den Fernsteuerraum separat mit einer darunter liegenden Abdeckung zusätzlich abzudichten, damit kein Wasser eindringt, falls das Boot bei einer harten Kollision doch einmal umschlägt.
Für die Fernsteuerung ist der zur Verfügung stehende Raum sehr großzügig bemessen. Der im Baukasten enthaltene Mikroschalter für den Antriebsmotor sollte nur für den kleinen Mabuchi-Motor verwendet werden. Große Motoren erfordern unbedingt leistungsfähige Schalter oder Fahrtregler. Ähnlich sieht es mit der standardmäßig beigepackten Welle und der Kupplung aus. Bei Einsatz der neuen Robbe-Motoren mit Samarium-Kobalt-Magneten, SE 50/14 und 50/20, werden stabilere Ausführungen benötigt. Ich habe mein NESSY mit einer selbstgebauten 4 mm-Kugellagerwelle und Kardan-Gelenk-Kupplungsteilen ausgerüstet, wie sie bei den verbrennungsmotorisch getriebenen Booten üblich sind. Nach dem Bauplan ist vorgesehen, den Motor nach dem Prismenprinzip

Bild 110 NESSY, ein großes Elektroboot von Robbe, für die Klasse F1–E über 1 kg

zu lagern und mit einer Schlauchklemme zu befestigen. Diese Lösung hat sich zwar grundsätzlich bewährt, kann aber Anpassungsprobleme bringen, will man Motoren mit unterschiedlichen Durchmessern ausprobieren. Da die Motoren ohnehin mit stirnseitigen Gewindebohrungen versehen sind, ist es besser, diese auch zu nutzen und den Motor in einem Motorspant zu befestigen. Bei Anwendung von Adapterhalterungen im Spant lassen sich die verschiedensten Motoren einfach austauschen.
Als Besonderheit ist gemäß Bauplan im vorderen Bereich des Rumpfunterteils eine kleine Kielflosse anzubringen, welche die Führungseigenschaften verbessern soll. Wird das Boot mit der maximal möglichen Zuladung belastet, also mit großer Batterie- und Motorbestückung ausgerüstet, ist der Kiel sicher nicht notwendig, weil das Boot dann sehr stabil im Wasser liegt. Lediglich bei geringer Auslastung neigt es ohne die Flosse etwas zum Abdriften in den Kurven.
Das Fahrverhalten des NESSY kann als sehr gut bezeichnet werden. Bereits mit dem kleinen Mabuchi ist es keineswegs langsam. Die besten Ergebnisse konnte ich mit dem Robbe-Motor 50/20 SE und 20 Zellen erzielen. Den Neigungswinkel der Antriebswelle sollte man so einrichten, daß man Schrauben bis zu 45 mm Durchmesser montieren kann. Damit entwickelt das Boot einen beachtlichen Dampf. Das Boot ist relativ unkritisch zu steuern bei ausreichend guter Wendigkeit. Insgesamt ist das NESSY eine preiswerte Lösung für den anspruchsvollen Modellbauer.

Elektromotoren

Mit der Entwicklung leistungsfähiger Elektromotoren und preiswerter Massenproduktion wurde der Einsatz von Elektroantrieben auch für einen größeren Bereich der Rennbootmodelle interessant. Wie fast überall auf dem Gebiet der Elektrotechnik waren es wieder einmal die Japaner, die hier zum großen Durchbruch verhalfen. Mit den japanischen Billigmotoren, die in Millionenstückzahlen hergestellt werden, läßt sich jedoch bisher nur der untere Leistungsbereich abdecken. Für die Höchstleistungsanforderungen der F1-Klassen sind nach wie vor die teuren Spezialmotoren gebräuchlich. Jedoch wird auch in diesem Bereich das Angebot seit kurzem erfreulich größer.
Noch vor wenigen Jahren mußte man sich kräftige Motoren selbst herstellen oder zumindest den Erfordernissen entsprechend modifizieren. Trotz des heute besseren Angebo-

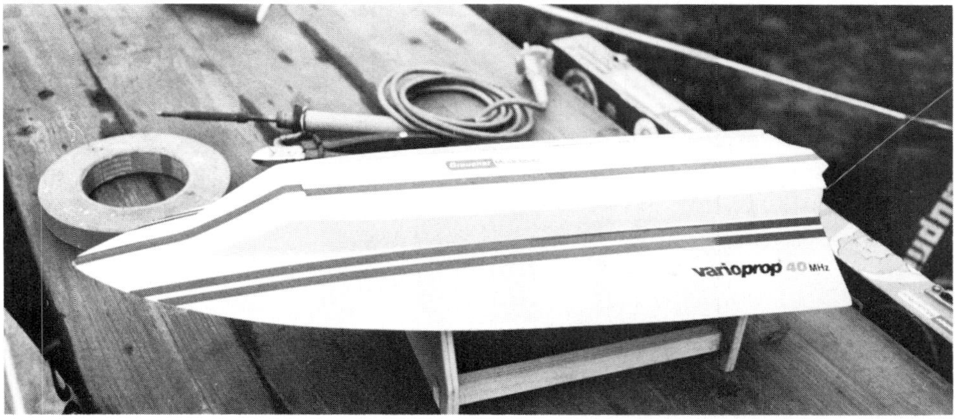

Bild 111 Zum Elektrorennboot gehört auch immer spezielles Werkzeug wie Lötkolben, Isolierband, etc.

tes wird der nach Spitzenleistung strebende Modellbauer auch weiterhin selbst noch einiges tun müssen, um optimale Anpassung zu erzielen. Wie schon in dem Kapitel Antriebsschrauben gesagt, darf der Elektromotor nicht für sich alleine betrachtet werden, sondern als Teil der gesamten Antriebseinheit — Batterie — Motor — Schraube. Was nützt z. B. ein Motor, der sein maximales Drehmoment bei 30 000 U./min abgibt und damit eine Schraube direkt antreiben soll. Schon allein wegen des Problems der Kavitation wäre der Gesamtwirkungsgrad relativ niedrig. In vielen Fällen ist daher eine sorgfältig abgestimmte Untersetzung erforderlich, die nur in Verbindung mit umfangreichen Meßreihen zu ermitteln ist. Fertige Getriebe für größere Motoren gibt es leider nicht im Handel, lediglich die kleineren Mabuchi-Motoren werden neuerdings komplett mit Untersetzungen von 1:1,5 / 2,0 / 2,5 angeboten.
Bevor man sich an die Auswahl eines geeigneten Motors macht, sollte sich der Modellbauer erst etwas mit den Grundlagen der Elektromotoren vertraut machen. Ähnlich wie beim Verbrennungsmotor ist die Leistung der elektrischen Maschine über verschiedene Kenngrößen und Kennlinien genau bestimmbar. Diese sind:

— Versorgungsspannungsbereich
— Nennbetriebsstrom
— maximal zulässiger Strom im Kurzzeitbetrieb
— Drehzahl-/ Drehmoment-/ Stromkennlinie
— Wirkungsgrad.

Bild 112 Roqua – ein bewährter Außenborder von Robbe

Versorgungsspannungsbereich

Der Versorgungsspannungsbereich ist als Richtwert für den Normalbetrieb zu verstehen. In der Praxis wird die obere Grenze in vielen Fällen erheblich überschritten, allerdings bei entsprechend reduziertem Strom. Selbstverständlich ist jedem Motor eine natürliche obere Grenze gesetzt. Diese hängt im wesentlichen von der minimalen Bestromungszeit bzw. Kommutierung (Stromwendung) ab. So wie beim Verbrennungsmotor ab einer bestimmten Drehzahl kein ausreichender Zylinderfüllungsgrad mehr zustande kommt, so werden beim Elektromotor die Ankerspulen nicht mehr voll bestromt, die Leistung nimmt rapide ab. Gleichzeitig nimmt das Bürstenfeuer zu, was der Funkenstörung Probleme bereiten kann.

Nennbetriebsstrom

Dieser ergibt sich gewöhnlich über die zulässige Daueraufnahmeleistung und die Nennbetriebsspannung. Ohne ausreichende Kühlmaßnahmen darf die Aufnahmeleistung nicht dauernd überschritten werden, sonst wird der Motor thermisch zerstört. Mit zunehmender Erwärmung geht gleichzeitig der Wirkungsgrad zurück.

Maximal zulässiger Spitzenstrom

Die für den Kurzzeitbetrieb als maximal zulässig genannten Ströme dürfen nie überschritten werden, auch nicht bei reduzierter Betriebsspannung. Manchmal ist zu hören, ein Motor sei wegen zu hohen Stroms ›durchgebrannt‹. Wegen des geringen Wicklungswiderstandes stimmt dies jedoch nur in den seltensten Fällen, ein Motor brennt nicht durch. Bis nämlich der Kupferdraht so heiß wird, daß er schmilzt, ist vorher schon längst der Kollektor samt Bürsten zerstört. Der gelegentlich aus Elektromotoren aufsteigende Rauch kommt durch thermische Überlastung der Wicklungsisolation, des Kollektor-Lamellenkörpers und der Bürsten selbst zustande. Wie die Wärmeverlustleistungen überhaupt entstehen, darauf kommen wir noch im Abschnitt Verluste.

Drehzahlfaktor

Gemeint ist damit die im Leerlauf erreichte Drehzahl in Abhängigkeit der Betriebsspannung in U./min/Volt. Dieser Wert ist mehr ein konstruktives Merkmal. Wichtiger für die Praxis ist die Drehzahlabhängigkeit von der Last.

Kennlinie — Drehzahl — Drehmoment — Strom

Dieser kombinierten Kennlinie ist die eigentliche Leistung des Motors für jeden beliebigen Betriebszustand zu entnehmen. Daraus läßt sich z. B. ersehen, welche Drehzahl bei einer bestimmten Belastung erreicht wird und welcher Strom dabei fließt. Die eigentliche Festlegung des für den Gesamtantrieb günstigsten Arbeitspunktes erfolgt damit immer mit Hilfe dieser Kennlinie in Verbindung mit den Werten der Antriebsschrauben.

Wirkungsgrad

Der Wirkungsgrad ist einer der wichtigsten Faktoren des Elektromotors. Gerade im Rennboot, wo es auf die besonders optimale Ausnutzung der mitgeführten Energie ankommt, beeinflußt der Wirkungsgrad ganz wesentlich die Gesamt-Fahrleistung. Die Hersteller und Vertreiber bieten die Motoren meist mit Wirkungsgradwerten an, die phantastisch anmuten. In der Rennbootpraxis werden solch hohe Werte dagegen nie erreicht. Zur Ehrenrettung der Anbieter sei jedoch gesagt, daß der angegebene Wirkungsgrad im allgemeinen auch durchaus der Realität entspricht.
Wo liegt nun die Diskrepanz? Dazu betrachten wir einmal die Motorkennlinien etwas nä-

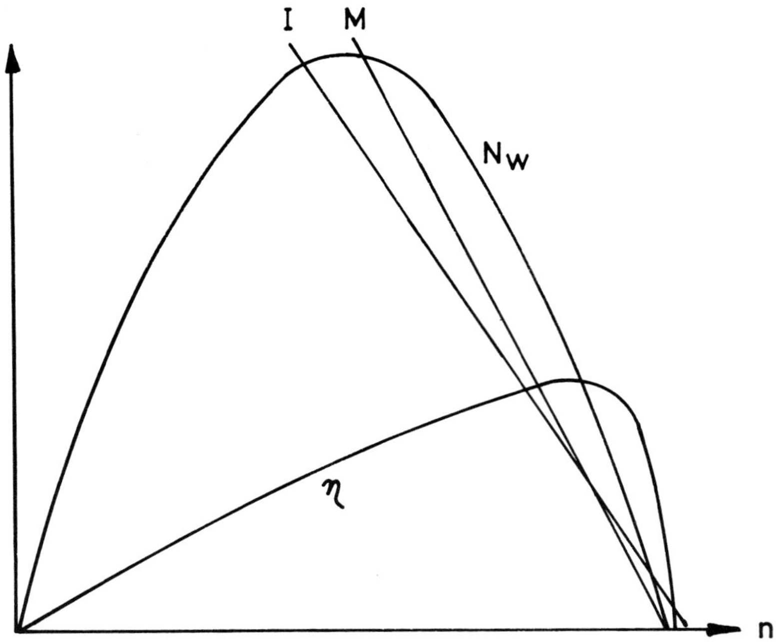

n = U/min. M = Drehmoment

η = Wirkungsgrad N_W = Wirkleistung

I = Motorstrom

Bild 113 Typische Kennlinien von Elektromotoren

her. Dabei ist zu erkennen, daß der maximale Wirkungsgrad niemals im Bereich der maximal möglichen abgegebenen Leistung liegt. Die höchstmögliche Leistung wird aber im Rennboot verlangt. Dadurch erklärt sich, daß der praktisch erreichte Wirkungsgrad vom theoretisch erzielbaren stark abweicht. In jedem Fall wird man eine Kompromißlösung anstreben, die je nach Anforderung, Kurzzeit-Hochleistung oder Langzeit-Mannschaftsrennen, unterschiedlich ausfällt.
Zum besseren Verständnis der Zusammenhänge beim Elektromotor soll nun im Folgenden auf die den Wirkungsgrad beeinflussenden Merkmale eingegangen werden. Der Wirkungsgrad beträgt niemals 100 %, das heißt, die elektrische Energie wird nicht voll in mechanische Energie umgesetzt. Die wesentlichen Verlustfaktoren, die bei der Umsetzung auftreten, sind:
— Eisenverluste
— Kupferverluste
— Bürstenverluste
— Reibungsverluste.

Eisenverluste

Unter den Eisenverlusten sind alle irgendwie im Eisen (Anker und Stator) des Motors auftretenden Verlustleistungen gemeint. Zu unterscheiden ist zwischen Ummagnetisierungs- bzw. Hystereseverlusten und den Wirbelstromverlusten.

Bild 114 Mabuchi 550 mit Getriebe, Luft- und Wasserkühlung

Ideal wäre in diesem Punkt ein eisenloser Anker, wie dies in den sogenannten Glockenankermotoren der Fall ist. Nur gibt es solche Motoren nur bis zu Leistungen von etwa 100 Watt. Die meisten Motoren sind mit Permanentmagneten als Stator ausgerüstet. Bestehen diese Magnete aus den billigeren Ferriten, so gibt es leicht Probleme mit der Übersättigung. Gefährlich sind hierfür vor allem hohe Einschaltstromspitzen, die mit der Zeit das Material bleibend entmagnetisieren, wodurch die Leistung wegen der zunehmenden Ummagnetisierungsverluste stark abnehmen kann. Deswegen wurden auch bis vor wenigen Jahren die stärkeren Motoren mit Feldwicklung an Stelle von Permanentmagneten versehen. Erst durch den Einsatz höherwertiger Materialien wie z. B. Samarium-Kobalt ist es möglich, dauerhafte Permanentmagnet-Motoren herzustellen. Diese sind im Preis zwar wesentlich höher, im Höchstleistungsbetrieb aber eben leider unumgänglich.

Kupferverluste

Die Kupferverluste entstehen durch den ohmschen Widerstand der Wicklung. Da die Wicklungsdrähte überwiegend nur aus wenigen Windungen und dickem Draht bestehen, ist der resultierende Widerstand und damit der Verlust im Verhältnis zu den übrigen Verlusten relativ klein. Zwar steigt der Verlust mit zunehmender Erwärmung infolge des positiven Temperaturkoeffizienten des Kupfers, jedoch ist die thermische Beanspruchung oft vernachlässigbar klein.

Bürstenverluste

Bedingt durch den Übergangs- und Durchgangswiderstand der Metallgraphit-Bürsten entsteht auf der Strecke Anschlußklemme — Kollektor ein Spannungsabfall von typisch 0,4 bis 0,6 Volt. Bei einem Strom von nur 10 Ampere z. B. resultiert dies in einem Verlust von bis zu 6 Watt, der rein in Wärme umgesetzt wird. Wenn man sich weiter überlegt, daß der Motorstrom 20, 30 oder gar noch mehr Ampere beträgt, dann ist die Wärmeproblematik an dieser Stelle erkennbar. Da der Bürstenverlust mit dem Quadrat des Stromes zunimmt, wird lieber mit höherer Spannung und dafür mit kleinerem Strom gefahren.

Reibungsverluste

Hier gibt es zwei Ursachen: Lagerreibung und Luftreibung. Die Lagerreibung läßt sich durch Wälzlager auf ein vernachlässigbares Maß bringen. Wesentlich preiswerter sind die selbstschmierenden Sinter-Gleitlager, die heute selbst bei den billigen Importmotoren relativ geringe Verluste bewirken. Ein nicht unbedeutender Faktor ist die Luftreibung durch den rotierenden Anker und evtl. zusätzlich angebrachte Luftkühlungsräder. Lagerreibung und Luftreibung nehmen mit der Drehzahl zu, gehen aber im Verhältnis zu den übrigen Verlusten nicht sehr wesentlich ein.

Die vorstehenden Erläuterungen haben gezeigt, daß im Elektromotor eine ganze Menge Energie auf der Strecke bleibt. Im praktischen Einsatz liegt der resultierende Wirkungsgrad zwischen 45 bis 65 %. Der Rest wird letztlich in Wärme umgesetzt. Damit zeigt sich schon die wesentliche Schwierigkeit des Hochleistungsbetriebs, die Wärme.
Das Wärmeproblem läßt sich auf zwei Arten meistern, durch Primär- und Sekundärmaßnahmen. Als Primärmaßnahme ist ein möglichst verlustarmer Betriebszustand sowie die Sicherstellung der Temperaturfestigkeit aller kritischen Teile anzusehen. Sekundärmaßnahme ist die Ableitung der Verlustwärme. Oft muß beides kombiniert werden. Weil mit zunehmender Erwärmung zumindest die Leistung zurückgeht, ist eine Fremdkühlung meist unabdingbar.

Kühlung

Zur Kühlung des Elektromotors gibt es zwei Möglichkeiten, die Wasser- oder die Luftkühlung. Ein Vergleich der Wärmetransportfähigkeit beider Medien fällt zugunsten des Wassers aus. Weil das Rennboot ohnehin vom Wasser umgeben ist, bietet sich die Wasserkühlung förmlich an. Wie kann nun eine Wasser- oder Luftkühlung wirksam am Motor angesetzt werden, bzw. in welchem Bereich ist die Wärmeabfuhr am notwendigsten?
Dazu betrachten wir nochmals das bei den Verlusten Gesagte. Demnach sind zwei Hauptwärmequellen vorhanden, der Übergang Bürsten/Kollektor und der Statormagnet. Durch die Erwärmung des Magnetes fällt zwar die Leistung nicht wesentlich ab, dafür können aber Lagerprobleme entstehen, wenn sich die Temperatur allzusehr aufschaukelt. Da außerdem der Magnet gewöhnlich von einem metallischen Mantel umschlossen ist, entsteht im Motorinneren ein Wärmestau, weil auch die Verlustwärme des Ankers und seiner Wicklung nicht abfließen kann. Zusätzlich kommt noch die über die Schlitzöffnungen nicht genügend abgeführte Bürstenwärme hinzu.
Als naheliegende Maßnahme wird deshalb meistens der Motormantel wassergekühlt. Schon oft wurden Vorschläge publiziert, nach denen nur ein paar Windungen Kupferrohr um den Motor geschlungen sind. Eine solche Kühlung kann nicht sehr wirksam sein, da der Wärmekontakt zwischen dem Rohr und dem Mantel viel zu gering ist. Für eine ausreichende Wärmeabfuhr ist zumindest ein richtiger Klemmkühlmantel zu verwenden, wie er bei den Verbrennungsmotoren eingesetzt ist. Wirklich optimal ist aber nur der fest integrierte Kühlmantel, bei dem das Wasser die Außenoberfläche des Motors direkt umspült.
Ein weiteres Problem ist die Kollektor-Bürstenwärme. Hier hilft die Wasserkühlung des Motormantels praktisch nichts. Trotzdem muß bei längerdauernder Hochstrombelastung die Wärme abgeführt werden, um die Zerstörung der Bürsten und des Kollektors zu vermeiden. Wenn bereits eine Wasserkühlung des Mantels vorhanden ist, braucht nur der Kühlkreislauf erweitert werden. Dazu sind die Bürstenhalter mit kurzen Rohrstücken zum Anschluß des Wasserschlauchs zu versehen. Natürlich bildet das durchfließende Wasser eine Strombrücke, jedoch ist der ohmsche Widerstand des Wassers ausreichend groß. Leider sind die Bürstenhalter oft so aufgebaut oder so schlecht zugänglich, daß eine Wasserkühlung nicht möglich ist. In diesem Fall läßt sich das Wärmeproblem nur mit Luftkühlung lösen. Dazu muß auf das kollektorseitige Wellenende ein Kühlpropeller aufgebracht werden. Nachstehend will ich am Beispiel des Motors Mabuchi 550 beschreiben, wie die Luftkühlung praktisch realisiert wird. Bedingt durch die Konstruktion der Bürsten, ist es bei den Mabuchimotoren nicht möglich, eine Wasserkühlung vorzunehmen. Deshalb verwende ich eine Kombination von Wasserkühlung des Mantels und Luftkühlung der Bürsten. Beginnen wir mit der Luftkühlung. Dazu ist der Motor durch

Bild 115 Wasserkühlung der Bürsten

Aufbiegen der kollektorseitigen Gehäuselaschen zu öffnen und der Anker mitsamt dem Lagerschild herauszunehmen. Aber bitte vorsichtig, damit die Bürsten dabei nicht beschädigt werden. Die Bürsten lassen sich nach behutsamem Heraushebeln der Sicherungsniete vom Lagerschild entfernen.

Damit der Motor überhaupt richtig Luft bekommen kann, werden die kupplungsseitigen Öffnungen des Motorgehäuses weiter ausgefeilt und das kollektorseitige Lagerschild mit Schlitzen versehen. Nun kommt die Frage, wie der Kühlpropeller zu befestigen ist. Normalerweise ist der auf der Kollektorseite herausragende Wellenstumpf viel zu kurz zur Aufnahme des Propellers. Also muß die Welle verlängert werden. Hierfür braucht man weder besonderes feinmechanisches Geschick noch spezielles Werkzeug. Zur Verlängerung der Welle wird ein Messingrohr mit 3,2 mm Innendurchmesser und 4 mm Außendurchmesser, ca. 12 mm lang auf den Wellenstummel aufgeschoben und mit Epoxykleber festgemacht. In das Rohrende kann dann ein 4 mm-Gewindestück zur Aufnahme des Propellers eingelötet werden. Das Gewindestück ist an einem Ende auf 3,2 mm abzusetzen, damit es in das Messingrohr paßt. Es ist zweckmäßig, zuerst zu löten und danach die ganze Verlängerung auf die Welle aufzukleben. Umgekehrt kann sich die Klebeverbindung beim Löten lösen. Als Propeller genügt eine gewöhnliche Rennschraube 40 X. Falls der Motor mit einem richtungsumkehrenden Getriebe bestückt ist, muß die Schraube linksläufig sein, damit sie in den Motor hineinbläst.

Die Welle hat jetzt natürlich einen größeren Außendurchmesser und paßt damit nicht mehr in das bisherige Gleitlager. Diese Gelegenheit benutzen wir, um die Welle mit Kugellager zu versehen. Geeignet ist ein handelsübliches Rillenkugellager (z. B. Ersatzteil von Schraubenwellen) mit 4 mm Innen- und 9 mm Außendurchmesser. Zur Montage wird erst das bisherige Gleitlager entfernt und die Bohrung des Lagerschildes mit der Rundfeile so weit aufgerieben, bis sich das Kugellager gerade eindrücken läßt. Es genügt wirklich Handarbeit, da die eventuell entstehende Unmittigkeit wegen des großen Ankerluftspaltes kein Problem bereitet. Nach Verkleben des Kugellagers mit Epoxy wird der Motor in umgekehrter Reihenfolge wieder zusammengebaut.

Ich habe schon einige Mabuchi-Motoren in dieser Weise gekühlt. Während normalerweise der Motor ungekühlt mit 10 NiCd-Zellen längere Zeit nur mit einer 35 mm-Schraube betrieben werden kann, so ist mit vorstehenden Maßnahmen ein Dauerbetrieb bis zur Schraubengröße 42,5 mm möglich. Selbst nach längerem Dauerbetrieb mit ununterbrochenem Batteriewechsel wird der Motor nur höchstens handwarm und entwickelt eine deutlich höhere Leistung.

Auswahl

Der Modellbaumarkt bietet inzwischen bereits eine erfreuliche Zahl von Motoren an, so daß die Auswahl manchmal schon wieder etwas schwierig ist. Die nachstehenden Hinweise sollen deshalb als eine Entscheidungshilfe dienen. Zuerst ist zu klären, welche Größenordnung bzw. Leistungsklasse für die jeweilige Anwendung überhaupt benötigt wird. Dabei lassen sich ganz grob folgende Leistungsbereiche klassifizieren:
Aufnahmeleistung:

bis	ca. 150 Watt	Klasse FSR-E 2 kg und F3- E
bis	ca. 300 Watt	Klasse F1- E 1 kg
ab	ca. 300 Watt	Klasse F1- E über 1 kg und FSR- E über 2 kg.

Im Bereich bis 150 Watt dominieren die preiswerten Fernostimporte, die gerade dem Anfänger einen finanzschonenden Einstieg in den Rennbootsport bieten. Für die kleine Mannschaftsrennklasse und den Figurenkurs genügen solche Motoren um die 20 DM (Mabuchi) vollauf. Die Belastbarbeit und Robustheit ist im Verhältnis zum Aufwand immer wieder verblüffend. Qualitativ höherwertiger und einen etwas besseren Wirkungsgrad haben drei deutsche Motoren in der Preislage zwischen 80 und 100 DM (Bühler, Robbe, Keller KE- Max).
Motoren zwischen 150 und 300 Watt sind bereits nicht mehr so billig zu haben. Um die erforderliche Standfestigkeit zu erzielen, bedarf es des Einsatzes höherwertiger Magnetmaterialien und Lagerung, die eben ihren Preis haben. Die großen Motoren über 300 Watt sind kaum unter 200 DM zu bekommen und werden meist in Kleinserien und ausschließlich aus speziellen Hochleistungsmaterialien gefertigt.
Nach der ersten Eingrenzung des Leistungsbereiches kommt es auf weitere Unterscheidungsmerkmale an: Drehzahlbereich, Spannungsbereich, Kurzzeitbetrieb oder Dauerläufer. Für die F1-Klassen z. B. benötigt man Motoren mit hoher Drehzahlfestigkeit. Dabei ist meistens auch eine hohe Versorgungsspannung mit kleinem Strom günstiger als umgekehrt. Hochtourige Motoren sollten kugelgelagert sein und einen ausgewuchteten Anker haben. Bei Hochstromanwendung über etwa 15 Ampere ist auf besonders kräftige Bürstenhalter und hochtemperaturfesten Kollektor zu achten. Kupferfedern mit aufgenieteten Bürsten und gelötete Kollektoren genügen da nicht mehr. Bei Gleitlagern ist das richtige Spiel wichtig, das weder zu klein (Heißlauf) noch zu groß (Vibration) sein darf. Bei Rundgehäusen soll die Manteloberfläche möglichst durchgehend glatt sein, damit sich die Wasserkühlung leicht aufbringen läßt. Gute Motoren haben ferner am abtriebsseitigen Lagerschild ordentliche Gewindebohrungen zur Befestigung. Ein Problem stellen manchmal zu schwach bemessene Anschlußelemente dar. Für die Funkentstörung ist es ideal, wenn der Motor bereits intern mit Entstörkondensatoren versehen ist. Ein weiteres Kriterium ist ferner die Korrosionsbeständigkeit. Auch aus Gewichtsgründen sind hier Lagerschilde aus Aluminium besser. Für die Reinigung und Wartung des Motors ist es vorteilhaft, wenn er sich mühelos ohne Spezialwerkzeug zerlegen läßt.

Selbstbau und Frisieren

Trotz des wirklich guten Angebotes der Industrie werden sich manche Profis ihre Motoren oft selbst herstellen oder zumindest handelsübliche Motoren entsprechend modifizieren. Selbst bei Eigenkonstruktionen wird jedoch meist auf industrielle Teile zurückgegriffen. Der Durchschnittsbastler hat z. B. kaum eine Möglichkeit, die für den Bau erforderlichen speziellen Materialien als Rohstoffe zu bekommen und sachgerecht zu verarbeiten. Er wird sich also aus verschiedenen Fertigerzeugnissen einen Motor nach eigenen Gesichtspunkten zusammenstellen. Denkbar sind dabei beliebige Kombinationen aus Rotor, Statormagneten und Bürsten. Ein dazu passendes Gehäuse samt Wellenlagerung ist ohne übermäßigen Aufwand selbst herzustellen.

Wer über weniger Werkzeugausstattung verfügt, kann zumindest handelsübliche Motoren verbessern. Wie eingangs schon gesagt, soll dies nicht heißen, daß die Standardausführung der Motoren unbedingt einer Verbesserung bedarf. Für den Normalbetrieb genügen sie vollauf den Anforderungen. Aber der letzte Schliff, der noch ein bißchen mehr herausholen soll, ist eben vor allem für die Billigprodukte in der Großserienfertigung viel zu aufwendig. Für die Nachbehandlung in Eigenarbeit kommen folgende Verbesserungen in Frage:

— Auswuchten des Ankers
— Umwickeln
— Kugellagerung
— Kühlung
— Gewichtsreduzierung
— Kollektor schleifen.

Jede dieser Maßnahmen kann für sich alleine bereits Verbesserungen in Leistung und Lebensdauer bringen, zum Teil auch nur in Kombination mit anderen.

Auswuchten des Rotors

Die fertigungsbedingten Toleranzen führen zu einer mehr oder weniger ausgeprägten Unwucht, welche Vibrationen erzeugt und die Wellenlager belastet.
Die Folge ist immer eine reduzierte Drehzahl. Die Unwucht läßt sich durch Anbohren des Ankers am Außenumfang des Rotors beseitigen. Dazu muß man erst mal wissen, wo gebohrt werden soll. Zur Lokalisierung der Unwucht wird der Anker mit seiner Welle auf zwei hochkant in ein Stück Holz gesteckte Rasierklingen gelegt. Auf den scharfen Klingen kann jetzt der Anker auspendeln und zeigt damit seinen Schwerpunkt an. Die Prozedur Prüfen/Nacharbeit ist solange zu wiederholen, bis der Anker nicht mehr fühlbar in eine Vorzugsrichtung auspendelt.

Umwickeln des Ankers

Läßt sich eine Abstimmung der Antriebselemente Motor/Getriebe/Schraube nicht realisieren, bleibt nur noch die Änderung der Ankerwicklung. Für den Modellbauer ist es schwierig, die dazu eigentlich erforderlichen Berechnungen anzustellen. Er wird daher mit Versuchen die günstigste Lösung anstreben.
Soll z. B. der Motor weniger Strom aufnehmen und niedriger drehen, so muß die Windungszahl erhöht werden. Die Wicklungsenden sind gewöhnlich am Kollektor punktgeschweißt. Nach Aufbringen einer neuen Wicklung kann in Eigenarbeit meist nur gelötet werden. Deswegen ist schon vor einer solchen Umbaumaßnahme sorgfältig zu prüfen, ob im späteren, evtl. heißeren Betrieb die Lötverbindung ausreicht. Andernfalls ist unweigerlich mit einem Ausfall zu rechnen. Ein weiterer nicht zu vernachlässigender Faktor ist die Festigkeit der Wicklung. Infolge der hohen Drehzahl zerren beachtliche Fliehkräfte an den Drähten. Dabei besteht die Gefahr, daß der Draht nach außen zwischen Anker und Stator gerät und den Motor blockiert. Die Windungen sind daher entsprechend zu sichern, am besten durch Eintauchen in Kunstharz mit ausreichender Temperaturfestigkeit.

Kugellagerung

Einfache Gleitlager haben den Nachteil größerer Reibungsverluste und Temperaturabhängigkeit. Mit dem nachträglichen Einbau von Kugellagern lassen sich diese Nachteile verringern. Bei der Auswahl ist jedoch auf Drehzahlfestigkeit zu achten. Auch sollten die Kugelkäfige nicht aus Kunststoff sein. Am besten sind gekapselte Ausführungen. Mit der Umstellung auf Kugellager können gleich eventuell vorhandene Stahl-Lagerschilder

Bild 116 Leichtbauweise im 1 kg-Boot

durch solche aus Aluminium ersetzt werden. Das Einsetzen der Lager kann durch Einpressen mit nicht zu strengem Paßsitz oder mit Kleben erfolgen.

Kühlung

Hier ist zunächst zu prüfen, ob überhaupt und wieweit eine Kühlung nützlich ist. Eventuell kann durch Verwendung eines Untersetzungsgetriebes ganz darauf verzichtet werden. Sind Kühlmaßnahmen unumgänglich, so ist hier sorgfältigster Aufbau zur Sicherstellung der Funktion oberstes Gebot. Zum Bau der Kühlmäntel und Schlauchstutzen sind nur nicht korrodierende Materialien zu verwenden.

Gewichtsreduzierung

Aus Gründen einer preiswerten Fertigung sind vor allem billige Motoren manchmal mit recht schweren Eisenmänteln umgeben. Ein Ersatz durch Aluminium ist fast immer möglich, die Verringerung des magnetischen Flusses meist gering. Zusätzliche Aussparungen bringen weitere Gewichtseinsparung. Profis ersetzen sogar die Ankerwelle durch eine Hohlwelle, einfaches Durchbohren ist kaum zu realisieren, da viele Wellen gehärtet sind. Natürlich darf man das Ganze nicht übertreiben, damit die Mindeststabilität noch gewährleistet bleibt.

Kollektor schleifen

Die Kollektoren handelsüblicher Motoren sind gelegentlich nur grob überdreht, mit in den Lamellennuten verbliebenem Grat. Die Riefen in den Lamellen arbeiten sich zwangsläufig in die Bürsten ein. Wenn nun im Lauf die Ankerwelle axial nur geringfügig versetzt, hüpfen die Bürsten, übertrieben betrachtet, auf den Riefen der Kollektorlamellen hin und her. Dabei nehmen der Übergangswiderstand und das Bürstenfeuer zu. Ein nicht sauber

Bild 117 Graupner 426, ein Motor der Billigklasse

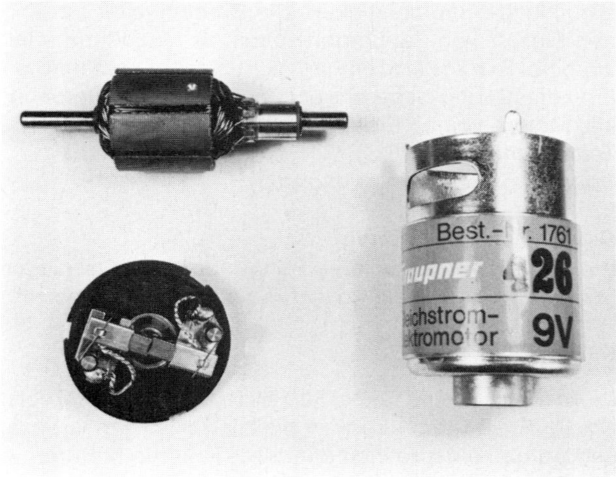

geschliffener Kollektor sollte deshalb grundsätzlich nachgearbeitet werden, bevor der Motor in Betrieb genommen wird. In schlimmen Fällen muß erst überdreht werden. Bei nur feinen Riefen genügt Handschleifen mit feinem Naßschleifpapier (Körnung mindestens 400, aber natürlich trocken), im letzten Arbeitsgang unter Beigabe von Poliermittel. Eventuell vorhandenen Grat in den Lamellennuten entfernt man vorsichtig mit einer feinen Reibahle oder Ähnlichem. Der Zustand des Kollektors ist auch später öfters zu überprüfen und gegebenenfalls nachzuarbeiten.

Permax 150

Der Permax 150 im Vertrieb der Firma Multiplex (baugleich mit Graupner Typ 426) ist etwas stärker und größer als der kleine Mabuchi 550. Mit dem 7poligen Anker und richtigen Bürstenhaltern weist er auch einen höheren Wirkungsgrad bei höherer Strombelastbarkeit auf. Eine Besonderheit in dieser Billigklasse ist der sauber ausgewuchtete Anker. Damit wird ein ruhiger, vibrationsarmer Lauf erzielt. Die 5 mm starke Welle ermöglicht die Anpassung an kräftige Kupplungen.
Technische Daten:
Betriebsspannung: 8 — 14 V,
Max. Strom: 16 A.
Günstigste Ausrüstung für FSR-E: 2 mal 10 Zellen parallel, Schraube 40; Max. Belastbarkeit für Speed (1 Min.): 14 Zellen; Schraube 37,5 X; Gewicht: 260 Gramm

Keller 30/8 und 30/12

Die Profimotoren der Firma Keller sind weniger zum Spazierenfahren geeignet, da ihr Leerlaufstrom wegen der enorm starken Samarium-Kobalt Magnete relativ hoch ist, was in einem niedrigen Wirkungsgrad bei kleinen Leistungen resultiert. Die Stärke dieser Motoren liegt deshalb im Hochleistungsbereich der F 1-Klassen. In der Klasse F 1 bis E 1 kg dominieren die Keller-Motoren mit der Bezeichnung 30/8 und 30/12. Darin bedeuten die 30 eine Belastbarkeit bis etwa 300 Watt und die 8 bzw. 12 die Nennbetriebsspannung. Belastbar sind die Motoren jedoch mit weit höheren Spannungen. Im 1 kg-Boot kommen bis zu 26 Zellen vor. Für den Preis von rund 200 DM läßt sich natürlich eine aufwendige Technik realisieren. Kräftige Kugellager und hochtemperaturfeste Kollektoren in Verbindung mit ausreichend dimensionierten Bürsten gewährleisten eine den Anforderungen ent-

sprechende Standfestigkeit. Die Bürstenhalter lassen sich leicht wasserkühlen. Durch den Einsatz von Samarium-Kobalt als Magnetmaterial ist ein Nachlassen der Leistung auch bei Extrembestromung nicht zu beobachten. Die für den Normalfall ausreichende Funkentstörung ist bereits serienmäßig in den Motor integriert. die Firma Keller bietet für alle Motoren einen Ersatzteil- und Reparaturservice an.
Technische Daten:
Spannung: 6 bis 25 V (kurzzeitig)
Strom: bis 30 A
Gewicht: ca. 250 Gramm
Die günstigste Bestückung hängt stark vom jeweiligen Anwendungsfall ab. Passende Schrauben für F 1-E 1 kg werden oft selbst hergestellt.

Keller 50/14 und 50/24

Diese Motoren sind für ca. 500 Watt und 14 bzw. 24 Volt Nennspannung ausgelegt. In der Klasse F 1-E über 1 kg wird bis zur zulässigen Grenze von 42 V gefahren. Ausführung und Aufbau entsprechen dem der kleineren Motoren von Keller. Bei beiden ist der Magnetismus bereits so stark, daß sich die Welle von Hand nicht mehr durchdrehen läßt. Die Motoren sind kurzzeitig bis zu 35 Ampere belastbar. Es können Schrauben bis zu 45 X eingesetzt werden.

Robbe Elt Max 30 und 50

Diese Motoren der mittleren Preisklasse sind besonders interessant für FSR — E. Der Aufbau ist qualitativ hochwertig mit dem 10teiligen Anker und kräftigen Bürsten. Etwas nachteilig ist das relativ hohe Gewicht des Mantels und der Lagerschilde. Der Praktiker kann jedoch ohne große Mühe einiges an Gewicht abspecken, falls erforderlich.
Nach Gewichtsreduzierung und mit einer Getriebeuntersetzung von ca. 1:2,5 ist der Elt Max 30 ein preiswerter Antrieb für FSR — E 2 kg.
Technische Daten:
Spannung: ca. 12 bis 25 Volt
max. Strom, kurzzeitig: 23 A
Gewicht: 340 bzw. 530 Gramm
Schrauben bis 40 X

Robbe Elt Max 50/14 SE und 50/20 SE

Diese beiden neuen Spitzenerzeugnisse von Robbe sind ähnlich den Keller-Motoren konzipiert und mit Samarium-Kobalt-Magneten ausgerüstet. Auffallend ist das relativ geringe Gewicht von nur etwa 330 Gramm.
Robbe bietet für diese Motoren einen Reparatur- und Ersatzteilservice an. Die Wicklung und der Kollektor sind hochtemperaturfest. Da der Mantel zu den Lagerschilden hin praktisch nur aus schmalen Stegen besteht, wird die Wärme sehr gut abgeführt. Die Bürstenhalter mit ordentlichen Andruckfedern für möglichst gleichbleibenden Bürstendruck sind wegen des günstigen konstruktiven Aufbaus leicht mit Wasserkühlung auszurüsten. Kräftige Kugellager und sauber ausgewuchtete Anker (12polig) geben den Motoren einen ruhigen Lauf. Wie bei den kleinen Mabuchi-Motoren ist ein Rückschluß-Blechring auf den Mantel aufzuschieben, der den Wirkungsgrad bei größeren Leistungen verbessert.

Technische Daten:	50/14 SE	50/20 SE
Spannungsbereich:	8—22 V	12—35 V
max. Strom, ohne Kühlung:	12 A	12 A
max. Strom, mit Kühlung:	27 A	23 A
Gewicht:	330 Gramm	330 Gramm

Bild 118 Hochleistungsmotoren mit Samarium-Cobalt Magneten, Typen 50/14 SE und 50/20 SE von Robbe

Keller 100/35

Dieser Motor ist derzeit der größte Motor aus deutscher Fertigung. Mit einer kurzzeitig zulässigen Aufnahmeleistung von bis zu 1500 Watt ist er für die Klasse F 1-E über 1 kg geeignet.
Technische Daten:
Spannung: bis 42 V
Strom: bis 35 A
Gewicht: 700 Gramm
Schrauben bis 50 X

Mabuchi 550

Dieser Billigst-Motor ist der kleinste der derzeit in Elektrorennbooten gebräuchlichen Motoren. Mit einem Preis unter 20 DM spricht er gerade Anfänger und den Nachwuchs an. Der Motor ist gut geeignet für FSR-Rennen der kleinen Klasse und stellt eine Art Standard dar in den Baukastenmodellen wie MINISPEED, AVANTI, PROPPY, HAI und ähnliche. Manche Modellbaufirmen liefern ihn mit Untersetzungsgetriebe von 1:1,5 bis 1:3. Damit ist der Motor gerade für längerdauernde SR-Rennen (15 Minuten) bestens geeignet. Mit der Untersetzung steigt der Wirkungsgrad erheblich und auf eine Kühlung kann evtl. verzichtet werden. Der Mabuchi 550 hat einen 3poligen Anker. Die Kugelkalotten-Gleitlager aus Sinterbronze sind selbstschmierend und zeichnen sich durch ausgezeichnete Passung aus. Der Kollektor ist für normale Beanspruchung ausreichend temperaturfest.
Technische Daten:
Spannung: 6 bis 12 V
Strom, ohne Kühlung: 10 A
Strom, mit Kühlung: kurzzeitig bis 18 A
Leistung: ca. 12 000 U/min mit Schraube 40 Durchmesser und 10 Zellen.
Bester Wirkungsgrad: Schraube 35 Durchmesser und 8 Zellen.
Höchste Leistung (nur gekühlt): 10 Zellen, Schraube 45 mm.
Für 15-Minuten-Rennen: 2 mal 10 Zellen parallel, Getriebe 1:2, Schraube 35 X.

Bild 119 Robbe GZ 1200, Kleinmotor für höchste Drehzahlen

Robbe GZ 1200

Dieser kleinste Rennmotor von Robbe ist japanischen Ursprungs und wurde ursprünglich für RC-Cars konzipiert, ist aber auch gut für kleinere Elektrorennboote geeignet. Er stellt ein hervorragend gearbeitetes Präzisionsstück dar, mit gedrehten Alu-Lagerschilden, Kugellagern und sauber ausgewuchtetem Anker. Als Besonderheit ist ein innenliegendes Lüfterrad zu erwähnen. Der Motor ist für höchste Drehzahlen ausgelegt und läuft dabei außergewöhnlch ruhig. Um die hohe Drehzahl auszunutzen, ist ein Untersetzungsgetriebe notwendig, im Bereich von etwa 1:2,5 bis 1:3,5. Die Betriebsspannung kann kurzzeitig bis zu 12 Volt betragen. Bei Nennspannung von 7 Zellen ist ein kurzzeitiger Spitzenstrom bis zu 21 A zulässig. Bei Verwendung eines Getriebes, i = 1:3,5 und maximal 10 Zellen kann der Motor in der kleinen FSR-E Klasse eingesetzt werden. Denkbar ist auch die Anwendung für F 1-E 1 kg, wenn ohne Getriebe kleine Schrauben, z. B. 25-30 mm verwendet werden.
Der Motor zeichnet sich durch eine hervorragende Drehzahlfestigkeit aus. Auf die schraubbaren Bürstenhalter läßt sich eine Wasserkühlung einfach außen anbringen.
Technische Daten:
Spannung: 4 bis 9 V, kurzzeitig bis zu 12 V
Strom: ungekühlt 16 A, gekühlt kurzzeitig bis zu 25 A
Leerlaufdrehzahl: bis knapp 30 000 U/min
Gewicht: 160 Gramm

Funk-Entstörung

Elektromotorische Antriebe erzeugen Funkstörungen. Mit Funkstörung sind alle ungewollten und unkontrollierten Vorgänge gemeint, die im Schiffsmodell auftreten können. Es handelt sich also nicht um Störungen von außen her, sondern um die im Boot selbst erzeugten. Erfahrene Modellbauer wissen ein Lied von den damit verbundenen Problemen zu singen. Obwohl die heutige Fernsteuerungstechnik wesentlich unempfindlicher gegen Störeinflüsse ist als noch vor 15 Jahren, ist diesem Komplex doch immer noch besondere Aufmerksamkeit zu widmen.
Boote mit Verbrennungsmotor sind von solchen Problemen weniger betroffen. Hier können bestenfalls die Servomotoren Störungen auslösen, was aber nie auftritt, solange die Anlage in Ordnung ist. Ganz anders sieht es bei Elektrorennbooten aus. Dort erzeugt der Antriebsmotor beträchtliche Störpegel. Welche Arten, Ursachen und Auswirkungen von Funkstörungen können nun denn eigentlich auftreten?

Bild 120 Mabuchi 550, ordentlich entstört mit Drosseln und 3 Kondensatoren

Um die Zusammenhänge besser zu verdeutlichen, müssen wir etwas in die Physik einsteigen. Dies ist notwendig, um gezielte Maßnahmen treffen zu können. An elektrischen Störungen, die durch Motoren entstehen, unterscheiden wir drei verschiedene Arten von Ursachen:

— die geleitete Störspannung durch direkte Übertragung auf Leitungen.
— die gestrahlte Störung durch:
a) elektrisches Feld
b) magnetisches Feld.

Zum Verständnis dieser Störkomponenten betrachten wir erst mal die Entstehung bzw. deren Ursache. Die Drehbewegung eines Elektromotors kommt dadurch zustande, daß die von dem Motoranker (Rotor) gebildeten Elektromagnete in bestimmter Reihenfolge nacheinander bestromt werden und sich in Verbindung mit dem Statormagneten in Drehrichtung abwechselnd abziehen und abstoßen. Das Umschalten des Stromes im richtigen Augenblick, auch Kommutierung genannt, besorgt der Kollektor in Verbindung mit den Bürsten. Bei jedem Umschaltvorgang passiert nun der gleiche Vorgang, den wir von der Kfz-Zündung her kennen. Mit dem Öffnen des Stromkreises entsteht durch die Induktivität der Wicklung eine Spannungsspitze, deren Energie sich über dem öffnenden Kontakt lichtbogenförmig entlädt. Bei Gleichstrommotoren ist der Effekt um so ausgeprägter, je geringer die Polzahl (Zahl der aktivierbaren Elektromagnete) ist. Bei zunehmender Polzahl wird die Funkenbildung geringer, weil gleichzeitig mehrere Spulen bestromt sind und dadurch mit dem Weiterdrehen der Kollektorlamellen der jeweilige Stromabriß an den Bürsten geringer ist.

Mit dem sogenannten Bürstenfeuer entstehen hochfrequente Spannungen, die direkt über die Motorleitungen zur Empfangsanlage gelangen, wenn die Stromversorgung von Antrieb und Fernsteuerung miteinander verbunden ist. Weiter wirken die Zuleitungen wie eine Sendeantenne und strahlen die Hochfrequenz ab.

Wie das mit einem Spektrumanalysator erstellte Diagramm zeigt, überstreichen die Störungen ein riesiges Frequenzspektrum mit unterschiedlichen Pegeln. Dabei kann im ungünstigsten Fall ein Maximum an Störspannung ausgerechnet im Bereich einer benutzten Fernsteuerfrequenz liegen, im vorliegenden Beispiel bei 40 MHz. Solche Störungen überlagern sich dem empfangenen Nutzsignal über die Masseleitungen oder aufgefangen von der Antenne her. Die Folge ist das Zappeln der Servos bis hin zur Nichtsteuerbarkeit des Bootes. Mit zunehmender Entfernung des Senders wird der Störeffekt größer, da das Feldstärkenverhältnis von Nutz-/Störsignal sich zuungunsten des Steuersignals verschiebt.

Die vorgenannten Probleme lassen sich beseitigen bzw. bis zur Unwirksamkeit verringern, indem man am Motor geeignete Entstörmaßnahmen trifft. Dies kann je nach Bedarf

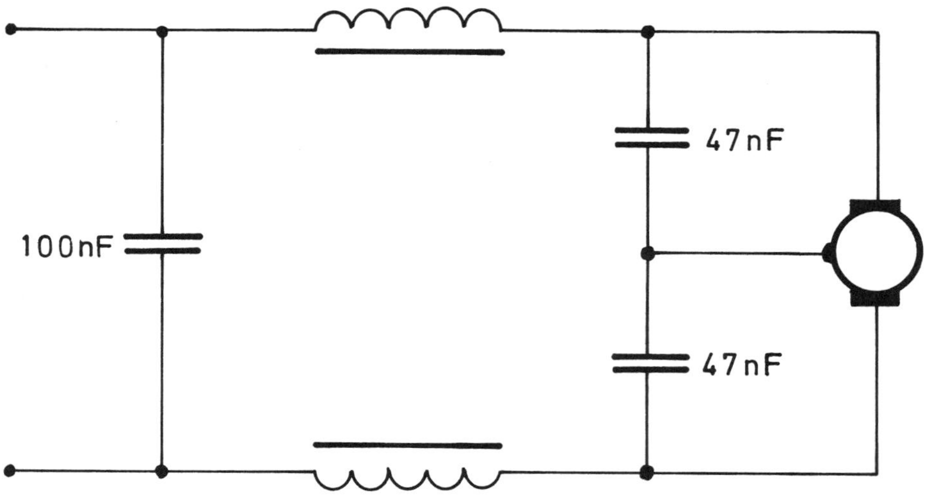

Bild 121 Schaltung Entstörfilter. Die Spulen sind Breitbanddrosseln, z. B. von Valvo

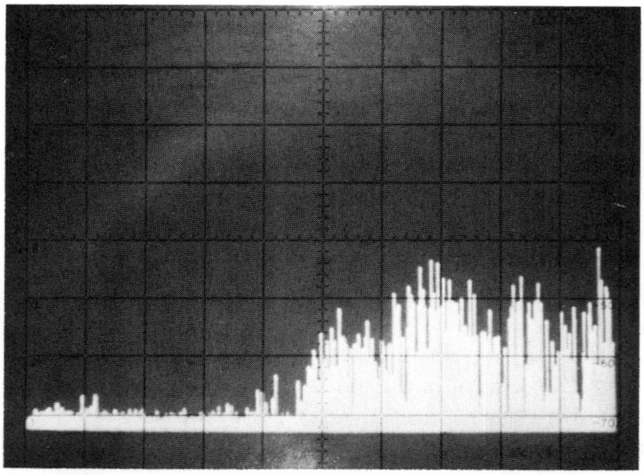

Bild 122 Motor-Störspannung, Beispiel Mabuchi 550
Maßstab: 1 cm = 10 dB
(vertikal)
0–100 Mhz
(horizontal)

1. Messung: ungeerdet
Störspannungen
(über 1 V)
27 Mhz – 1 dB
40 Mhz – 5 dB

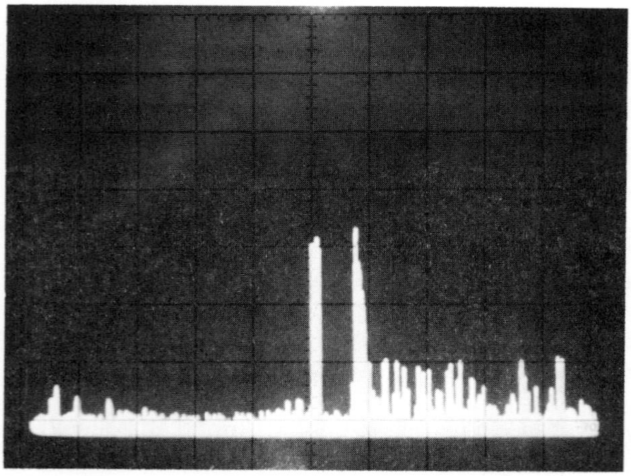

Bild 123 2. Messung: geerdet
Störspannungen:
27 Mhz – 1 dB
40 Mhz – 1 dB

in mehreren Schritten erfolgen. Das Mindeste ist ein Kondensator über die Anschlußpole des Motors. Weitere Verbesserung bringen je ein Kondensator von den Anschlüssen zum Motorgehäuse. In den meisten Fällen genügt bereits diese Konfiguration. Zu beachten ist aber grundsätzlich, daß die Anschlüsse der Kondensatoren so kurz wie möglich gehalten sind, denn jede Zuleitung bildet schon wieder eine Antenne. Ein nächster Schritt wäre das Einfügen von Drosseln in die Zuleitungen. Solche Drosseln bestehen aus Ferrit-Körpern mit wenigen Windungen Draht. Der motorseitige Anschluß ist ebenfalls ganz kurz zu verbinden.
Komplette Filter mit Drosseln und Kondensatoren bietet der Modellbaufachhandel in Abstufungen für die gängigen Leistungsgrößen. Auch bei diesen gilt der Grundsatz, möglichst geringe Entfernung zum Motoranschluß. Für den Selbstbau von Filtern können nur Richtwerte genannt werden, da das Störspektrum sich mit Strom, Drehzahl, Polzahl und Belastung stark ändert. Selbst in schlimmen Fällen genügen aber bereits wenige Versuche zur Optimierung.
Bei Betrieb des Motors mit Fahrtregler kommt noch hinzu, daß hierbei der Motor üblicherweise mit pulsförmigem Gleichstrom betrieben wird. Durch die meist steilen Anstiegsflanken der Stromimpulse entstehen ebenfalls hochfrequente Störspannungen, welche die Motorleitungen abstrahlen. Gibt es dadurch Probleme, hilft folgende einfache Lösung. Die Endstufe des Fahrtreglers wird von der übrigen Elektronik abgetrennt und direkt beim Motor untergebracht. Mit dieser Maßnahme werden die großen pulsförmigen Ströme von längeren Leitungen ferngehalten. Nebenbei läßt sich die Kühlung des Endtransistors elegant in den Kühlwasserstromkreis des Motors miteinbeziehen.
Wird der Empfänger aus der Fahrbatterie mitversorgt, muß auf jeden Fall der Spannungsregler gegenüber dem Empfänger durch Drosseln sauber entkoppelt sein. Besser ist eine eigene Empfängerbatterie und zusätzlich die Trennung des Fahrtregler-Impulsteils über Optokoppler.
Selbst wenn ein Motor mit Filter ordentlich bestückt ist, kann es zu weiteren Störungen kommen. Besonders Motoren, die keinen geschlossenen Metallmantel haben, strahlen Hochfrequenz direkt ab. Deswegen sind Typen mit Metallgehäuse grundsätzlich vorzuziehen. Und trotzdem gibt es gelegentlich Schwierigkeiten. Dies hängt damit zusammen, daß das als Abschirmung wirkende Gehäuse nicht geerdet ist, sondern mit seiner Masse eine Kapazität gegenüber Erdpotential bildet und damit praktisch elektrisch gesehen in der Luft hängt. Im Notfall läßt sich das Problem durch Auslegen von Kupfer- oder Alufolie am Rumpfboden im Bereich des Motors lösen. Der Motor ist leitend mit der Folie zu verbinden.
Der Einfluß des magnetischen Feldes kann wegen des geschlossenen Aufbaus des Motors und demzufolge homogenen Kraftlinienverlaufs meist vernachlässigt werden. Es sollte jedoch selbstverständlich sein, daß man im Elektrorennboot den Empfänger nicht auf dem Motor lagert, sondern möglichst weit hinten im Boot unterbringt. Das gleiche gilt für die Antenne. Diese wird ganz achtern und leicht rückwärts geneigt angeordnet.

Ich hoffe nun, nicht allzu wissenschaftliches Zeug geredet zu haben, und will deshalb im Folgenden nochmals die wichtigsten Grundregeln für die Praxis zusammenfassen:

— nur Motoren mit geschlossenem Metallmantel verwenden.
— Entstörkondensatoren mit kurzen Anschlüssen montieren.
(Motoren der Firma Keller sind bereits intern ausreichend versorgt)
— keine langen, hochstromführenden Leitungen, gegebenenfalls Fahrtregler Endstufe direkt beim Motor.
— Empfangsanlage weit vom Motor entfernt unterbringen.
— Antenne und Empfängerkabel nicht parallel zu Motorleitungen.

Zuverlässigkeit

Die Zuverlässigkeit ist heute in zunehmendem Maße ein entscheidender Faktor in allen Bereichen der Technik. So sind auch gerade für den Modellbauer mit seinen Hochleistungsanforderungen Betrachtungen über die Zuverlässigkeit bei der Konstruktion, dem Bau und Betrieb von Rennbooten von besonderer Bedeutung.
Was versteht man nun eigentlich unter Zuverlässigkeit? Auf einen einfachen Nenner gebracht, ist die sogenannte technische Zuverlässigkeit die Zeitkomponente der Qualität. Neben der ursprünglichen Funktionsfähigkeit aller Komponenten im Modell ist diese also auch über einen ausreichend großen Zeitraum sicherzustellen. Jeder aktive Teilnehmer an Wettbewerben kennt das Ärgernis, wenn ein vermeintlich gut dimensioniertes Einzelteil ausgerechnet im entscheidenden Moment ausfällt. Da hilft kein Schimpfen auf die Technik, sondern nur sorgfältiges Abwägen der jeweiligen Risiken.
Vor allem die sogenannten Verschleißteile sind auf ihre Einsatzbedingungen kritisch zu prüfen. Ferner sollten diese Teile möglichst wartungsfreundlich montiert werden, um gegebenenfalls schnell austauschbar zu sein. Wer ganz sichergehen will, wechselt empfindliche Teile grundsätzlich vor entscheidenden Wettbewerben.
Die Hauptfeinde der Ausrüstung im Rennboot sind der Einfluß der Temperatur, Vibration und, gerne vernachlässigt, des Wassers. Als markante Beispiele hierfür seien verbrannte Kollektoren bei Elektromotoren, gelöste Motorträger bei Verbrennungsmotoren und nichtfunktionierende Fernsteuerung wegen eingedrungenem Wasser genannt.
Prinzipiell sollte sich jeder Modellbauer die Weisheit ›Vorbeugen ist besser als heilen‹ zum Grundsatz machen. Das heißt also, daß bereits bei der Konstruktion entsprechende Maßnahmen zu treffen sind. Wenn man sich bei manchen Einzelheiten nicht ganz sicher ist und keine Erfahrungen von Kollegen vorliegen, ist es besser, lieber mal etwas mehr

Bild 124 So sieht es in einem ordentlich ausgerüsteten Boot aus. Der Anlasserriemen kann sich kaum irgendwo verheddern. Der Motor ist sauber mit Schwingelementen aufgehängt.

Aufwand in Richtung Sicherheit zu treiben. Sonst muß man letzten Endes doch nur eine Menge Lehrgeld zahlen. Vor allem die kleinen, nebensächlich erscheinenden Details sind es, die unserer besonderen Aufmerksamkeit bedürfen. Viele Siege wurden schon verschenkt durch zuviel Vertrauen auf das Glück und großzügiges Übergehen von Fehlerquellen.
Nachfolgend will ich nun einen Überblick geben, was denn da so alles passieren kann, jeweils in Verbindung mit Tips zur Vermeidung von Enttäuschungen. Die erfahrenen alten Hasen werden natürlich (oder hoffentlich?) viele Fehler bereits kennen, aber vielleicht ist ein gelegentlicher Denkanstoß manchmal ganz heilsam.

Motorhalterung

Vor allem Verbrennungsmotoren erzeugen, bedingt durch Unwucht und unregelmäßigen Arbeitstakt, beträchtliche Schwingungen, welche der gesamten Bootsausrüstung zum Teil unzulässig hohe Vibrationsbelastungen aufbürden. Hauptsächlich betroffen hiervon ist die Lagerung des Motors. Erschwerend ist weiter die Tatsache, daß in bestimmten Drehzahlbereichen Resonanzen auftreten, die bei unausgewogener Befestigung auf die Dauer zum Lösen der Motorhalterung führen können. Zumindest aber werden die weiterführenden Elemente wie Kupplung, Welle und Lagerung stark in Mitleidenschaft gezogen. Gleichzeitig entsteht eine hohe Geräuschentwicklung. Zur Vermeidung größerer Vibrationskräfte sollen zunächst erst mal primäre Maßnahmen getroffen werden. Das heißt, z. B. sorgfältiges Auswuchten der gesamten Antriebsaggregate.
Verbrennungsmotoren kann man zwar einfach auf ein mehr oder weniger dickes Blech setzen und dieses dann im Rumpf festkleben. Für kleine Motoren bis zu etwa 2 ccm mag das oft ausreichend sein. Zumindest aber sollte der Motorträger sauber an den Rumpf angepaßt werden. Als vorteilhaft hat es sich erwiesen, die Motorhalterung gleich bei der Anfertigung der Rumpf-Unterschale mit einzuformen. Auf vertikale Belastbarkeit ist besonders zu achten, damit die Befestigung nicht schon beim Anlaßvorgang nachgibt. Die Stärke der Verbindungsstelle Halterung / Rumpf ist etwas Erfahrungssache, da sie wesentlich von der Gesamtstabilität des Rumpfes abhängt. Einerseits soll der Motor nicht in Schwingung geraten, zum anderen aber die auftretende Vibration nicht zu stark an den Rumpf weitergeben.
Größere Verbrennungsmotoren sollten grundsätzlich auf einem stabilen Motorbock montiert werden, der über Schwingelemente im Rumpf befestigt ist. Der Rumpfboden muß an den Befestigungspunkten selbstverständlich ausreichend stabil sein. Wird die Motorhalterung eingeklebt, so muß die Klebestelle genügend wärmefest sein bei dauerhafter Kraftstoffbeständigkeit. Bewährte Motorträgersysteme hat einer der erfolgreichsten Rennbootfahrer, Kurt Reichert aus Augsburg, entwickelt.
Elektromotoren laufen von Natur aus allgemein vibrationsärmer als Verbrennungsmotoren. Bei der Dimensionierung der Motoraufhängung wird jedoch gerne nicht beachtet, daß der Elektromotor aus dem Stand heraus ein wesentlich höheres Drehmoment entwickelt. Fährt man noch dazu ohne Fahrtregler, kann der gesamte Antrieb bei ungenügender Montage durch die schlagartige Belastung im Einschaltmoment schnell Schaden erleiden. Zweckmäßige Halterungen für Elektromotoren sind die stirnseitige Befestigung auf einem eigenen Motorspant sowie Prismenaufnahmen mit Halteschelle. Hier wird es meist Kompromisse geben, besonders wenn es um möglichst geringes Gewicht geht. Es gilt dabei sorgfältig abzuwägen, wieviel man zugunsten des Gewichtes an Zuverlässigkeit zu opfern bereit ist.

Antriebselemente

Im gesamten Kraftübertragungsweg vom Motor bis zur Antriebsschraube stecken mehrere Fehlerquellen. Betroffen sind die Elemente Kupplung, Getriebe, Welle, Wellenlagerung und Schmierung und am Ende die Antriebsschraube.

Bei der Auswahl und Dimensionierung dieser Teile darf man bezüglich Zuverlässigkeit niemals jedes für sich alleine betrachten. Da bekannterweise das schwächste Glied in der Kette die Gesamthaltbarkeit bestimmt, müssen die Übertragungselemente eine sauber aufeinander abgestimmte Einheit bilden.
Das Hauptproblem ist nach wie vor die Kupplung. Vor allem bei Systemen, bei denen unterschiedliche Materialien ineinandergreifen, kann hoher Verschleiß auftreten. Auch wenn gehärtete Stahlteile verwendet werden, muß der Härtegrad möglichst gleich sein. Kupplungen dürfen allgemein nicht auf Druck oder Zug belastet werden. Gegebenenfalls ist die Welle mit Stellringen zu sichern, damit sie im Betrieb nicht wandern kann. Wichtig ist ferner, daß die Kupplung möglichst kurz gelagert ist, damit sie nicht infolge Unwucht in Verbindung mit einem zu langen Wellenende in Schwingung gerät. Kardan-Gelenke sollen ebenfalls eine geringe Gesamtlänge aufweisen. Besonders wenn keine Doppelgelenke vorhanden sind, ist es wichtig, daß Antriebswelle und Motorwelle genau fluchten. Dadurch werden in erster Linie die Lagerstellen des gesamten Antriebs geschont. Für größere Leistungen haben sich Doppelgelenkkupplungen bewährt, bei denen die Mitnehmerzapfen abgeflacht sind. Wegen der größeren Reibfläche ist der Verschleiß wesentlich geringer als bei runden Zapfen.
Für geringere Antriebsleistungen, zum Beispiel bei kleinen Elektrorennbooten, genügen die preiswerten Gelenkkupplungen aus Kunststoff von den Firmen Graupner und Robbe. Nur sind bei diesen schlagartige Belastungen unbedingt zu vermeiden, da sie sonst eventuell brechen können.
Bei Einsatz von Untersetzungsgetrieben ist durch konstruktive Maßnahmen sicherzustellen, daß kein Fremdkörper in die Zahnräder gelangt. Ähnliches ist für den Anlasser-Riemen zu berücksichtigen, der sich im ungünstigen Fall irgendwo verwickeln kann. Gegebenenfalls helfen hier Abdeck- beziehungsweise Leitbleche.
Die Antriebswelle benötigt einen bestimmten Minimaldurchmesser, der weniger im zu übertragenden Drehmoment zu begründen ist, sondern vielmehr in der erforderlichen Biegefestigkeit sowie Tragfähigkeit der Lagerung. Mit Ausnahme der gewichtssparenden Klasse F1-E 1 kg verwendet man dazu Stahlwellen mit mindestens 4 Millimeter Durchmesser. Teilnehmer an SR-Rennen sollten die Welle nach jedem Lauf herausnehmen und kontrollieren, da bei Kollisionen leicht Verformungen auftreten. Diese werden beim Fahren oft nicht gleich bemerkt und führen dann im Lauf der Zeit zur Schädigung des gesamten Antriebs.
Ohne Schmierung geht nichts. Gerade nichtkugelgelagerte Wellen benötigen eine verläßliche Schmiermittelversorgung. Ölspray ist da nicht ausreichend, da es schnell verdrängt wird. Besser sind HD-Öle. Das Spiel der Gleitlager muß auf das Schmiermittel und das Lagermaterial abgestimmt sein. Besser ist größeres Spiel mit dickem Schmierfilm. Andernfalls läuft das Lager heiß und frißt sich fest. Bedenklich wird es, wenn bereits bei manueller Betätigung im Stand das Lager pfeift.
Sogar Antriebsschrauben unterliegen einer gewissen Ermüdung. Vor allem die billigen Plastikschrauben halten die ständige Biegewechselbeanspruchung der Blätter nicht ewig aus. Eine wesentliche Verbesserung stellen die bereits seit einiger Zeit angebotenen glasfaserverstärkten Ausführungen dar, erkennbar an der meist schwarzen Einfärbung. Die teureren Metallschrauben aus Aluminium und Berillium-Bronze liegen zwar im Wirkungsgrad besser, sind jedoch genauso empfindlich gegen mechanische Beschädigung.

Kühlung

Verbrennungs- wie auch Elektromotoren erzeugen Verlustwärme. Wird ein bestimmtes zulässiges Maß überschritten, sind zur Verhinderung von Ausfällen entsprechende Kühlmaßnahmen notwendig. Besonders die Verbrennungsmotoren mit ihren oft umfangreichen Kühlleitungssystemen bieten gefährliche Fehlerquellen. Gefährlich insofern, da

Bild 125 Zuviel Schlauchwerk kann gefährlich sein

zum Beispiel ein undichter Kühlschlauchanschluß schnell zur Überhitzung des Motors führt. Gleichzeitig tritt aus der unterbrochenen Kühlwasserzufuhr das Wasser aus und füllt das Boot. Als Folge davon wird der Motor bald stehen bleiben, weil das Wasser in den Vergaser dringt oder ein Motorschaden entsteht.

Bild 126 Auch das Auspuffrohr muß meist sorgfältig gekühlt werden

Deswegen ist auf ausreichende Temperaturfestigkeit aller Verbindungsstellen zu achten. Der Wasseranschluß muß neben der Wärmefestigkeit auch gegen Kraftstoffe resistent sein. Bewährt haben sich Materialien auf Neoprene- und Silikon-Basis. Weiter sind Schläuche so zu verlegen, daß sie durch Vibration und sonstige mechanische Einflüsse nicht über Gebühr beansprucht werden. Die Leitungen sollen sich auch nicht verschlingen oder gar knicken können. Schläuche in Reichweite des Anlasserriemens sind besonders gefährdet. Es empfiehlt sich vorbeugend der gelegentliche Austausch.
Die schönste Kühlung nützt nichts, wenn das Kühlwasser fehlt. Daran sollte man besonders beim Betrieb an Land denken. Vollgasläufe im Trockenen tun allen wärmeempfindlichen Teilen sehr weh, wird die Wärme nicht durch Luftkonvektion ausreichend abgeführt.

Dichtigkeit

Der natürliche Feind jedes Schiffes ist das Element Wasser. Wasser umgibt das Rennboot praktisch von allen Seiten. Daß das Modell von unten her dicht ist, scheint selbstverständlich, denn sonst könnte es ja auf die Dauer gar nicht schwimmen. Übersehen werden jedoch gerne das Stevenrohr und die Ruderwelle. Kugelgelagerte Wellen müssen grundsätzlich mit Dichtringen an den Lagern versehen sein. Das gleiche gilt für die Ruderlagerung.
Auch die Fernsteuerung mag kein Wasser. Sie muß daher unbedingt in einem separaten Raum untergebracht werden. Der wegen der Beobachtungsmöglichkeit meist durchsichtige Deckel erfordert eine Dichtung. Dazu ist aber zum Beispiel Schaumstoff nicht geeignet, sondern nur feinporige Materialien, die sich nicht deformieren. Die Dichtigkeit des Fernsteuerraums muß öfters überprüft werden. Dazu tauchen wir das Boot mit seinem Hinterteil ruhig mal unter Wasser. Natürlich ohne eingebaute Fernsteuerung. Ist es trotz aller Vorsichtsmaßnahmen doch einmal zum Wassereinbruch in Empfänger und Servos gekommen, sollten anschließend gleich deren Gehäuse geöffnet werden, damit alles

Bild 127 Praktisch für den Fernsteuerdeckel sind diese Schnellverschlüsse

richtig austrocknen kann. Sonst gibt es im Laufe der Zeit böse Überraschungen infolge der langsam fortschreitenden Oxydation. Also nicht glauben, alle Feuchtigkeit wäre draußen, sobald die Anlage wieder funktioniert.
Gegen Spritzwasser von oben empfiehlt sich ein aufklappbarer Deckel, der aber ausreichend zu sichern ist, damit er unter der Fahrt nicht davonfliegt. Zur Gewährleistung der allgemeinen Sinksicherheit ist es notwendig, jeden leeren Raum mit leichtem wasserverdrängendem Material, z. B. Styropor, zu füllen. Nach Fertigstellung des Bootes überpüft man die Sinksicherheit, indem man es, mit Ersatzgewichten belastet, untertaucht.

Gestänge und Schraubverbindungen

Rudergestänge und Verstelleinrichtungen für den Motor sind im rauhen Fahrbetrieb enormen Belastungen ausgesetzt. Bei Kollisionen in SR-Rennen kann das Hebelwerk durch schlagartige Belastungen sich leicht verformen oder ganz ausfallen. Für große, schnelle Boote empfiehlt sich, für Gelenke die verstärkten Kugelgelenkköpfe einzusetzen, die es neuerdings im Rennauto-Modellbau gibt. Längere Gestänge sind entweder entsprechend dick auszuführen oder in Schutzrohren zu führen.
Alle Schraubverbindungen müssen wegen der zermürbenden Vibration sorgfältig gesichert werden, die Sicherung ist regelmäßig zu prüfen. Bei Anwendung von Zahnscheiben und ähnlichen Elementen darf man die Schrauben nicht zu fest anziehen, sonst geht die Haltewirkung verloren. Sogenannte Schraubensicherungslacke sind nicht geeignet, weil sie von Kraftstoff, Wasser und Temperatur mit der Zeit in ihrer Festigkeit beeinträchtigt werden.

Fernsteuerung, Verkabelung

Neben dem Antrieb ist die Steuerung die empfindlichste Einheit im Rennboot. Trotz der heute weitgehend ausgereiften Technik kommt es in diesem Bereich immer wieder zu Ausfällen, die mit etwas mehr Sorgfalt leicht vermeidbar wären.
Die mechanische Beanspruchung ist wesentlich größer als auf allen anderen Gebieten des Modellbaus. Besondere Aufmerksamkeit ist deshalb dem stabilen und sauberen Einbau der Komponenten zu widmen. Jede noch so kleine Schlamperei muß man mit Sicherheit irgendwann im Rennen einmal büßen. Zur Vorbeugung sind im Folgenden die wesentlichen Punkte kurz zusammengefaßt. Für die Servobefestigung hat sich eine gemeinsame Grundplatte bewährt, in welche die Servos in entsprechende Aussparungen eingepaßt sind. In diese Platte sollte der obere Lagerpunkt der Ruderwelle mit einbezogen werden. Dadurch erreicht man einen hohen Widerstand gegen Stoßbelastungen auf das Ruder. Selbst wenn das Ruder verbogen wird, bleibt der Abstand Servo/Ruder erhalten.
Alle übrigen Komponenten im Fernsteuerraum müssen zwar von ihrer Funktion her nicht unbedingt festgelegt werden, die Praxis zeigt aber, daß die Sicherheit erheblich steigt, wenn sich kleine Teile selbständig machen können. Selbst bei räumlich gedrängten Verhältnissen ist es zweckmäßig, Batterien und Empfänger durch Trennwände zu sichern. Den Empfänger lagert man zusätzlich auf dämpfendem Material.
Das kritischste in der Fernsteuerelektronik sind Kabel, Schalter und Steckverbindungen. Vor allem im Elektrorennboot wird bei den hochstrombelasteten Steckverbindungen oft gesündigt. Die sogenannten Eisenbahnstecker sowie Mate-N-Lock-Stecker sind für Spielzeug ganz gut, als dauerhafte Lösung im Rennboot aber völlig ungeeignet. Sie sind mechanisch labil und geben im Kontaktdruck leicht nach, was in zunehmendem Übergangswiderstand resultiert. Man muß sich darüber klar sein, daß bereits ein Widerstand von nur 0,1 Ohm bei Strömen bis zu 30 Ampere rasch zur Zerstörung der Kontaktstelle führt. Eine zuverlässige Lösung sind die altbekannten Büschelstecker (nicht zu verwechseln mit Bananensteckern!). Wenn es auf Gewicht ankommt, können auch vergoldete Mi-

Bild 128 Selbst wenn es auf Gewicht ankommt, ist die Fixierung der Einbauten unerläßlich. Mit einem solchen Aufbau kommt man bestimmt nicht weit.

niaturstecker aus der Computerindustrie eingesetzt werden, die ebenfalls Kontaktwiderstände von nur wenigen Milliohm über lange Zeit einhalten. Wegen der geringen Steckkraft ist bei ihnen aber auf Zugentlastung zu achten, damit sich die Verbindung im Betrieb nicht löst.
Leitungen für kleinere Ströme, zum Beispiel Empfängerkabel sind oft dünn und neigen dazu, sich gerne irgendwo zu verwickeln. Also aufpassen, daß dies nicht gerade mit den Steuergestängen passiert! Eine weitere Fehlermöglichkeit steckt in den Schaltern und deren Kontaktierung. Die manchmal unförmigen Schalter der Empfängerkabel werden häufig im Eigenbau durch handliche Miniatur-Kippschalter ersetzt. Dabei sollte es eigentlich selbstverständlich sein, die blanken Stellen danach mit Isolierschlauch zu überziehen und das Kabel von Zug zu entlasten. Schalter sind so zu montieren, daß sie nicht unbeabsichtigt betätigt werden können, vor allem nicht von einem vorbeifahrenden anderen Boot.
Als Antenne kommt ein mehr oder weniger dicker Stahldraht zur Anwendung. Zu dünn darf der Draht aber nicht sein, sonst verhält er sich wie eine Peitsche. Es ist schon vorgekommen, daß sich deshalb die Antenne in der Schraube eines kollidierenden Bootes verwickelt hat.
Äquivalent zur Kraftstoffversorgung des Verbrennungsmotors steht die Stromversorgung im Elektrorennboot. Auch hier sind die Leitungen sorgfältig zu verlegen. Lose Kabel vor allem bedeuten eine beträchtliche Kurzschlußgefahr. Gegen Kurzschluß und Überlastung sollte deshalb generell abgesichert werden. Die richtige Größe der Schmelzsicherung ist sorgfältig zu bestimmen. Dazu ist es notwendig, die auftretenden Ströme zu kennen. Als Sicherungstyp für den Antriebsmotor kommt praktisch nur der ›träge‹ in Frage. Der richtige Wert kann aus der Kennlinie ermittelt werden. Dabei ist zu beachten, daß Schmelzsicherungen schnell ermüden, wenn sie zu knapp bemessen sind.

Kraftstoffversorgung

Verbrennungsmotoren im Rennboot werden von Drucktank- oder Saugtank-Systemen versorgt. Noch mehr als beim Kühlwasserkreislauf kommt es dabei auf verläßliche Dichtigkeit des Motors an. Jede kleine Unregelmäßigkeit kann unter Umständen zum Stehenbleiben des Motors führen. Ein kleines Problem in diesem Zusammenhang sind Verunreinigungen im Kraftstoff. Statt des Einbaus eines Filters im Boot ist es eventuell besser, bereits beim Tanken für Filterung zu sorgen.

Schalldämpfer

Schalldämpfer sind nicht nur in ihrer Wirkungsweise und Effektivität schwierig, sondern stellen gerade auch an die Dauerfestigkeit erhöhte Anforderungen. Bei der Wahl der hierzu verwendeten Materialien muß der aggressive Einfluß der Abgase und Verbrennungsrückstände berücksichtigt werden. Daneben wirken hohe Temperaturen und Vibrationsbelastung zermürbend auf die Befestigungselemente ein. Kritisch ist hauptsächlich die Aufhängung an der Auspufföffnung des Motors. Die Verbindung muß absolut dauerhaft dicht sein. Zur Vermeidung von Vibrationsschäden wird das Dämpferrohr über ein kurzes Schlauchstück an den Motor angekoppelt. Der innere Aufbau des Schalldämpfers ist so zu gestalten, daß in den Absorptionskammern möglichst wenig Rückstände verbleiben, die dann dort mit der Zeit verkoken und die Funktionsfähigkeit beeinträchtigen.

Klebetechnik

Ein altes Sprichwort der Tischler sagt ›gut geleimt ist halb gebaut‹. Dieser weise Satz hat auch für den Bau von Schiffsmodellen besondere Bedeutung. Betrachten wir einmal die vielen Verbindungsstellen im Rennboot etwas genauer, so ist die Wichtigkeit sicherer und dauerhafter Klebestellen erkennbar. Klebeverbindungen haben heute andere Verbindungstechniken selbst an solchen Stellen abgelöst, an denen eine Klebung noch vor wenigen Jahren einfach undenkbar gewesen wäre. Vor allem die Entwicklung von Metallklebern hat im Modellbau weite Möglichkeiten eröffnet.
Gegenüber anderen Verbindungselementen hat die Klebung einige wesentliche Vorteile aufzuweisen:

— geringer Vorbereitungsaufwand
— beliebige Fixiermöglichkeit
— Möglichkeit der elastischen Verbindung
— einfache Verbindung von harten mit weichen Werkstoffen (z. B. Styropor mit Metall)

Natürlich gibt es auch Problemquellen, denen die Klebestelle standhalten muß. Die wichtigsten sind:

— Alterung
— Einfluß der Temperatur
— Chemische Einflüsse durch Wasser, Kraftstoffe, etc.
— Vibrations- und Stoßbeanspruchung
— Unverträglichkeit mit bestimmten Werkstoffen.

Es ist also bei Klebeverbindungen einiges zu beachten. Im Folgenden will ich deshalb als Entscheidungshilfe auf die wichtigsten Merkmale der Klebetechnik eingehen sowie Tips für die richtige Behandlung und Verarbeitung geben.
Als erstes ist zu überlegen, welche Art von Kleber für die zu verbindenden Teile überhaupt geeignet ist. So lassen sich z. B. Metalle kaum mit Cellulose-Klebern verbinden. Zur besseren Orientierung haben die Modellbaufirmen entsprechende Tabellen erstellt, die in übersichtlicher Weise rohe Anhaltspunkte liefern, was mit was zusammenhält. Damit läßt sich schon mal grob eingrenzen, welcher Kleber eventuell brauchbar ist. Danach

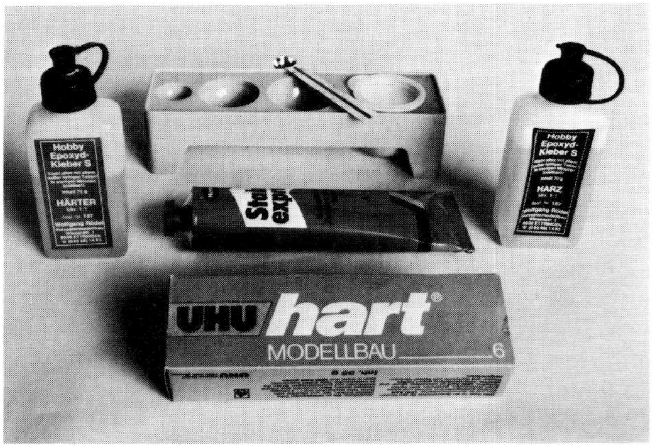

Bild 129 Im Modellbau gebräuchliche Kleber

sind die eingangs schon erwähnten Fragen zu klären. Wie sieht es z. B. mit der Temperaturbeanspruchung aus, oder kann der Kraftstoff mit der Zeit die Klebestelle aufweichen. Heimtückisch sind mechanische Stoßbelastungen und Vibrationen bei Auftreten von Resonanzen.
Da im Rennboot die Zuverlässigkeit oberstes Gebot ist, muß jede zermürbende Beanspruchung sorgfältig beachtet werden. Liegen für Grenzfälle keine Erfahrungswerte vor, so empfiehlt es sich, mit Probestücken erst Versuche zu machen, andernfalls zahlt man unter Umständen eine Menge Lehrgeld. Gerade bei Teilen, von denen die Sicherheit abhängt, sollte kein Risiko eingegangen werden. Ein Motor, der sich samt Motorträger löst, oder ein verlorener Schalldämpfer sind kein Spaß.
Von der Anwendung her gibt es für Kleber drei Anwendungsgebiete:

- Fixierung
- Befestigung
- Abdichtung.

Daraus ergeben sich meist völlig verschiedene Anforderungen an die Klebemittel. Die nachstehenden Hinweise sollen die Besonderheiten der Klebetechnik und deren wesentliche Arten aufzeigen.

Vorbereitung der Klebestelle

Im Gegensatz zu anderen Verbindungselementen kommt beim Kleben die Verbindung normalerweise nur an der Oberfläche zustande. Der Erfolg der Klebung hängt damit ganz wesentlich von der Struktur und Vorbereitung der Oberfläche ab. Die meisten Klebestoffe besitzen keine Verbindungswilligkeit mit Fett. Eine Fettschicht auf der Klebestelle, die bereits durch die bloße Berührung infolge des Handschweißes entsteht, wirkt wie ein Isolator. Das gleiche gilt für Farbe und sonstige Fremdstoffe. Demzufolge ist das Blankmachen, Reinigen und Entfetten der zu verbindenden Flächen eine absolute Voraussetzung. Zur Entfettung sind nahezu alle nicht nachfettenden Reinigungsmittel geeignet. Sehr glatte Oberflächen rauht man zusätzlich etwas auf. Nach der Vorbehandlung sollten diese Flächen möglichst nicht mehr berührt werden. Aluminium ist schnell zu verkleben, damit sich in der Zwischenzeit nicht wieder eine neue Oxydschicht bilden kann.

Cellulose-Kleber

Cellulose-Weichkleber (Alleskleber) mögen für Handarbeiten oder im sonstigen Haushaltsbereich ganz gut sein, im Schiffsmodellbau haben sie nichts zu suchen. Sie sind nach dem Abbinden viel zu weich und nicht wasserbeständig. Anders sieht es mit Cellulose-Hartklebern (Uhu-hart) aus. Diese haben seit langem einen festen Platz beim Bau von Rennbooten. Vor allem Rumpfgerippe und Leichtbaukonstruktionen in Balsaholz lassen sich rasch und zuverlässig damit verbinden. Solche Verbindungen sind jedoch ebenfalls nicht kraftstoffbeständig und nur bedingt wasserresistent. In jedem Fall ist ein ausreichender Lackschutz notwendig.

Kontaktkleber

Kontaktkleber sind wie Cellulosekleber nicht wasser- und kraftstoffest. Somit ist eine Anwendung im Rennboot nur an geschützten Stellen möglich. Zum Beispiel für das Aufkleben von Schaumstoffmatten im Fernsteuerraum sind diese Kleber brauchbar, soweit die Dämpfungsmatten nicht ohnehin schon eine Selbstklebeschicht haben.

Holzleim

Der herkömmliche Kaltleim ist nur zur Verbindung von Hölzern untereinander geeignet. Kraftstoff darf nicht an die Klebestelle gelangen. Die Abbindezeit beträgt in der Regel einige Stunden, es gibt aber auch schnellhärtende Typen (Henkel Ponal-Express). Temperaturen über 50° C sind für Holzleim problematisch, die Verbindung kann weich werden.

Plastikkleber

Die sogenannten Plastikkleber dienen der Verbindung der Kunststoffe auf Polystyrolbasis untereinander sowie Polystyrol mit Holz. Dabei wird die Kunststoffoberfläche angelöst, man kann dies auch quasi als Kaltschweißen ansehen. Deshalb ist auf sparsamen Gebrauch zu achten, sonst weichen die Teile auf und verformen sich.

Zweikomponenten-Kleber

Sie sind der im Modellbau gebräuchlichste Klebstoff. Mit ihnen läßt sich nahezu alles kleben. Höchste Festigkeit wird meist durch Erwärmen erreicht. Die Beständigkeit gegen Wasser und Kraftstoff ist allgemein gut. Wie der Name schon sagt, sind zwei Komponenten vor Gebrauch zu mischen, das Harz und der Härter. Letzterer kann flüssig oder pulverförmig sein. Gelegentlich gibt es auch Unverträglichkeiten oder Einschränkungen. Henkel-Stabilit z. B. löst Styropor auf oder verbindet sich nicht mit Polystyrol. Die Hinweise der Hersteller sind deshalb vor Anwendung genau zu studieren.
Je nach Harz- und Härterbeschaffenheit und Temperaturen lassen sich unterschiedliche Aushärtezeiten erzielen, die zwischen 15 Minuten und 24 Stunden liegen. Bestens bewährt haben sich Zweikomponentenkleber auf Epoxybasis. Wegen der schnellen Aushärtung von oft nur 5 Minuten und sehr guter Wasser- und Kraftstoffestigkeit sind sie hervorragend für die Schnellreparatur am Wasser geeignet.

Vernetzungskleber

Die oft als Sekundenkleber bezeichneten Klebeflüssigkeiten sind in erster Linie für schnelle Fixierung und Reparaturen vorgesehen. Bei diesen Klebern ist die Reinigung der Oberflächen besonders wichtig. In der Handhabung ist einige Vorsicht geboten. Da die Abbindung extrem schnell verläuft, läßt sich nicht mehr viel fixieren, wenn die Teile erst mal beieinander sind. Ein Problem ist die Aggressivität von Vernetzungsklebern. Bekommt man die Brühe zwischen die Finger, so ist eine Trennung gewöhnlich nur unter Verlust von Hautfetzen möglich. Vor allem die Augen sind zu schützen, hier sind äußerst schmerzhafte Verätzungen die Folge. Weil das Zeug trotz seiner Nützlichkeit so gefährlich ist, sind Sekundenkleber vor Kindern gut gesichert aufzubewahren. Wegen des ge-

ringen Verbrauchs und der kurzen Lagerfähigkeit von nur maximal einem Jahr werden meist nur kleine Gebinde von wenigen Millilitern angeboten.
Die folgende Übersicht zeigt die gebräuchlichsten Kleber und ihre Anwendung.

UHU Alleskleber	Nur für elastische Klebungen an wassergeschützten Stellen. Nicht kraftstoffest.
UHU Hart	Rasch härtend, für nicht großflächige Holz/Holz-Verklebungen
Rudol Hart	Ähnlich wie UHU hart, für Holz/Holz
UHU Kontakt 2000	Für nahezu alle Werkstoffe untereinander.
Rudol fix 333	Kontakt- bzw. Neoprenekleber, der sofort haftet.
UHU Coll Express	Schnellkleber für Schichtverleimungen und Styropor
Henkel Ponal Express	Holzleim mit nur 5 Minuten Abbindezeit
UHU Plast	Plastikkleber für Polystyrol und Polystyrol/Holz
Henkel Stabilit Express	Zweikomponentenkleber für nahezu alle Werkstoffe, nicht für Polystyrol und Styropor.
UHU Endfest 300	Zweikomponentenkleber für alle Materialien. Kraftstoffest.
UHU Plus Schnellfest	Epoxykleber für alle Werkstoffe. Schnellhärtend
Devcon Epoxy Kleber	In 5 Minuten hart. Besonders für Schnellreparaturen.
Sekundenkleber 1 SK	Vernetzungskleber für alle Materialien. Sofortige Festigkeit
Henkel Stabilit Rasant	Vernetzungskleber
UHU Allesdicht weiß	Dauerelastische Silikon-Dichtungsmasse. Wasser- und kraftstoffest.

Die Kunst des Lackierens

Wenn das Modell endlich funktionell soweit fertiggestellt ist, kommt sein äußeres Gesicht an die Reihe. Man kann zwar Kunststoffrümpfe auch in Natur belassen, aber eine Zierde ist dies nicht unbedingt. Lediglich die gewichtssparenden Boote der Klasse F1-E 1 kg sind oft nur notdürftig imprägniert. Viele Modellbauer haben vor dem letzten Akt des

Bild 130 Durch geschickte Farbgebung wird das Rennboot erheblich optisch aufgewertet

Baus eine gewisse Scheu, weil beim Finish selbst erfahrenen Modellbauern immer wieder Fehler unterlaufen. Dabei ist die Lackierung gar nicht so schwer, wenn einige Dinge beachtet werden und vor allem etwas Geduld vor den Erfolg gesetzt wird.
Der Lack hat beim Rennboot zwei Aufgaben zu erfüllen. Im Vordergrund steht wohl die Schutzfunktion gegenüber Umwelteinflüssen wie Wasser, Kraftstoff oder sonstigen aggressiven Stoffen. Erst in zweiter Linie kommt die Schönheit, wobei natürlich eine geschickte Farbgestaltung den optischen Effekt bzw. das Fahrbild ganz erheblich unterstreicht. Ob nun Schönheit wichtig ist oder nicht, in jedem Fall muß die Oberfläche möglichst fein bearbeitet sein um den Strömungswiderstand klein zu halten.
Gegenüber anderen Schiffsmodellen wird die Oberfläche beim Rennboot enorm stark belastet. Das bedeutet, daß die Lackierung besonders widerstandsfähig sein muß, damit nicht bei jeder kleinen Kollission gleich tiefe Riefen entstehen. An das Langzeitverhalten bezüglich Lichtbeständigkeit / Alterung muß dagegen keine hohe Forderung gestellt werden, da ein Rennboot kaum länger als 3 Jahre betrieben wird. Und als Zimmerschmuck ist es sowieso nicht geeignet. Die wichtigsten Anforderungen an Lacke sind damit:

— gute Haftung
— Schlagfestigkeit
— Kraftstoffresistenz

Lackarten

Aus der Fülle der am Markt angebotenen Lacke entsprechen nur wenige den vorgenannten Anforderungen. Nitrolacke z. B. sind wegen ihrer in vielen Fällen auftretenden Nichtverträglichkeit mit den im Rennboot verwendeten Werkstoffen nicht geeignet. Brauchbar sind sogenannte Emaillelacke, Acryllack und Kunstharz-Zweikomponentenlack. Im allgemeinen werden Glanzlacke bevorzugt, aber auch Mattlacke haben sich bei entsprechender Nachbehandlung gut bewährt.
Hier gibt es manchmal Geheimrezepte mit speziellen Wachsen und Polierpasten. Dem Erfindungsreichtum sind da keine Grenzen gesetzt.
Am einfachsten zu verarbeiten sind Acryllacke, für Streich- wie auch für Spritzverarbeitung. Acryllacke sind vor allem mechanisch widerstandsfähiger als einfache Kunstharzlacke. Bei Spritzverarbeitung aus Spraydosen sollte man Acryllack aus Autolack-Dosen

Bild 131 Oft streben Modellbauer ein einheitliches Design bei ihren Booten an

einsetzen, die eine gute Kraftstoffbeständigkeit aufweisen. Zweikomponenten-Kunstharzlacke haben den Vorteil, daß sich die Härte über das Mischungsverhältnis von Farbharz und Härter ideal abstimmen läßt.
Wer schon einmal ABS lackiert hat, konnte sich sicher darüber ärgern, daß der Lack einfach nicht so recht aushärten wollte. Wird schon nach einem Tag eine weitere Schicht aufgebracht, kann es passieren, daß der vorherige Auftrag angelöst wird und sich das Ganze in eine sogenannte Orangenhaut-Struktur verwandelt. Hier muß nun etwas zur chemischen Reaktion von Farben gesagt werden. Die üblichen Lacke enthalten neben Farbpigmenten, Bindemitteln auch Lösungsmittel, mit denen die Viskosität und Aushärtezeit variierbar ist. Diese Lösungsmittel verflüchtigen sich beim Aushärteprozeß an die umgebende Luft sowie in den Untergrund. ABS ist jedoch für die Lösungsmittel absolut dicht, sie können nicht einziehen, wodurch die Aushärtung sich wesentlich verlangsamt. Als Fazit daraus sollen ABS-Teile in mehreren, möglichst dünnen Schichten lackiert werden. Besonders in Ecken und an Wulsten ist darauf zu achten, daß der Auftrag nicht zu dick wird. Zwischen den einzelnen Arbeitsgängen sollte der Lack gut aushärten können. Wegen der geringen Auftragsdicke ist Spritzlackierung vorteilhaft. Die Raumtemperatur soll auf keinen Fall unter 20 °C liegen. Direkte Sonnenbestrahlung wirkt beschleunigend auf den Aushärteprozeß.

Spritzlackierung oder Pinsellackierung?

Bei dieser Entscheidung gehen die Meinungen weit auseinander. Oft ist es nur eine Frage der persönlichen Einstellung oder Ausrüstung. Der Arbeitsumfang ist genau betrachtet annähernd gleich. Zwar geht der reine Spritzvorgang schneller vonstatten, dafür muß aber das Spritzgerät sorgfältig vorbereitet, eingestellt und danach gereinigt werden. Auch muß ein geeigneter Raum vorhanden sein. Eine saubere Pinsellackierung dagegen kann in der Güte bei etwas Übung dem Spritzen durchaus gleichgesetzt werden. Entscheidend für die Wahl Pinseln/Spritzen sind also die räumlichen Möglichkeiten und das Verhältnis Aufwand/Nutzen.

Vorbereitung

Eine erfolgreiche Lackierung hängt ganz wesentlich von der sachgemäßen Vorbehandlung ab. Die zu veredelnden Flächen müssen auf jeden Fall staubfrei und trocken sein. Balsaholz ist erst mit Porenfüller zu behandeln. Stattdessen kann aber auch Epoxyharz angewandt werden, das gleichzeitig eine gute Flächenfestigkeit erzeugt. Löcher und Unebenheiten sind mit Kunstharzspachtel zu behandeln. Kommt es aufhgeringes Gewicht an, so sollte möglichst wenig Spachtelmasse notwendig sein, da diese sehr schwer ist. Nach dem Spachteln wird geschliffen, beginnend mit etwa Körnung 240 und steigend bis zum Feinkorn 400, grundsätzlich mit Naßschleifpapier. Erst wenn die Oberfläche makellos eben und glatt ist, gehen wir an die eigentliche Lackierung. Da jetzt bereits eine Kunstharz-Oberfläche vorliegt, kann auf eine Grundierung verzichtet werden.

Pinsellackierung

Für eine saubere Lackoberfläche sind zwei Dinge maßgebend, die Güte des Pinsels und die Viskosität der Farbe. Die Pinsel müssen möglichst weiche Naturborsten haben und nicht neu sondern ›eingeschafft‹ sein. Beim Lack ist eine ausreichende Dünnflüssigkeit notwendig, vor allem bei höheren Raumtemperaturen. Sonst gibt es Pinselstreifen, weil der Lack zu schnell anzieht. Normalerweise genügen zwei bis drei Schichten. Dazwischen wird jeweils mit 400er Papier angeschliffen; zum Abwischen keinen fusselnden Lappen sondern ein Fensterleder verwenden. Schlecht deckende Farben wie Gelb oder Grün benötigen mehr Anstriche als z. B. Rot. Mit dem letzten Anstrich wäre die Lackierung fertig,

nach entsprechender Aushärtezeit kann das Boot anschließend eingesetzt werden. Eventuell in Kühlwasseröffnungen und Stevenrohr eingedrungene Farbe wird vorsichtig entfernt. Weitere Verschönerungen sind auch selbstklebende Zierstreifen, die aber wasser- und kraftstoffest sein müssen.
Bei Verwendung von Mattlacken wird die Oberfläche noch mit Wachs oder Politur weiterbehandelt. Geeignet sind dazu die üblichen Autopflegemittel, jedoch ist vorher an einem Probestück ein Versuch empfehlenswert.

Spritzlackierung

Oft rentiert es sich nicht, sich eine Kompressoranlage anzuschaffen. Gerade für nur gelegentliche Spritzlackierungen tun es auch Spraydosen. Die Verarbeitungshinweise der Hersteller sind dabei unbedingt genau zu beachten. So ist z. B. Probesprühen vor der eigentlichen Lackierung zweckmäßig. Dabei kommt anfangs erst mal ein unregelmäßiger Strahl mit eingelagerten größeren Tropfen, die auf dem Boot unschöne Stellen hinterlassen würden. Wenn nach dem Ansprühen der Strahl gleichmäßig ist, wird auf das Boot geschwenkt und in mehreren kurz aufeinanderfolgenden Arbeitsgängen gesprüht. Zwischen zwei Arbeitsgängen wird jeweils etwa 10 bis 15 Minuten pausiert, damit der Lack ablüften kann. Zu lange darf man aber nicht warten, sonst muß gleich bis zum richtigen Aushärten abgewartet werden. Ist die Wartezeit zu kurz, verfließen die einzelnen Schichten ineinander, die Oberfläche kräuselt sich. Die ganze Spritzerei ist eben Übungssache und erfordert etwas Erfahrung.
Wie die vorstehenden Hinweise zeigten, ist die Qualität der Lackierung im wesentlichen Sache der Geduld, Sorgfalt, Materialkenntnis und Übung.

Bild 132 Eine Prise Humor gehört auch dazu

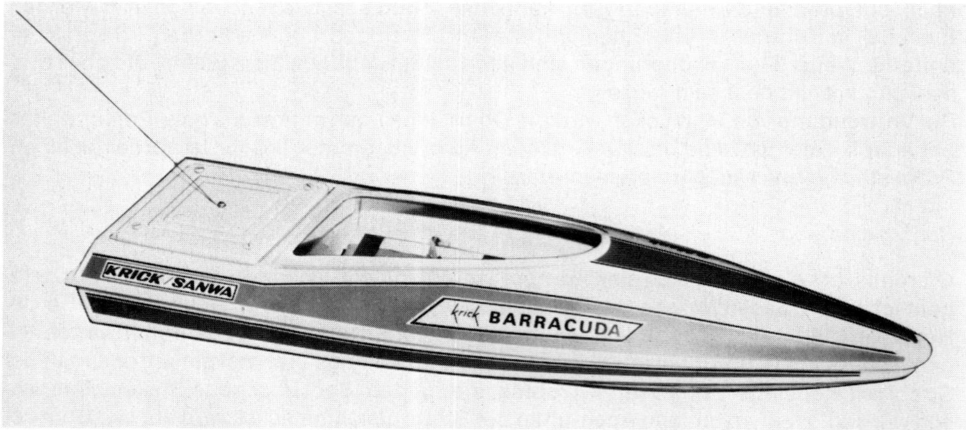

Bild 133 BARRACUDA – ein Boot für starke Elektroantriebe

BARRACUDA-Elektro

Manche Bootskonstruktionen sind bereits in der Grundkonzeption so flexibel gehalten, daß sie mit verschiedenen Antrieben bestückt werden können. Ein solches typisches Beispiel ist das BARRACUDA von Krick.
Da an anderer Stelle bereits die Verbrennungsmotor-Version näher beschrieben wurde, soll hier nur auf die wesentlichen Unterschiede eingegangen werden.
Die Elektroversion kommt mit einer 4 mm-Antriebswelle aus. Als Standardmotorisierung ist der Mabuchi 550 vorgesehen. Mit diesem Motor erreicht das Boot zwar sicher auch schon eine ordentliche Fahrt, aber eigentlich ist das BARRACUDA zu schade für solch einen relativ schwachen Antrieb. Um die Möglichkeiten dieses Bootes richtig nutzen zu können, lassen sich Motoren bis zum Kaliber des Keller 50/14 oder Robbe 50/14 SE einsetzen, mit denen mehr Leben ins Schiff kommt. Der Platz für eine entsprechende Batteriebestückung ist ausreichend vorhanden. So ausgerüstet ist das BARRACUDA für F1-E über 1 kg geeignet. Wegen seinem robusten Aufbau kann es aber auch für FSR-E über 2 kg verwendet werden.
Eine Abdeckung der Decksöffnung erscheint nicht notwendig, da kaum Spritzwasser ins Boot kommt. Lediglich der Batteriepack sollte gut befestigt werden. Als Rauhwasserboot ist das BARRACUDA-E trotzdem recht flott bei ausreichender Wendigkeit.

Fernsteuerungen

Die Fernsteuerungsanlage stellt praktisch die Verbindung zum Rennboot her, damit dieses auch wirklich tut, was der Steuermann will. Außer den im Vorwort schon erwähnten Fesselrennbooten sind heute alle Rennboote mit einer Fernsteuerung ausgerüstet. Freilaufende schnelle Modelle sind ohnehin viel zu gefährlich. Auch wäre es zu mühsam, ihnen ständig am Ufer nachzuspringen. Noch vor gut 20 Jahren war es mit den damaligen Fernsteuergeräten mehr ein Abenteuer, ein Modell sicher zu lenken. Da mußte vor jedem Start der nicht quarzstabilisierte Empfänger nachjustiert werden und die schnell erschöpften Stromquellen der noch teilweise röhrenbestückten Geräte bedurften besonderer Aufmerksamkeit. An Mannschaftsrennen war ohnehin nicht zu denken.

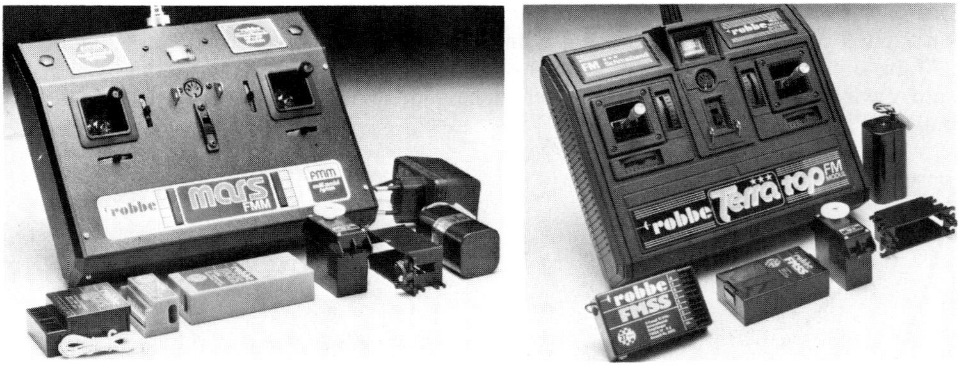

Bild 134 Fernsteuerungen der Mittelklasse

Der sprunghafte Fortschritt der Elektronik hat uns heute Fernsteuerungsanlagen beschert, die nahezu allen Ansprüchen genügen und immer raffiniertere Sonderfunktionen ermöglichen. Dabei ist ein Ende der Entwicklung gar nicht abzusehen und wird es sicher auch wohl nie geben. Die im Kapitel ELEKTRONIK angesprochenen Leistungen wie Meßwertübertragung und Drehzahlautomatik lassen seitens der Gerätehersteller noch einiges erwarten. Dabei ist in einigen Jahren vielleicht eine Verbindung durch Lichtsignale denkbar, ähnlich wie die Fernbedienung beim Fernsehen.
Die Übertragung der Steuersignale geschieht ausschließlich per Funk. Die früheren Tip-Anlagen wurden von den Proportional-Digital-Steuerungen abgelöst. Ein weiterer wichtiger Punkt ist die Verwendung des Superhetprinzips beim Empfänger. Erst dadurch wurde es möglich, am gleichen Platz mehrere Anlagen störungsfrei gleichzeitig zu betreiben. Die Technik der Geräte ist heute so weit ausgereift, daß bei sachgemäßem Einsatz Störungen oder Ausfälle selten sind. Selbst die einfachen, preiswerten Importanlagen weisen eine beträchtliche Funktionssicherheit und Zuverlässigkeit auf. Wegen der geringeren Störempfindlichkeit sind vor allem für Elektrorennboote frequenzmodulierte (FM) Anlagen vorzuziehen. Bezüglich der zugelassenen Kanäle sind die postalischen Bestimmungen des jeweiligen Landes zu beachten. In Deutschland z. B. sind derzeit folgende Bänder zugelassen:
13,56 Mhz — 27,12 Mhz — 40,68 Mhz — 433 Mhz.

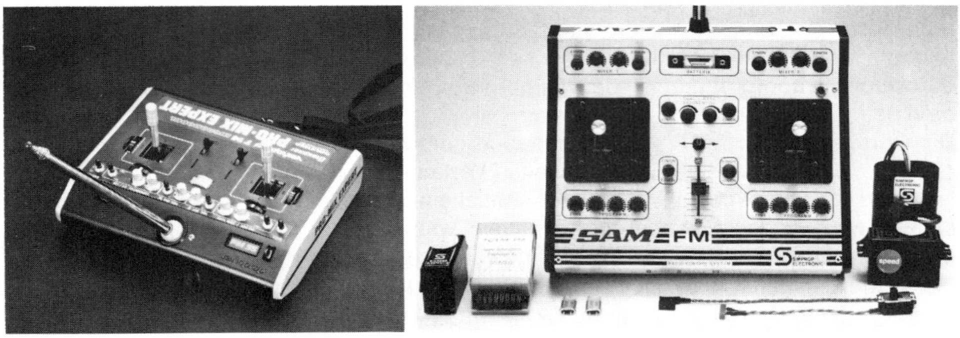

Bild 135 Die Fernsteuerungen der Profis. Die Exponentialsteuerung erleichtert das exakte Fahren.

Die Kanäle im Bereich 35 Mhz dürfen nur von Flugmodellbauern verwendet werden und sind damit für Rennboote tabu. Trotz des reichen Angebotes dominieren Anlagen im 27 Mhz-Band. Dabei wären der 433 Mhz-Bereich für Schiffsmodelle durchaus interessant. Zwar ist der Preis solcher Anlagen noch einiges höher, dafür ständen aber hier immerhin 33 Kanäle zur Verfügung.

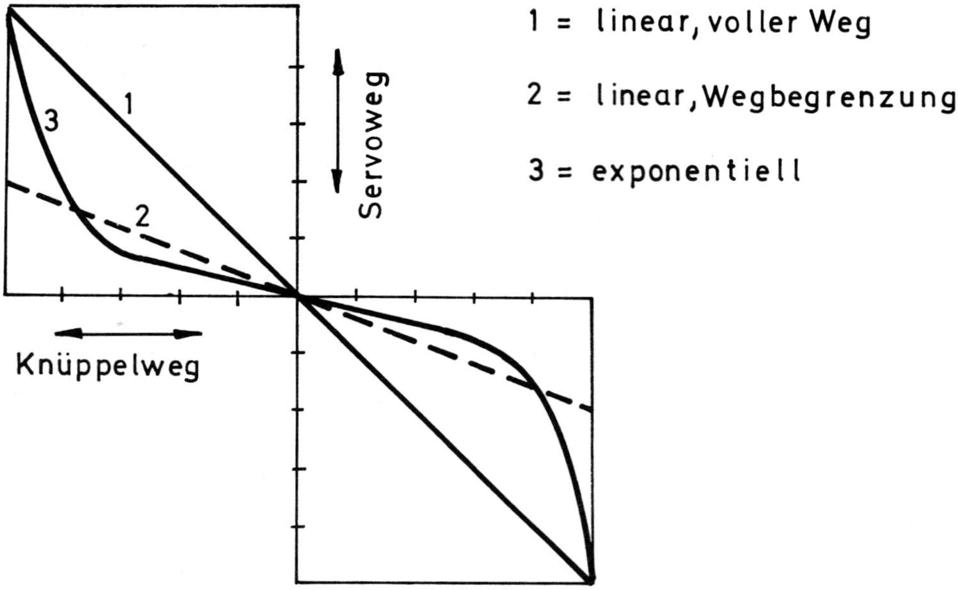

Bild 136 Steuerungscharakteristik von Fernsteuerungen

Einige Hersteller bieten Anlagen mit steckbaren HF-Modulen an. Dadurch ist die Möglichkeit eines flexibleren Frequenzwechsels gegeben, was gerade auf Wettbewerben von Vorteil sein kann. Nach den Reglements werden hier ohnehin mindestens 4 Quarzpaare verlangt. Sämtliche Anbieter von Fernsteuergeräten verfügen heute über ein ausgewogenes Sortiment, das sich inzwischen allen Anforderungen des gesamten Modellbaus, auch der Rennboote, angepaßt hat. Der Bedienungskomfort ist praxisnah, die Betätigungselemente sind robust und deren Handhabung meist unkompliziert. Bedauerlich ist, daß die Systeme wegen unterschiedlicher Steckverbindungen und teilweise verschiedener Übertragungstechnik untereinander überwiegend nicht kompatibel sind. Jedoch erfolgt die Modellpflege mit der technischen Weiterentwicklung allgemein schrittweise, so daß man sich übergreifend mit der Nachbeschaffung nur einzelner Anlagenteile stets auf dem neuesten technischen Stand halten kann.
Die Geräte der Spitzenklasse bieten neben dem normalen Linear-Proportionalbetrieb noch die Möglichkeit eines exponentiellen Verlaufs des Ruderausschlags. Die Funktion ist in Bild 136 veranschaulicht. Mit exponentiellem Verlauf der Ruderbewegung kann wesentlich weicher gesteuert werden. Vor allem, wenn nur kleine Kurskorrekturen notwendig sind, reagieren die meisten Fahrer gewöhnlich viel zu nervös. Ein weiterer Punkt ist die sehr vorteilhafte, teilweise Ausschlagbegrenzung. Auch sie ist beliebig abschaltbar. Eine Kombination von Linear- und Exponential-Einstellung ermöglicht speziell für die Motordrossel eine sehr feinfühlige Beeinflussung.
Fernsteuerempfänger sind in vielen Ausstattungsabstufungen erhältlich, vom einfachen 2-Kanal Gerät bis hin zur Version für maximal 8 Servos. Dabei ist die Größe und Bauform

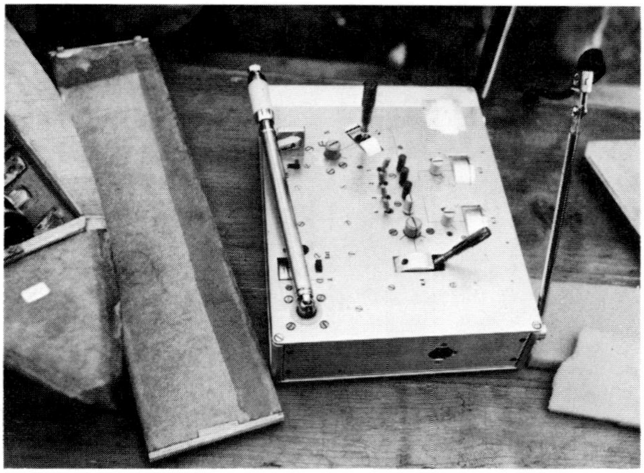

Bild 137 Der Selbstbausender eines Spezialisten. Finanziell lohnt sich diese Mühe heute nicht mehr.

im wesentlichen von der Zahl der anschließbaren Rudermaschinen abhängig. Für die Spezialisten der superleichten Elektrorennboote der Klasse F1-E 1 kg sind zwei Miniempfänger besonders zu erwähnen, — Robbe Economic 2 und der Spezialempfänger von Skyline. Nachdem die Empfangsanlage üblicherweise ohnehin wasserdicht untergebracht ist, kann in diesem Fall das Gehäuse entfernt werden, der Empfänger wird dann nur in weichem Schaumstoff gebettet. So läßt sich dann ein Gewicht von nur etwa 25 Gramm erzielen. Ähnlich den Empfängern bietet jeder Hersteller auch meist Servos in abgestuften Leistungen an. Für kleine bis mittlere Boote genügen gewöhnlich die Miniaturausführungen, die bereits recht robust sind und über ausreichende Kraft verfügen. Für die großen und starken Modelle sind Winzlinge jedoch weniger geeignet. Man muß sich darüber im klaren sein, daß in einem schnellen Rennboot beträchtliche Ruderdrücke auftreten können, die von einem zu schwachen Servo einfach nicht verkraftet werden bzw. zumindest das Getriebe schnell ruinieren.

Einbau und Betrieb

Obwohl heute alle angebotenen Fernsteueranlagen nahezu narrensicher konzipiert sind und von den Herstellern mit ausführlichen Bedienungsanleitungen versehen werden, kann man dennoch oft Fehler beim Einbau beobachten, die zwangsläufig zu Funktionsstörungen oder vorzeitigem Verschleiß führen. Deshalb will ich nachstehend vor allem auf die für Rennboote spezifischen wichtigen Punkte eingehen.
Bevor wir eine Funkfernsteuerung überhaupt in Betrieb nehmen, vergewissern wir uns, ob sie nicht bei der Post anmeldepflichtig ist. Hierzu sind die Hinweise des Herstellers zu beherzigen. Geräte mit der FTZ-Serienprüfkennzeichnung MF haben eine sogenannte allgemeine Genehmigung und sind damit anmelde- und gebührenfrei. Alte Geräte mit dem Prüfzeichen F sind nur noch befristet bis zum 31. 12. 1982 zugelassen. Eine Genehmigung für sie wird nicht mehr neu erteilt, so daß solche Anlagen eigentlich gar nicht mehr im Handel sein sollten. Die Anlagen mit der Kennzeichnung FE (betrifft nur Boote mit 433 Mhz) sind melde- und gebührenpflichtig (DM 50,— für 10 Jahre).
Beim Einbau in Rennboote sind je nach Antriebsart mehrere Problemschwerpunkte zu beachten:

- — Vibration durch den Verbrennungsmotor
- — Funkstörung durch den Elektromotor
- — Wasserdichtigkeit des Raumes für die Fernsteueranlage
- — Servo-Kraftübertragung
- — Stromquellen

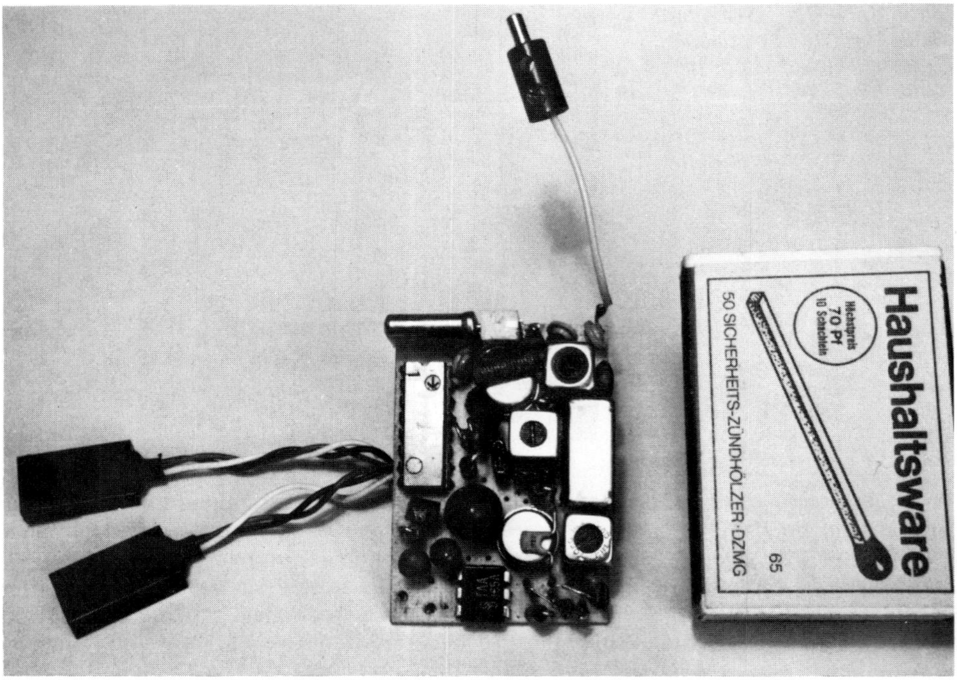

Bild 138 Eigenbau-Miniatur-FM-Empfänger mit nur 22 Gramm Gewicht

Normalerweise sind die Empfänger und Servos so robust und widerstandsfähig gegen Vibrationen aufgebaut, daß es in den meisten Fällen keiner besonderen Maßnahmen bedarf. Eine Lagerung des Empfängers in Schaumstoff kann natürlich nie schaden. Schließlich wird es doch mal vorkommen, daß das Boot hart mit einem anderen oder dem Ufer kollidiert. Dann ist es gut, wenn nicht gleich die Fetzen fliegen. In Modellen mit besonders unruhig laufenden Motoren, wie z. B. die Benzinmotoren der FSR-35 Klasse empfiehlt es sich grundsätzlich, die Empfangsanlage entsprechend zu betten. Bewährt haben sich für den Empfänger selbstklebende Schaumstoffmatten. Überhaupt ist jedes Teil im Fernsteuerraum so zu sichern, daß es sich nicht selbständig machen kann. Das gilt auch für Kabel, die sich gerne irgendwo in den Rudergestängen verheddern.
Eines der wichtigsten Dinge im Elektrorennboot ist die ordentliche Entstörung des Antriebsmotors. Den kleinen Mabuchi-Motoren sind meist entsprechende Kondensatoren beigefügt, die gewöhnlich ausreichen. Für andere Motoren gibt es passende komplette Filter. In jedem Fall muß auf ganz kurze Verbindung zu den Polen des Motors geachtet werden. In manchen Bauplänen finden sich Verschaltungsskizzen, nach denen das Filter gleich bis zu 10 cm vom Motor entfernt untergebracht ist. Eine solche Maßnahme ist völlig nutzlos. Die Motoren der Firma Keller sind bereits intern ausreichend entstört. Wer ganz sicher gehen will, verwendet als Fahrtregler einen Typ mit Optokoppler zur galvanischen Trennung des Empfängerstromkreises vom Motorstromkreis. Nach meinen praktischen Erfahrungen ist dies aber nur in Ausnahmefällen notwendig. Daß man den Empfänger nicht neben dem Motor unterbringt und die Antennenleitung nicht parallel zu Motorleitungen verlegt, versteht sich eigentlich von selbst.
Der größte Feind jeder elektrischen Anlage ist das Wasser. Deshalb ist es für das Rennboot ein absolutes Muß, daß die Empfangsanlage in einem 100 % wasserdichten separa-

ten Raum untergebracht ist. Dicht müssen auch die Durchführungen der Servogestänge und des Empfänger-Einschalthebels sein.
Mit zunehmender Bootsleistung muß die Rudermaschine mehr Kraft aufbringen, die von den Rudergestängen weitergeführt wird. Neben der statischen Belastung treten beträchtliche Stoßbelastungen auf, falls das Ruder mit irgendeinem Fremdkörper kollidiert. Deshalb sind Gelenke und Schubstangen ausreichend kräftig zu dimensionieren, damit sie nicht abknicken oder gar brechen. Für höchste Beanspruchung eignen sich die im Rennauto-Modellbau üblichen Metallkugelgelenkköpfe.
Ohne zuverlässige Stromversorgung läuft die beste Fernsteuerung nicht. Dem Ladezustand der Batterien ist daher besondere Aufmerksamkeit zu widmen. Der ernsthafte Modellbauer wird für die Steuerung keine Trockenbatterien einsetzen, die mehr für den spielzeugartigen Betrieb gedacht und auf die Dauer zu unwirtschaftlich sind. Bei vielen Sendern ist bereits ein NiCd-Akku eingebaut. Die Wahl der geeigneten Batterieart hängt wesentlich vom zeitlichen Einsatz ab. Die älteren Knopfzellen sind nicht hoch belastbar und erfordern deswegen eine relativ hohe Kapazität, um die auftretenden Stromspitzen der Servos liefern zu können. Knopfzellen sind auch nicht schnelladefähig, können dafür aber längere Zeit bei geringem Eigenverlust ohne Nachladung lagern. Setzt man schnelladefähige Sinterzellen, z. B. RSH-Typen (Varta) ein, so kann die Kapazität klein sein. Für die gewichtsknausrige Klasse F1—E 1kg genügen 100 mAh vollauf. Die Selbstentladung solcher Batterien ist jedoch recht hoch. Es empfiehlt sich daher vor jedem Fahrtag die Nachladung. Eine bewährte Lösung sind die nicht hochbelastbaren Sinterzellen, z. B. Baureihe RS (Varta), oder äquivalente von anderen Herstellern. Damit verfügt man auch noch über genügend Dampf bei geringerer Eigenentladung. In jedem Fall ist die regelmäßige Kontrolle der Batterien notwendig. Bezüglich der Pflege gilt das im Kapitel Antriebsbatterien gesagte.

Zubehör

Für die Fernsteueranlagen wird eine Menge nützliches Zubehör angeboten. Die Palette reicht vom Meßinstrument zur Batteriekontrolle, Servotester und Ladegeräten bis zu den Ersatzteilen wie Verbindungskabel, Schalter etc. Was man tatsächlich davon alles braucht, zeigt die Praxis und hängt nicht zuletzt von der Intensität ab, mit der das Hobby betrieben wird. Wer auf Wettbewerbe geht, sollte sich zumindest mit genügend Ersatzteilen eindecken. Denn Steckverbindungen und Schalter z. B. haben es nun mal an sich, immer im ungünstigsten Augenblick das Zeitliche zu segnen.

Elektronik im Rennboot

Es gibt heute kaum einen Bereich der Technik, in dem man nicht versucht, möglichst viel Elektronik reinzupacken. So auch im Schiffsmodellbau. Natürlich sind für Rennboote zunächst weit weniger Anwendungsmöglichkeiten für Elektronik erkennbar als im übrigen Schiffsmodellbau mit seinen nahezu unbegrenzten Sonderfunktionen. Jedoch gibt es hier noch ein weites Feld für die Entwicklung von Elektronik zur Unterstützung bisher rein mechanisch ablaufender Vorgänge.
Denken wir nur einmal an die gesamten Regelungsvorgänge im Bereich des Verbrennungsmotors. Als mögliche zu automatisierende Stellglieder gäbe es da z. B. folgende:

- Regulierung der Kraftstoffzufuhr, vor allem bei Drucktanksystemen.
- Regulierung des Kühlwasserstromes, um eine optimale Betriebstemperatur zu erzielen.
- selbsttägige Nachstellung der Düsennadel.

Bild 139 Eine elektronische Stoppuhr mit 1/100 Sek. Auflösung ist heute ein notwendiges Werkzeug für den ernsthaften Rennbootfahrer

Diese ganzen Vorgänge könnten ähnlich wie in der künftigen Kraftfahrzeugelektronik von einem Mikroprozessor gesteuert werden. Mit etwas Optimismus sind solche Dinge sicher schon in den nächsten Jahren zu erwarten, auch wenn es jetzt noch als Zukunftsmusik erscheint.

Ein geübter Elektronikbastler kann jedoch heute schon verschiedene Leistungen ohne übermäßigen Aufwand realisieren. Es sind dies:

— Drehzahlmessung, -steuerung und Meßwertübertragung
— automatische Düsennadelverstellung
— Stromkonstanter für Glühkerze
— Spannungsregler für Fernsteuerung
— Drehzahlsteuerung für Elektromotoren

Im folgenden will ich nun zu den vorstehenden Themen einige Applikationsvorschläge bzw. bewährte Lösungen unterbreiten.

Drehzahlmessung, -steuerung und Meßwertübertragung

Beim Rennboot mit Verbrennungsmotor ist es wünschenswert, im Betrieb die maximal mögliche Drehzahl zu erzielen. Neben der üblichen Vergaserdrosselung wird deshalb meist zusätzlich die Düsennadeleinstellung per Fernsteuerung verändert. Das Problem ist nur, daß man entweder in die falsche Richtung dreht oder aber die geringe Änderung der Drehzahl weder nach dem Gehör noch durch den visuellen Eindruck eindeutig feststellt. Hier hilft die exakte Erfassung der Drehzahl im laufenden Boot und die Übertragung des Meßwertes zum Steuermann. Dabei ist die absolute Höhe der Drehzahl gar nicht so wichtig, sondern mehr deren Tendenz. Zur Übertragung des Meßwertes an Land werden die HF-Teile einer billigen Fernsteuerung (z. B. Sanwa oder Robbe Economic) verwendet. Natürlich sind ein separater Übertragungskanal sowie eine getrennte Antenne notwendig. Dem Empfänger an Land wird eine Anzeigeelektronik nachgeschaltet, die dann über die jeweilige Drehzahl informiert.

Man kann aber zweckmäßigerweise noch einen Schritt weitergehen und die gemessene Drehzahl zur automatischen Nachregelung der Düsennadel nutzen. Eine solche Regelelektronik läßt sich mit Operationsverstärkern aufbauen. Zu beachten wäre, daß die Regelung nur in Vollgasstellung aktiviert werden soll, denn im gedrosselten Zustand würde die Elektronik die Düsennadel ebenfalls nachziehen wollen. Die Folge wäre ein abgesoffener Motor.

Stromquelle für Glühkerzen

Glühkerzen für Verbrennungsmotoren haben die unangenehme Eigenschaft, auf vom Nennwert abweichende Ströme sehr empfindlich zu reagieren. Der Strombereich, innerhalb dessen die Kerze die richtige Zündtemperatur erreicht, ist relativ eng und von Typ zu Typ individuell verschieden.
Die häufig noch zu findende Methode, den Strom von der Batterie her über den Spannungsabfall der Zuleitungen zu regulieren, ist auf die Dauer unrealistisch. Hinzu kommt noch der Übergangswiderstand zwischen Kerzenklemme und Kerze, der stark vom jeweiligen Verschmutzungsgrad abhängt. Daher ist eine kontrollierte Regelung des Stroms eigentlich unerläßlich.

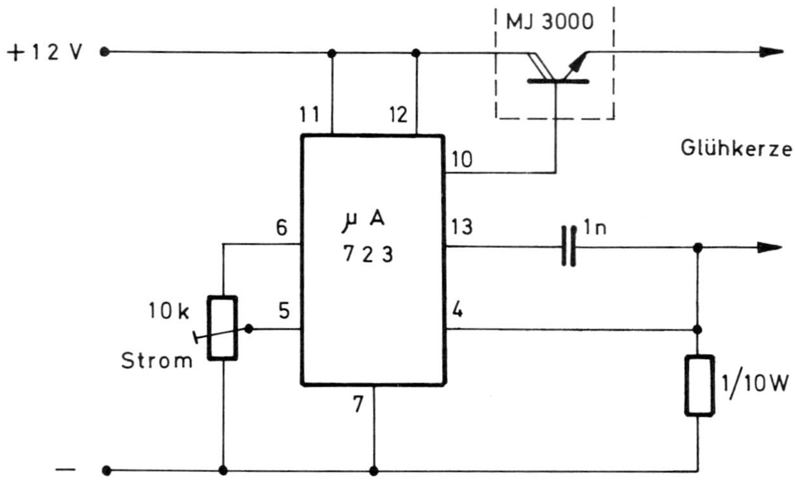

Bild 140 Stromquelle für Glühkerzen

Die Stromversorgung der Kerze wird meist zusammen mit dem Anlasser von einer gemeinsamen 12 Volt-Batterie bewerkstelligt. Eine Regelung mit veränderlichem Vorwiderstand ist deshalb kaum möglich. Zudem hat die elektronische Regelung den Vorteil, daß der eingestellte Wert unabhängig von äußeren Einflüssen wie Kabeln und Übergangswiderständen, stabil bleibt. Bild 140 zeigt einen entsprechenden Schaltungsvorschlag. Die Schaltung ist für Elektronikbastler leicht aufzubauen und in der Startbox unterzubringen. Für den Transistor ist ein Kühlblech erforderlich. Mit einem billigen Einbauinstrument kann der Strom ständig kontrolliert werden. Als fertige Lösung sind auch die im Handel angebotenen Stromregler für Batterieschnelladung geeignet.
Bei ›abgesoffenen‹ Kerzen kann man zwar die Glühwendel mit höherem Strom schneller wieder aufheizen, jedoch wird die Lebensdauer drastisch verkürzt, wenn der zulässige Strom auch nur kurz überschritten ist. Die vielen Ausfälle im Betrieb sind oft nur auf unsachgemäße Behandlung zurückzuführen.

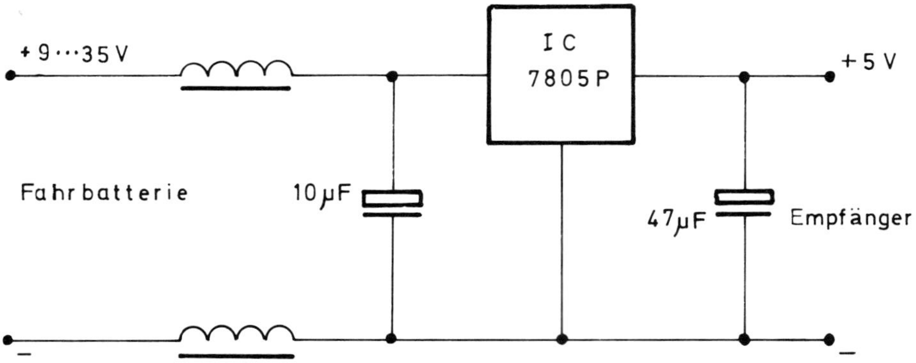

Bild 141 Schaltung des Spannungsreglers für die Empfangsanlage

Spannungsregler für Fernsteuerung

Im allgemeinen wird der Fernsteuerungsempfänger aus einer eigenen Batterie versorgt. Bei Elektrorennbooten dagegen bietet es sich förmlich an, den Strom für Empfänger und Servos aus der Antriebsbatterie mit zu beziehen. Vor allem bei Klassen mit Gewichtslimitierung lassen sich einige Gramm sparen, da ein Spannungsregler wesentlich leichter ist als die sonst erforderliche separate Batterie.
Solche Spannungsregler gibt es einbaufertig als Baustein im Modellbaufachhandel zu kaufen (Preis ca. 25 bis 40 DM), können aber auch selbst zusammengebaut werden. Dazu benötigen wir einen integrierten Schaltkreis vom Typ 7805, der von einigen Bauelementeherstellern angeboten wird. In Frage kommt wegen des geringen Gewichts nur die Ausführung im Plastikgehäuse. Der Eingang und Ausgang ist mit je einem Kondensator abzublocken. Zusätzlich kann es notwendig sein, die Eingangsleitungen mit Drosseln gegen das Eindringen von Störungen vom Motor her zu sichern.
Natürlich ist der Einsatz eines Spannungsreglers nicht geeignet, wenn aus Gründen der Funkentstörung Motorstromkreis und Fahrtregler durch Optokoppler voneinander getrennt sind. Denn es wäre unsinnig, auf der einen Seite eine Trennung des Stromkreises durchzuführen um sie am anderen Ende wieder zu verbinden. Bild 141 zeigt die komplette Schaltung, die auf einer kleinen Platine aufgebaut wird.
Der Spannungsregler selbst ist je nach Bedarf evtl. mit einer Kühlfläche zu versehen. Der Regler ist geeignet für Eingangsspannungen von etwa 9 Volt bis 35 Volt. Die Belastung der Antriebsbatterie ist gering und fällt praktisch kaum ins Gewicht.

Drehzahlsteuerung für Elektromotoren

Elektromotoren bieten gegenüber den Verbrennungsmaschinen einen wesentlich Vorteil, sie sind beliebig ein- und ausschaltbar. Darüberhinaus lassen sie sich nahezu unendlich feinfühlig vom Stillstand bis zur Höchstdrehzahl kontinuierlich regeln. Bevor ich auf die technischen Lösungsmöglichkeiten eingehe, betrachten wir vorher erst noch die Anforderungen an Elektromotoren im Rennboot.
Die einfachste Art der Betätigung des Motors ist ein Schalter, der von einem Servo bedient wird. In der Regel verwendet man dazu Mikroschalter, die es in den verschiedensten Bauformen gibt und oft gleich mit einem schönen Betätigungshebel versehen sind. Sie sind einfach zu montieren und schnell auswechselbar. Je nach Motorgröße kommen Typen ab etwa 5 Ampere Belastbarkeit in Betracht. Der größte handelsübliche Mikroschalter ist für Dauerströme bis zu 25 Ampere ausgelegt.

Bild 142 Verschiedene Mikroschalter für 5, 10, 25 Ampere Belastbarkeit (Cherry)

Selbst solche dicken Brummer, die schon von der äußeren Gestalt her eigentlich nicht mehr wie Mikroschalter aussehen, können im Dauerbetrieb nur Motoren bis etwa 12 Ampere bewältigen. In dieser Größenordnung liegen Baukastenmodelle wie MINISPEED oder AVANTI sowie die sogenannte kleine FSR-Klasse. Nun könnte man behaupten, daß ein Schalter doch mit dem maximal spezifizierten Strom betrieben werden darf. Im Prinzip ist das auch richtig, hat aber dennoch einen Haken. Wird nämlich bei Stillstand ein Elektromotor über den Schalter schlagartig mit Spannung versorgt, fließt im ersten Moment ein riesiger Strom, der nur durch die Widerstände der Wicklung, Bürsten, Leitungen und dem Innenwiderstand der Batterie begrenzt wird. Die Stromspitze geht erst mit zunehmender Drehzahl zurück. Vor allem Mikroschalter mit kleiner Kontaktfläche halten diese Tortur nicht allzu lange aus, wenn der Einschaltstrom ein Vielfaches des Betriebsstroms beträgt. Nach einiger Zeit werden die Kontakte zusammenbacken und der Motor läßt sich nicht mehr abschalten.
Es mag zwar für Zuschauer ganz eindrucksvoll sein, wenn das Boot beim Einschalten förmlich einen Satz aus dem Wasser macht und mit voller Fahrt davonzischt. Solche Quälereien bekommen aber auf die Dauer weder dem Motor noch den übrigen Antriebselementen. Ein weiterer Nachteil ist die Nichtbeeinflußbarkeit der Geschwindigkeit des Bootes. Soll es z. B. an das Ufer kommen, muß im richtigen Moment der Motor abgeschaltet werden, sonst gibt es leicht Flurschäden. Auch ist es oft wünschenswert, mit be-

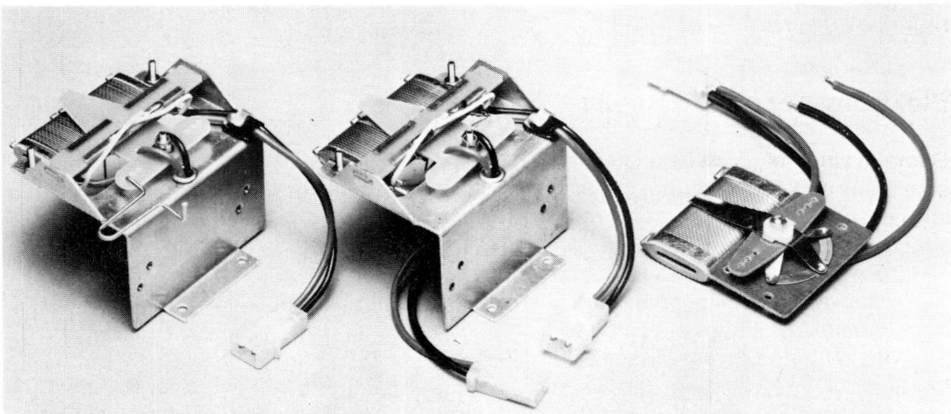

Bild 143 Verschiedene Ausführungen von Widerstandsreglern (Robbe)

Bild 144 Stufenweise schaltbare Vorwiderstände aus Widerstandsdraht. Eine gewichtssparende Lösung für F1–E 1 kg-Boote.

liebig geringer Geschwindigkeit in irgendeine Position zu fahren, sei es beim Start zum F-1 Kurs oder bei Ausweichmanövern in SR-Rennen.
Die vorstehenden Überlegungen haben gezeigt, daß eine Geschwindigkeitsbeeinflussung über die Fernsteuerung für den praktischen Betrieb eigentlich unerläßlich ist. Dazu brauchen wir einen Fahrtregler.
Vom Wirkungsfluß her unterscheiden wir rein mechanische, elektromechanische sowie rein elektronische Regler. Die einfachste Lösung ist ein Drahtwiderstand, dessen Abgriffschleifer von einem Servo betätigt wird. Solche Widerstandsregler sind bei Rennautomodellen seit langem gebräuchlich und auch für kleine Rennboote geeignet. Die am Widerstand verbratene Leistung fällt vor allem dann nicht ins Gewicht, wenn der Regler mehr nur zum zarten Hochlauf des Motors eingesetzt wird, das Boot überwiegend aber mit Volldampf und damit kaltem Widerstand fährt. Die Modellbauindustrie bietet inzwischen recht brauchbare, temperaturfeste Widerstandsregler an.
Ein Vorteil ist weiter die absolute Trennung von Antriebs- und Empfängerstromkreis und somit geringere Störprobleme. Der Regler wird zweckmäßigerweise in unmittelbare Nähe des Motors montiert und über eine Kunststoffschubstange von dem im Fernsteuerraum befindlichen Servo betätigt.

Elektromechanische Regler

Gemeint sind damit Drehzahlsteuerungen, bei denen ein Servo über Regelpotentiometer eine Elektronik mit Leistungsendstufe betätigt. Auch hier liegt wie beim Widerstandsregler galvanische Trennung der Stromkreise vor. Für die elektronische Drehzahlbeeinflussung gibt es zwei grundsätzliche Möglichkeiten:
— Lineares Verändern der Gleichspannung.
— Zerhacken der Gleichspannung in einen pulsförmigen Gleichstrom mit Variation des Pulsbreiten-Verhältnisses von 0 bis 1.
Bild 145 zeigt den Stromverlauf beider Varianten.
Bei linearer Veränderung der Gleichspannung entsteht ein wesentliches Problem, die hohe Verlustleistung am Endtransistor. Ähnlich wie beim Widerstandsregler muß hier der Transistor die Funktion des Vorwiderstandes übernehmen. Angenommen, in Halbgas-

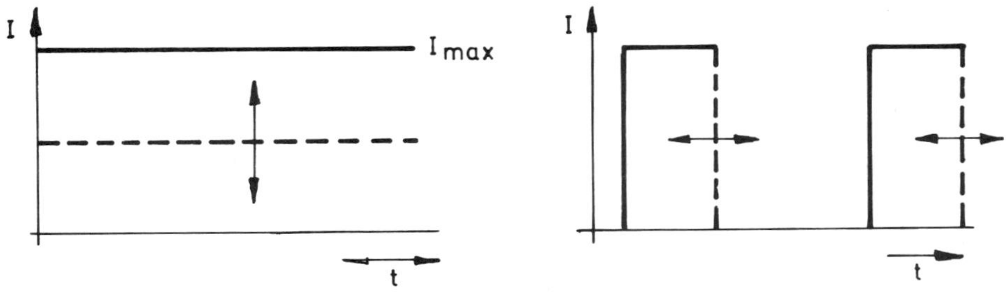

Bild 145 Stromverlauf bei elektromechanischen Reglern.
Links: Lineare Gleichstromregelung
Rechts: Pulsförmiger Gleichstrom mit Veränderung der Impulsbreite

stellung fließen 10 Ampere bei einer Batteriespannung von 20 Volt, so müßte der Transistor immerhin rund 100 Watt Verlustleistung verbraten. Aus diesem Grund ist eine solche Lösung für mittlere und große Motoren nicht geeignet. Als Alternative bleibt somit nur die pulsförmige Ansteuerung des Motors. Dabei erzeugt ein freilaufender astabiler Multivibrator eine Folgefrequenz. Die Pulsbreite wird in Abhängigkeit der Regelpotentiometerstellung verändert. Bild 146 enthält einen Schaltungsvorschlag für einen elektromechanischen Regler. Dabei überbrückt in Vollgasstellung ein zusätzlich vom Servo betätigter Mikroschalter die Restspannung des Transistors. Elektromechanische Regler gibt es heute in ausgereiften Varianten für einige Strom-/Spannungsbereiche sehr preiswert im Fachhandel.

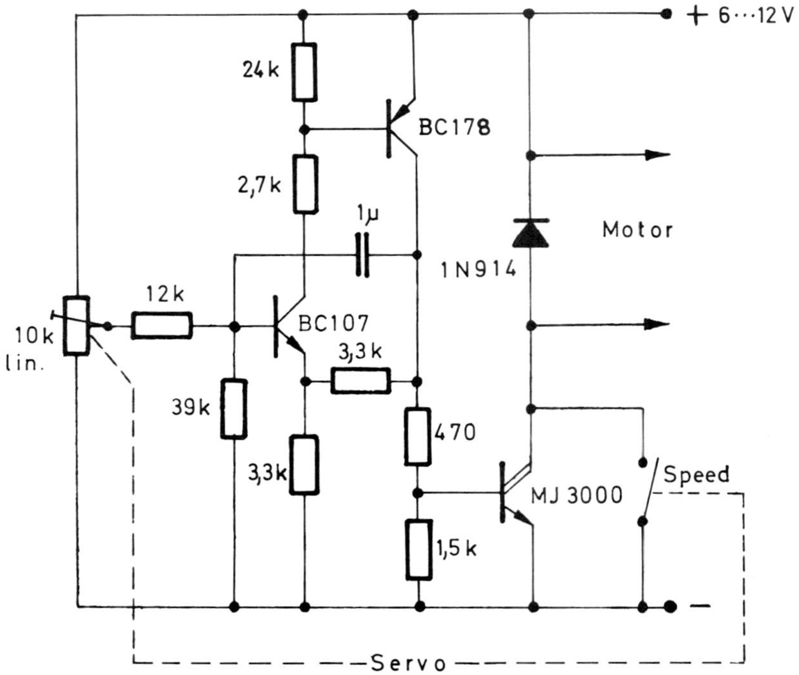

Bild 146 Schaltung eines elektronisch-mechanischen Fahrtreglers

Elektronische Regler

Der rasche Fortschritt in der Modellbauelektronik hat auch bei den Fahrtreglern nicht haltgemacht. Letzten Endes sind mechanische Regler bei den heutigen Möglichkeiten doch nur eine halbe Sache, zudem wo man dazu zwei Elemente braucht, Servo und Elektronik. Rein elektronische Regler setzen sich deshalb immer mehr durch. Der Aufwand ist relativ gering.

Statt des freilaufenden Generators wird die Folgefrequenz der Fernsteuerung benutzt. Nur ist damit die direkte Ansteuerung des Motors nicht möglich, weil die Veränderung der Steuerimpulsbreite im Verhältnis zur Folgefrequenz viel zu gering wäre. Durch eine entsprechende Elektronik muß deshalb der vom Empfänger kommende Puls proportional zu seiner Veränderung gedehnt werden. In Bild 147 ist der zeitliche Zusammenhang erkenntlich. Die an die Pulsstreckung nachfolgende Leistungsendstufe verstärkt das Signal auf den vom Motor aufgenommenen Strom. Dabei ist wieder das Problem der Restspannung am Transistor, die je nach Strom bis zu 1,5 Volt betragen kann und neben dem Verlust den Transistor stark erwärmt.

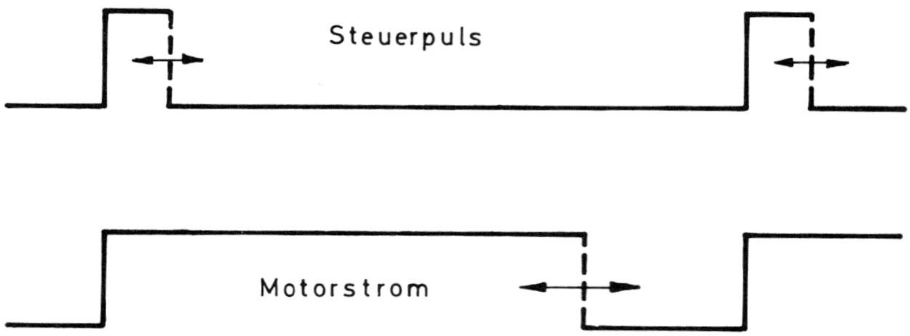

Bild 147 Elektronische Regelung mit Pulsbreitendehnung

Die Firma Frank, Hersteller von Höchstleistungsreglern für Elektromodelle, umgeht dieses Problem durch Einsatz von ausgesuchten Germaniumtransistoren mit kleiner Sättigungsspannung. Die entstehende Verlustleistung ist dabei wesentlich geringer. Auf die Überbrückung des Transistors mit einem Speedschalter kann verzichtet werden. Germaniumtransistoren haben nur den Nachteil, daß sie viel temperaturempfindlicher sind als solche aus Silizium. Trotz der geringen Verlustleistung können im Boot bei Sonnenbestrahlung leicht Temperaturen bis zu 60° Celsius entstehen, bei denen der Germanium-Transistor bereits langsam selbstleitend wird. Es ist also bei diesen Reglern, die sich ansonsten in der Praxis gut bewährt haben, unbedingt auf nicht zu hohe Umgebungstemperatur zu achten.

Fahrtregler für mittlere und kleine Leistungen werden meist mit Silizium-Endstufe und Relais zur Überbrückung des Transistors versehen. Wenn man die im Fachhandel angebotenen Regler vergleicht, kann man eine Besonderheit feststellen. Ist z. B. ein Regler für 30 Ampere ausgelegt, so wird empfohlen, diesen nur für Durchschnittsströme bis maximal 20 Ampere zu betreiben. Diese Einschränkung deutet nun keineswegs auf eine eventuelle Schwäche dieses Fabrikates hin, sondern ist einfach die logische Konsequenz aus der Tatsache, daß ein Motor im Anlauf einen wesentlich höheren Strom zieht. Berücksichtigt man dies nicht, kann zumindest die Lebensdauer des Gerätes stark vermindert sein.

Das folgende Beispiel beschreibt einen bewährten elektronischen Fahrtregler.

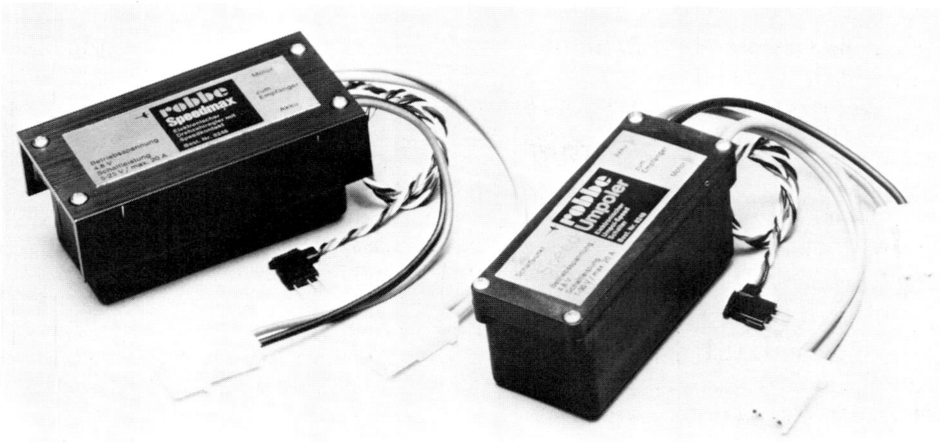

Bild 148 SPEEDMAX von Robbe. Ein sehr preiswerter und leichter Regler bis 20 Ampere. Der Umpoler ist mehr für langsamere Modelle zum Rückwärtsfahren gedacht.

Funktionsbeschreibung

Das Eingangssignal gelangt über den Transistor T1 auf den Integrationskondensator 10 µF, der in Abhängigkeit der Pulsbreite mehr oder weniger entladen wird. Die Aufladung des Kondensators besorgt in den Pausen der Trimmer 22 k-Ohm, mit dem auch der Schaltpunkt des Relais einstellbar ist. Die am Kondensator stehende Sägezahnspannung kommt nun auf den Eingang des Operationsverstärkers OP 1, an dessen Ausgang ein dem Eingangssignal proportionaler, nun aber gestreckter Puls entsteht. Dieser Puls wird vom Transistor T5 verstärkt und den Motortreibern bestehend aus T6 und T7 zugeführt. Damit wäre im Prinzip die Steuerung schon fertig. Nur würde wie eingangs schon erwähnt, der Endtransistor ständig Treiberstrom brauchen und wegen seiner Restspannung eine ganz schöne Menge Energie nutzlos verheizen. Bei einem angenommenen Motorstrom von 10 A für ein langsames Rennboot sind das immerhin schon etwa 10 Watt, die mühsam über eine Kühlfläche abzuführen wären. Deswegen bekommt die Steuerung noch einen Speedschalter in Form eines kleinen Kartenrelais verpaßt, das den Endtransistor überbrückt. Das Relais erhält seine Ansteuerung von dem Operationsverstärker OP2. Der Motorsteuerpuls vom Ausgang des ersten Operationsverstärkers wird über T2 und den Kondensator 0,47 µF integriert. Wenn nun am Steuerknüppel Vollgas gegeben wird, schaltet OP2 durch und betätigt damit das Speedrelais. Gleichzeitig wird über T4 der Steuerstrom für die Endstufe gesperrt. Damit spart man sich den Basisstrom für die Endstufe, der ja nicht gerade klein ist und bei geschaltetem Relais nur unnütz fließen würde. Beim Zurücknehmen des Steuerknüppels fällt das Relais ab und die Endstufe wird wieder pulsweise angesteuert. Die Motorendstufe mit T6 und T7 ist dem jeweiligen Einsatzfall anzupassen. Das heißt, daß die Dimensionierung vom Motorstrom und der Versorgungsspannung abhängt. Die im Stromlaufplan angegebene Dimensionierung ist für einen Motorstrom bis zu 15A bei 8 bis 14 Volt Betriebsspannung ausgelegt. Durch Wahl entsprechender Endstufentransistoren können jedoch beliebige Leistungsbereiche erzielt werden. Auch ist es möglich, die Endstufe über Optokoppler galvanisch abzutrennen. In diesem Fall wird die Diode des Kopplers in den Kollektorkreis von T5 gelegt.

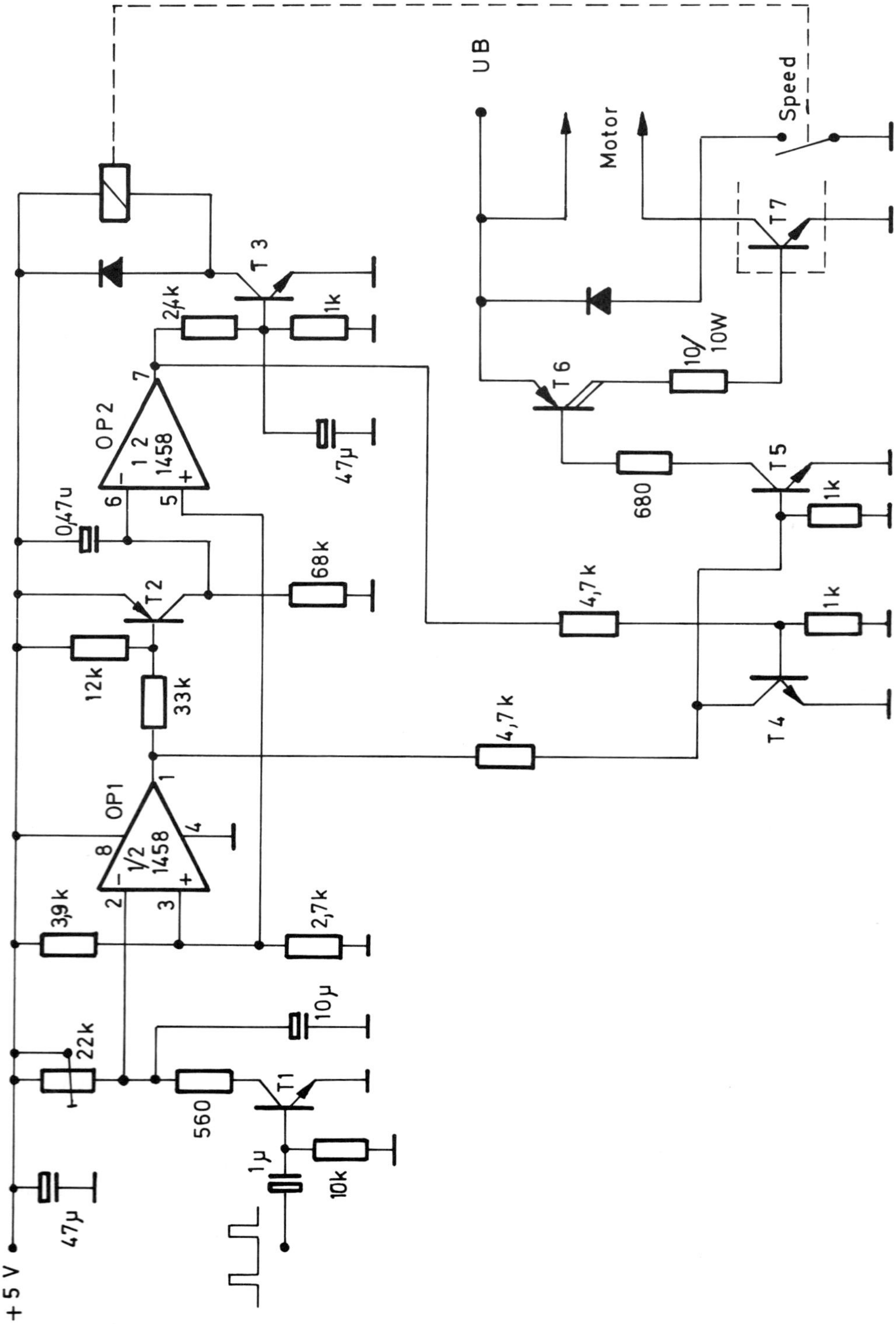

Bild 149 Stromlaufplan des Fahrtreglers

Aufbau und Betrieb

Die Schaltung läßt sich einfach auf einer Laborplatte mit 1/10 Zoll-Raster aufbauen. Das Relais paßt in diesen Raster und braucht zur Befestigung nur eingelötet zu werden. Für die Operationsverstärker empfiehlt es sich, den angegebenen oder ähnliche Typen (Dual) einzusetzen. Für größere Ströme ist es zweckmäßig, die ganze Endstufe mit T6, T7, Relais und Leistungswiderstand räumlich von der übrigen Elektronik zu trennen und in der Nähe des Antriebsmotors zu montieren. Dadurch kann z. B. auch der Endtransistor mechanisch recht einfach in den Kühlkreislauf einbezogen werden. Inwieweit eine Kühlung überhaupt notwendig ist, hängt natürlich im wesentlichen von der Fahrweise ab, das heißt, wie lange ohne Speedschalter gefahren wird. Hier ist ein praktischer Versuch vor der endgültigen Festlegung anzuraten.
Bei der Inbetriebnahme wird der Trimmer so eingestellt, daß bei zurückgenommenem Steuerknüppel der Motor gerade noch keinen Strom bekommt und in Vollgasstellung das Relais sicher angezogen ist. Die Steuerung ist gegen Störungen des Elektromotors relativ unempfindlich, so daß deswegen die galvanische Trennung zwischen Empfänger- und Fahrbatterie meist nicht nötig ist. Bei höheren Spannungen sollte jedoch über die Motoranschlüsse eine Diode gelegt werden zum Schutz des Endtransistors.
Beispiel für die Bestückung:
T1, T3, T4, T5 BC 107 oder ähnlich
T2 2N 3906 oder ähnlich

T6	T7	Strom
BD 132	2N 3055 BD 130 MJ 3055	bis 15 A
2 N 6042	BUX 39	bis 40 A

Relais: Siemens Kartenrelais V 23027-B0101-A101

Weiterentwicklung von Fahrtregler-Endstufen

Das leidige Problem mit den Endstufentransistoren dürfte sich schon in absehbarer Zeit durch eine neue Art von Transistoren lösen, dem sogenannten V-MOS Transistor. In seiner Funktion und Kennlinie ist er annähernd mit Röhren-Pentoden vergleichbar. Diese

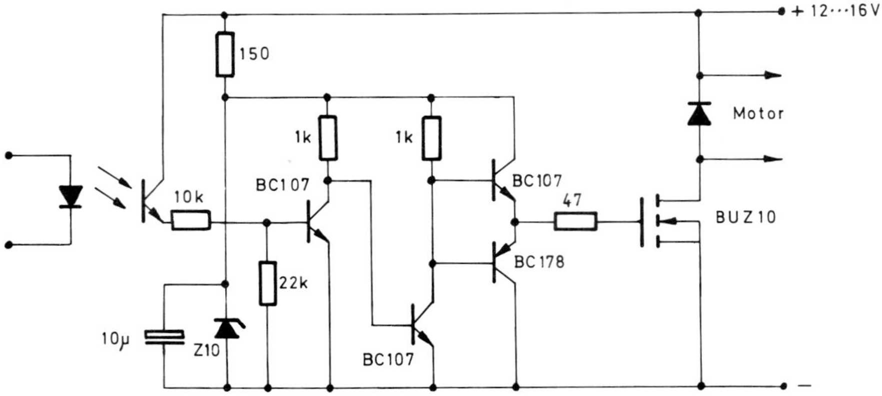

Bild 150 Motor-Endstufe mit V-MOS Transistor

Transistoren enthalten auf einem Chip Tausende parallelgeschalteter Feldeffekt-Transistoren. Die Vorzüge gegenüber herkömmlichen Leistungstransistoren liegen in der praktisch leistungslosen Ansteuerung und der hohen Grenzfrequenz. An Stelle einer stromabhängigen Sättigungsspannung tritt ein fester Bahnwiderstand von etwa 0,05 bis 0,1 Ohm.
Die Transistoren sind beliebig parallel schaltbar, wobei sich der resultierende Durchschaltwiderstand entsprechend reduziert. Damit wird auch die Restspannung und folglich die Verlustleistung kleiner.
Bild 150 zeigt die Applikation für eine Leistungsendstufe mit V-MOS Transistoren.

Rennboot für F1 — E 1 kg

Boote für diese Wettbewerbsklasse sind etwas für Spezialisten. Da es hier auf jedes Gramm ankommt, müssen meist von den üblichen Verfahren abweichende Wege beschritten werden. Um das Gewichtslimit voll auszunutzen, ist es wichtig, daß für die Antriebsbatterie möglichst viel Gewichtsspielraum verbleibt. Das heißt, das ganze Drumherum wie Rumpf, Fernsteuerung, Welle, Motor, etc. muß sehr leicht sein. Die Rümpfe solcher Boote liegen immer unter 100 Gramm.
Spezialisten haben es sogar auf nur 50 Gramm gebracht. Dazu ist schon einige Anstrengung notwendig. Gebräuchlich sind überwiegend Konstruktionen aus Balsaholz mit den verschiedensten Oberflächenbehandlungen. Aber auch Kunstharzrümpfe aus Epoxy werden verwendet. Sie haben den Vorteil größerer Festigkeit und sind widerstandsfähig gegenüber Wasser.
Für den Aufbau nahm ich eine bewährte Schale von Grammersbach, die zwar leer ca. 90 Gramm schwer ist, dafür aber ordentlich stabil. Zum Antrieb dient ein Keller-Motor 30/8. Der Motor wurde durch Aussparungen im Gehäuse und Behandeln der Lagerschilder gewichtsmäßig abgespeckt. Statt einer eigenen Kupplung erhielt die Motorwelle eine 2 mm-Bohrung zur direkten Aufnahme der Welle. Die Antriebswelle stellte ich auf folgende Weise her:
Als Stevenrohr dient ein Aluminiumrohr mit 5 mm Innendurchmesser. In die Rohrenden sind jeweils Miniaturkugellager mit 2 mm Innendurchmesser eingeklebt. Ein drittes Lager sitzt zur Vermeidung von Schwingungen in der Mitte. Die Welle selbst besteht aus 2 mm Stahldraht mit schraubenseitigem Gewinde, auf das ein Gewindeadapterstück zur

Bild 151 Der gut durchgebildete Rumpf verleiht dem Boot hohe Geschwindigkeiten

Bild 152 Der Antrieb ist gut zugänglich. Hier ist der Motor GZ 1200 von Robbe eingebaut.

Aufnahme der Antriebsschraube aufgebracht ist. Das motorseitige Ende der Welle steckt direkt in der Motorwelle und ist mit zwei Inbusschrauben festgemacht. Die komplette Welle wiegt nur rund 5 Gramm. Der Motor ist in einem Spant aus Epoxy befestigt, eine Kühlung war für den F1-Kurs nicht erforderlich.
Als Fernsteuerempfänger verwende ich eine FM-Eigenentwicklung mit 23 Gramm Gewicht. Zur Ruderbetätigung dient ein Robbe Servo S 201. Die Stromversorgung erfolgt aus Zellen mit 100 mAh. Zur Motorsteuerung ist ein Eigenbau-Fahrtregler mit Speedrelais eingebaut. Das Gesamtgewicht der Fernsteuerung inklusive Servohalterung, Ruder und Fahrtregler beträgt rund 140 Gramm.
Betrieben wird das Boot mit 20 Zellen 0,45 Ah. Auf dem F1-Kurs sind damit Zeiten um 23 Sekunden erreichbar. Das Fahrverhalten ist ausgezeichnet, selbst bei stärker bewegtem Wasser liegt das Boot stabil.
Später modifizierte ich das Boot für FSR-E. Dazu wurde das Innere des Rumpfes entlang der Klebekante mit Epoxyharz verstärkt. Als Antrieb dient ein Mabuchi 550 mit Luft- und Wasserkühlung, der eine 45 mm-Schraube treibt. Mit 10 Zellen 1,2 Ah ist das Boot jetzt knapp 1100 Gramm schwer und erreicht mit diesem billigen Motor noch Zeiten von 28 sec. auf dem F1-Kurs bzw. 13 sec. bei FSR-E. Selbst bei harten Kollisionen ist es kaum umzuwerfen.

Klassifizierung und Wettbewerbsbestimmungen

In der Bezeichnung Rennboot steckt das Wort Rennen. Schon darin ist die eigentliche Zweckbestimmung dieser Sparte des Schiffsmodellbaus erkennbar. Natürlich kann man nur so zum Spaß ein schnelles Modell bauen und irgendwie kreuz und quer übers Wasser flitzen lassen, aus reiner Freude an der schnellen Bewegung. Normalerweise wird dies aber schon nach kurzer Zeit relativ langweilig. Hier fehlt nämlich etwas ganz Wesentliches, das Ziel. Unter Ziel ist das planmäßige Hinarbeiten auf einen bestimmten Leistungsbereich zu verstehen. Um solche Leistungsbereiche zu erfassen und gegeneinander abzugrenzen, bedarf es einer klaren Reglementierung. Die verschiedensten Arten von Rennbooten müssen also je nach Antriebsart, Motorgröße, evtl. Gewicht und nach

Bild 153 Die Wasserbedingungen auf einem Wettbewerb wechseln oft schnell

Zweckbestimmung (Höchstgeschwindigkeit / Geschicklichkeit / Mannschaftslauf) in praktikabel abgestufte Klassen eingeteilt sein.
In mühsamer Kleinarbeit, unendlich vielen Versuchen und schritthaltend mit der technischen Entwicklung sind so im Laufe von über zwei Jahrzehnten die heute bestehenden Klassen und Regeln entstanden. Für diese Regeln zeichnet der NAVIGA-Verband verantwortlich. Sie sind deshalb für alle kontinentalen und interkontinentalen öffentlichen Meisterschaften verbindlich. Bei den sogenannten Freundschaftswettbewerben kann der austragende Verein selbstverständlich von diesen Regeln abweichen, muß dies aber in der Ausschreibung klar definieren, denn eine gezielte und rechtzeitige Vorbereitungsmöglichkeit ist absolute Voraussetzung für den reibungslosen Ablauf.
Um sich bis zu den höchsten Meisterehren hochzuarbeiten, muß sich der Modellbauer über mehrere Hürden hinweg qualifizieren. Dies beginnt in der untersten Ebene bei den Gruppenmeisterschaften. Wegen der räumlichen Streuung der deutschen Vereine ist nämlich der NAUTICUS in Gruppen aufgeteilt: Nord, Süd, Mitte, West. Eine Qualifikation in der Gruppenmeisterschaft auf den ersten drei Plätzen ist Voraussetzung für die Teilnahme bei der Bundesmeisterschaft. Und so geht es weiter zur Europa- und bis zur Weltmeisterschaft. Eine erste Weltmeisterschaft in den Klassen A, B, E, F1, F2, F3, FSR-V hat 1979 in Duisburg stattgefunden. Solche Mammutveranstaltungen sind natürlich mit beträchtlichen Problemen in der Durchführung verbunden. Auch das finanzielle Risiko ist selbst bei kleineren Wettbewerben wegen der unvorhersehbaren Witterung und dem da-

Bild 154 Das gleiche Boot bei rauhem Wasser

Bild 155 Gerade bei kaltem Wetter ist solch ein Startwagen eine angenehme Hilfe

mit verbundenen unterschiedlichen Zuschauerandrang schwer kalkulierbar. Dennoch sind die mit viel Idealismus vorbereiteten Veranstaltungen die wichtigste und ertragreichste Öffentlichkeitsarbeit.
Nachstehend will ich nun aus der großen Zahl der Wettbewerbsklassifizierungen die für den Rennboot-Modellbauer in Frage kommenden Klassen herausgreifen und deren derzeit gültige Regeln kurz beschreiben.
Folgende Gruppierungen werden derzeit praktiziert:

Geschwindigkeitsklassen

A1	Fesselrennboote
A2	Fesselrennboote
A3	Fesselrennboote
B1	Fesselrennboote
F1-V2,5	Ferngesteuerte Boote
F1-V5	Ferngesteuerte Boote
F1-V 15	Ferngesteuerte Boote
F1-E 1 kg	und über 1 kg

Geschicklichkeitsklassen

F3-V
F3-E

Mannschafts-Rennklassen

FSR-1,8 (nur Nauticus)
FSR-3,5
FSR-6,5
FSR-15
FSR-35
FSR-E 2 kg (erst NAVIGA Entwurf)
FSR-E über 2 kg (erst NAVIGA Entwurf)

Fesselrennboote

Wie der Name schon sagt, fahren diese Modelle an einer Leine aus Stahldraht um einen Mast. Der Durchmesser des Fahrkreises ist so bemessen, daß bei den zu fahrenden fünf Runden eines Laufes 500 Meter Strecke zurückgelegt werden. Hieraus läßt sich dann leicht die Geschwindigkeit ermitteln.
Die Untergruppierungen bedeuten:
A1-Boote mit Unterwasserantrieb und einem Hubraum bis zu 2,5 ccm
A2-Boote mit Unterwasserantrieb und einem Hubraum über 2,5 bis 5,0 ccm
A3-Boote mit Unterwasserantrieb und einem Hubraum über 5,0 bis 10,0 ccm.
B1-Boote mit Luftschraubenantrieb und einen Hubraum bis zu 2,5 ccm.
Als Besonderheit ist festgelegt, daß die Boote bei stillstehendem Motor schwimmfähig sein müssen.
Die Fesselrennboote sind heute überwiegend in den Ländern des Ostblocks verbreitet.

Ferngesteuerte Boote der Geschwindig-keitsklassen

Die Bezeichnung F bedeutet, daß es sich um ferngesteuerte Modelle handelt. Die 1 benennt die Art des zu fahrenden Geschwindigkeitskurses.
Die Boote sind unterteilt, bei den verbrennungsmotorisch getriebenen:
— bis zu 2,5 ccm
— von 2,5 bis 5 ccm
— von 5,0 bis 15,0 ccm
bei den Elektrobooten:
— bis zu 1 kg Startgewicht
— über 1 kg Startgewicht
Die Rennboote der Klasse F1-V2,5 dürfen wahlweise mit Unterwasser- oder Luftschraubenantrieb ausgerüstet sein, alle übrigen nur mit Unterwasserantrieb. Luftschraubenantriebe werden jedoch kaum angewandt. Zwar wären mit ihnen wegen des gegenüber der Wasserschraube größeren Wirkungsgrades höhere Geschwindigkeiten erreichbar, aber der ungünstige Massenschwerpunkt wirft in engen Kurven beträchtliche Probleme auf.

Geschwindigkeitslauf mit Elektroantrieb

In diesem Bereich wurden vor einiger Zeit die früheren Klassen E 30 und E 500 mit Begrenzung der Leistungsaufnahme (30 bzw. 500 Watt) durch zwei Gewichtsklassen abgelöst. Dies war notwendig, um dem Veranstalter eine einfachere Standprüfung zu ermöglichen. Bei den damals oft verwendeten Salzwasserbatterien war nämlich eine vernünftige Leistungsmessung schier nicht zu realisieren.

F1-E 1kg

Diese Gruppe ist die Klasse der Tüftler. Keine andere Klasse fordert das technische Können des Modellbauers in ähnlichem Maße. Entsprechend der Kennzeichnung ist das Startgewicht inklusive Stromquellen auf 1 kg begrenzt. Zusätzlich darf die Spannung der Batterie 42 Volt nicht übersteigen. Dieses Limit, das im übrigen grundsätzlich für alle E-Klassen gilt, ist in den gesetzlichen Vorschriften der elektrischen Sicherheit begründet. Zulässig sind ferner nur wiederaufladbare Stromquellen.

F1-E über 1 kg

Hier besteht nach oben kein Gewichtslimit. Wegen des meist wesentlich höheren finanziellen Aufwandes (Motor, Batterien) sind solche Boote etwas für Leute, die ihrem Hobby kaum materielle Grenzen setzen (müssen).

Bild 156 Startvorbereitung zum FSR-Rennen

Bei den F1-E Klassen werden gewöhnlich die beiden Läufe mit kurzer Pause direkt hintereinander gefahren. Dabei darf das Boot zwischen den Läufen nicht berührt werden. Die F1-Klassen erfreuen sich nach wie vor großer Beliebtheit, wenngleich hier wahrscheinlich keine riesigen Verbesserungen mehr zu erzielen sind. Sicher lassen sich die Boote unter Ausschöpfung aller technischer Möglichkeiten noch um einiges schneller machen, aber dem Können des Steuermanns sind eben letztlich auch natürliche Grenzen gesetzt. Es erfordert schon eine gehörige Portion Reaktionsvermögen und Fahrpraxis, um ein Boot mit deutlich unter 20 Sekunden um den Dreieckskurs zu bringen.

F3-Geschicklichkeits-Klassen

Der F3-Kurs soll speziell die Geschicklichkeit des Steuermanns und Wendigkeit des Bootes testen. Es gibt je eine Gruppe mit Verbrennungsmotor und Elektroantrieb. Da es weniger auf die absolute Geschwindigkeit ankommt, ist die Motorgröße nicht begrenzt. Gefahren wird um einen besonderen Kurs, den Tannenbaum. Der schwierigste Teil des Laufes ist wohl das hintere Tor an der Spitze des Dreiecks. Bei einer Entfernung von rund 40 Metern zum Steuermann verschätzt man sich hier leicht. Trotzdem wird der F3-Kurs von den Geschwindigkeitsfahrern gern als willkommene Abwechslung gesehen. Gerade für die neuen FSR-E Boote ist diese Klasse als Geschicklichkeitsübung interessant. Bei der Auswertung setzt sich die erreichte Punktzahl aus Berührungs- und Torverfehlungsfehlern sowie dem Abstand zu einem oberen zulässigen Zeitlimit zusammen.

FSR-V Mannschaftsrennen

Mit der Entwicklung selektiver Empfänger nach dem Superhetprinzip wurde es möglich, gleichzeitig nebeneinander mehrere Modelle ohne gegenseitige Beeinflussung zu betreiben. Unter Ausnutzung der zugelassenen Kanäle können bis zu 12 Boote gleichzeitig starten. Mit Ausnahme von FSR-1,8 wird um einen größeren M-Kurs gefahren. Entschei-

Bild 157 Dichtes Gedränge an der Startstelle

dend sind die innerhalb einer halben Stunde gefahrenen Runden. Es sind Bestrebungen im Gange, die Laufdauer auf bis zu 2 Stunden zu verlängern.
Die Klassen sind entsprechend ihrer Bezeichnung nach Hubraumgrenzen gegliedert. Die kleinsten Boote mit 1,8 ccm Hubraum sind nicht in den NAVIGA-Regeln enthalten. Ursprünglich war diese Klasse wegen des anfänglich relativ geringen Aufwandes als ›Volksklasse‹ gedacht. Da inzwischen praktisch nur noch ein einziger Hersteller einen passenden Motor anbietet, der für die Größe auch nicht mehr gerade billig ist, sind die Teilnehmerzahlen in letzter Zeit etwas rückläufig.

FSR-E, Mannschaftsrennen mit Elektroantrieb

Die sprunghafte Entwicklung auf dem Sektor Elektromotoren und Batterien hat für Elektrorennboote die Möglichkeit eröffnet, ›längerdauernde‹ Rennen zu veranstalten. Der Bereich FSR-E ist noch im Versuchsstadium, von seiten der NAVIGA gibt es bisher nur einen Regelentwurf für zwei Klassen:

FSR-E 2kg und FSR-E über 2 kg.

Die kleine Klasse ist mehr für Einsteiger und den Nachwuchs gedacht, während sich in der größeren Klasse die Experten in Materialschlachten austoben dürfen. Um finanziellen Exzessen Einhalt zu gebieten, wurden vorsorglich statt der teuren und kurzlebigen Silber / Zink-Batterien nur Blei- und NiCd-Zellen zugelassen. Die Reglementierung nach Gewicht mag umstritten sein, jedoch hat sich herausgestellt, daß ein Gewichtslimit ähnlich wie bei F1-E für den Veranstalter auf die Dauer die einzig praktikable Lösung darstellt. Damit ist eventuell beabsichtigtes Mogeln zumindest erheblich erschwert. Die Laufdauer beträgt zwischen 10 und 15 Minuten. Die Boote erzielen dabei Ergebnisse, die in der Größenordnung von FSR-1,8 oder darüber liegen. Damit sind die E-Boote keineswegs langweilig. Im Gegenteil, der optische Effekt wird von den Zuschauern oft höher eingestuft, da gleichzeitig fahrende Boote in großer Zahl auch mehr Action erzeugen.

Bild 158 Die kleinen Boote der Klasse FSR-1,8

Bild 159 Große Schaumschlägerei bei FSR-15

Allgemeine Bestimmungen

Ähnlich der maximal zulässigen Spannung im E-Boot gibt es für die Verbrennungsmotoren ein Limit, den Geräuschpegel. Jedes Boot mit Verbrennungsmotor wird auf Einhaltung der zulässigen Grenze überprüft.
Zur Identifikation und Unterscheidung der Modelle sind diese mit einer Dauerstartnummer bzw. vom Veranstalter vergebenen Einzelnummer versehen. Dazu ist eine spezielle normierte Halterung am Boot erforderlich. Die Größe des Schildes und der Zahlen sind genau vorgeschrieben.
Auch die Fahrweise ist reglementiert. Die Art des Überholens und das Umfahren von Bergungsbooten sind festgelegt. Wer unfair andere behindert, bekommt Strafpunkte oder wird gar disqualifiziert.
Die nachstehenden Abbildungen zeigen die verschiedenen Fahrkurse und sonstige Einzelheiten.
Weitere Details sind in den NAVIGA Wettbewerbsregeln festgehalten. Jeder ernsthafte Rennboot-Fahrer sollte dieses Regelwerk besitzen.

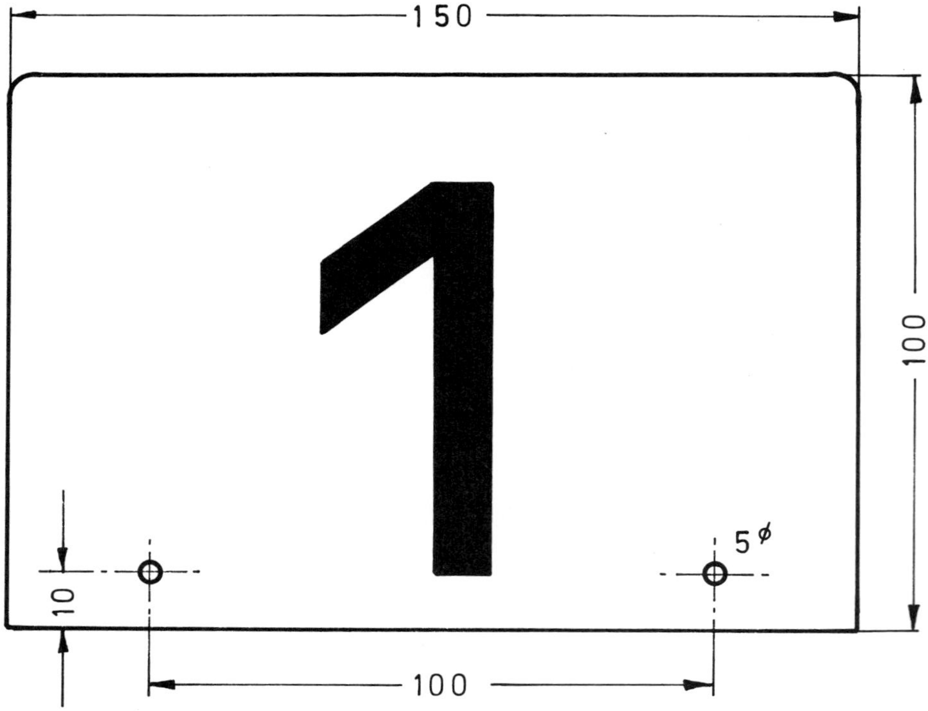

Bild 160 Das vorgeschriebene Startplatzschild

Bild 161 Das SR-Rennen erfordert hohe Konzentration

WETTKAMPFBAHN FÜR MODELLRENNBOOTE GRUPPE A/B

Radius des Fahrkreises 15.932 m

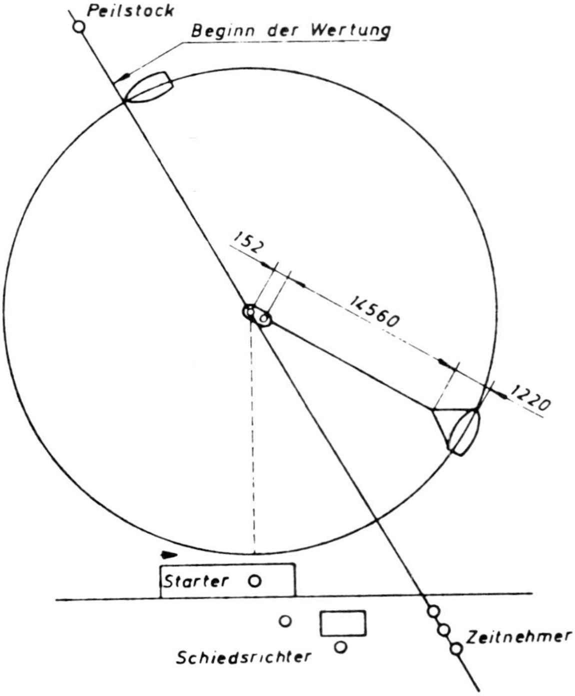

Gestaltung der Ösen an der Fesselleine und am Fesseldreieck

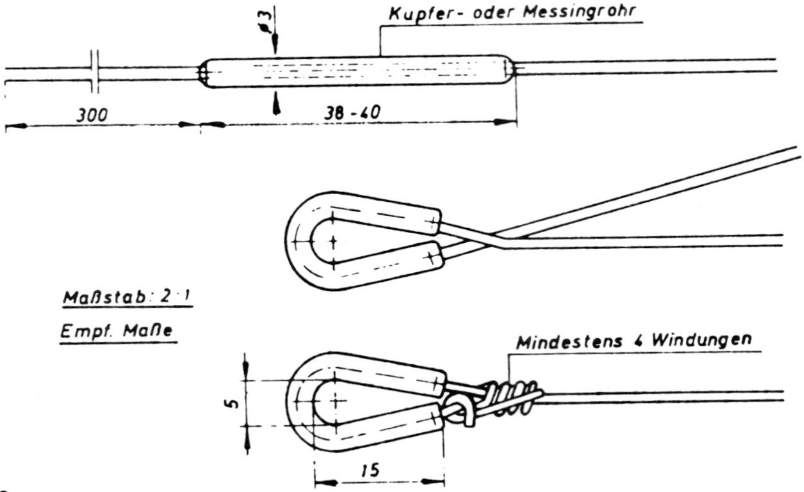

Bild 162

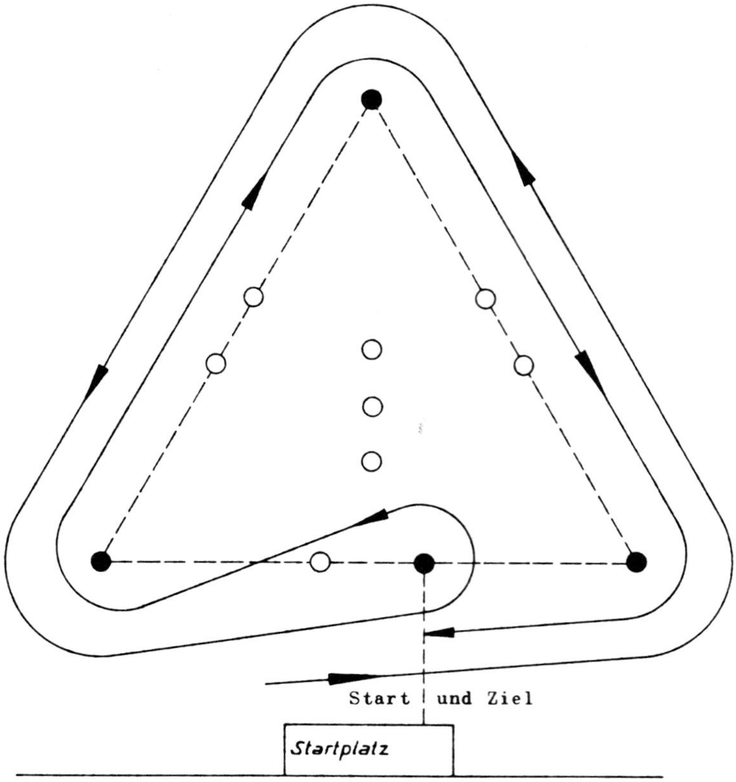

Bild 163 Geschwindigkeitskurs für Klasse F 1

FSR-E Anfängerklasse

Neben dem NAVIGA-Entwurf bemühen sich einige Vereine, eigene Reglements zu erarbeiten. So hat z. B. der Elektrorennboot-Experte Willi Senff eine reine Anfängerklasse entwickelt, die vor allem den Nachwuchs ansprechen soll. Die Praxis verschiedener Wettbewerbe zeigte bereits, daß die nachstehende Regel bei den Jugendlichen großen Anklang findet. Dabei wird mit einfach zu erstellenden Baukastenmodellen ein 10 Minuten dauerndes Rennen gefahren.
Für den Antrieb sind maximal 10 Zellen ohne Wechsel sowie handelsübliche Billigmotoren zugelassen. Mit Getriebeuntersetzung von 1:2,5 und Schraube 32,5 X wird ein guter Wirkungsgrad und eine Durchschnittsgeschwindigkeit erreicht, die gar nicht so niedrig ist, wie man zunächst vermutet.
Natürlich geht es nicht so schnell her wie bei den großen Booten. Aber die Tatsache, daß hier im Gegensatz zu manchen FSR-V Rennen wirklich viele Boote gleichzeitig unterwegs sind, sorgt für einige Spannung unter Teilnehmern und Zuschauern. Als Kurs hat sich ein kleines M mit etwa 125 Metern Umfang bestens bewährt. Wie eingangs schon erwähnt, bietet diese Regel auch dem jungen Modellbauer eine Chance zur Wettbewerbsteilnahme, was, auf lange Sicht betrachtet, für den Fortbestand unseres Hobbys ein äußerst wichtiger Faktor ist.

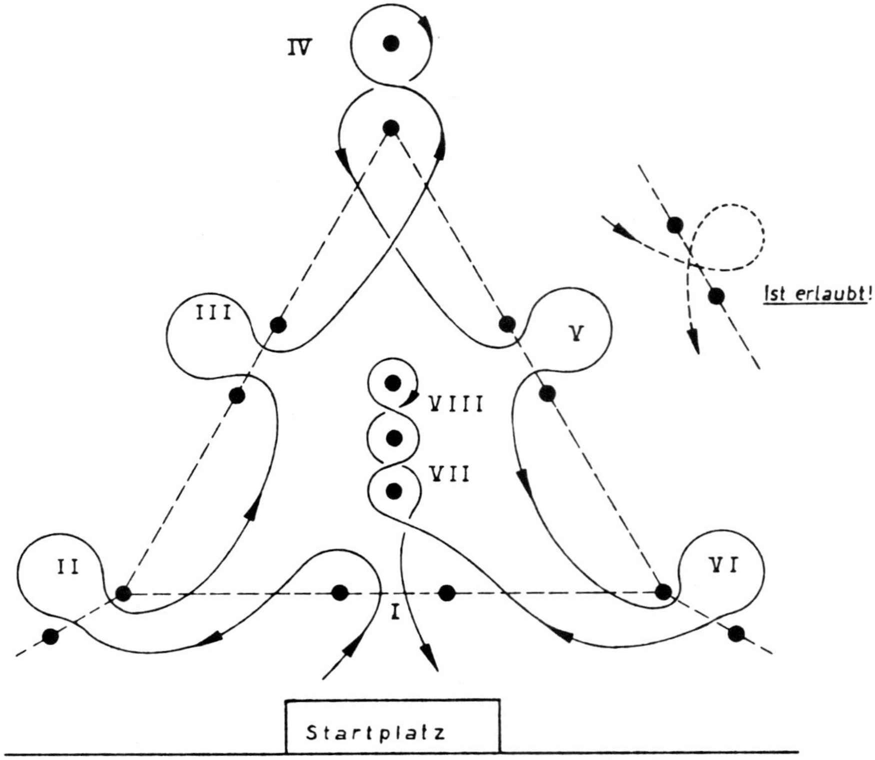

Torfolge	Punkte bei Tordurchfahrt	Punktabzug bei Bojenberührung
I	6	2
II	6	2
II	6	2
III	9	3
III	9	3
IV	12	4
IV	12	4
V	9	3
V	9	3
VI	6	2
VI	6	2
VII	6	2
VIII	6	2
VIII	6	2
VII	6	2
I	6	2
Gesamtpunkte:	120	

Bild 164 Figurenkurs für Klasse F 3

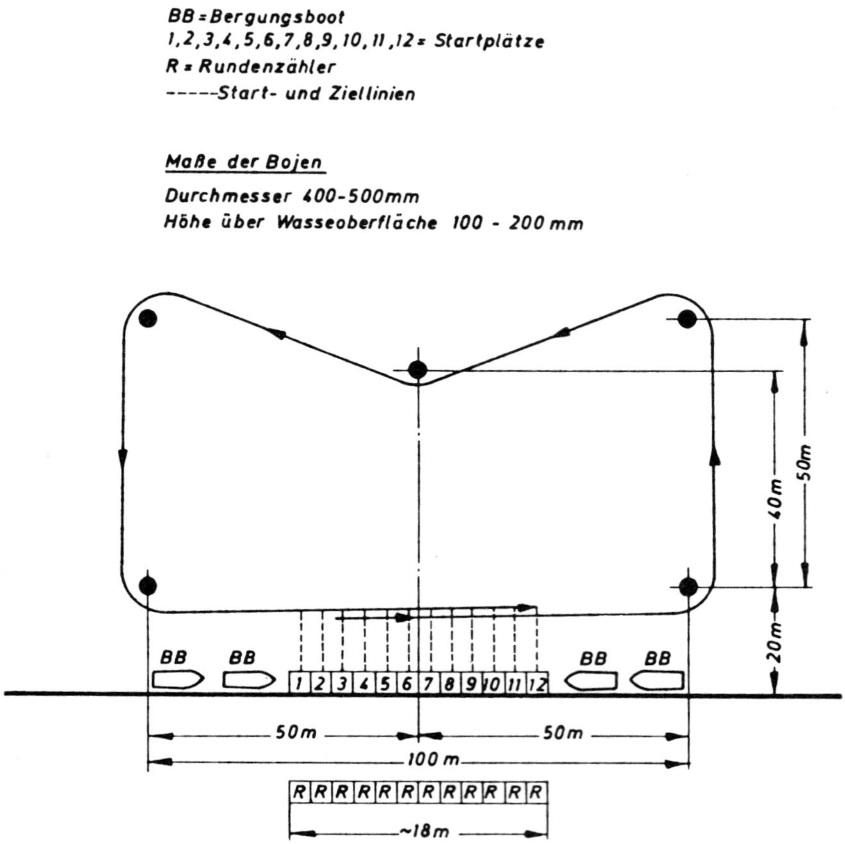

Bild 165 KURS FSR (Superhet-Dauerrennen)

Ein Gigant der Klasse FSR-35

Wie in anderen Kapiteln gezeigt, kann es Spaß machen, superleichte oder kleine Rennboote zu bauen. Ebenso ist es aber auch interessant, das Gegenteil zu tun. Vor allem, wer über ein ausreichend großes Gewässer verfügt und keine Transportprobleme hat, wird sich für die großen FSR-35-Pötte leicht begeistern können. Gerade dort, wo das Wasser meist überwiegend ungemütlich für kleinere Boote ist, da fühlen sich die dicken Brummer wohl.
Da für diese Boote das Ausrüstungsgewicht weniger eine Rolle spielt, lassen sich hier auch leichter aufwendigere Konstruktionen und Aufbauten realisieren. Deswegen sind sie oft vorbildähnliche Nachbauten von großen Kabinenkreuzern. In Verbindung mit dem hohen Fahrgewicht und entsprechender Wasserverdrängung geben die 35er Boote ein imposantes Fahrbild ab. Die SR-Rennen mit ihnen sind daher recht publikumswirksam.
Fertige Rümpfe für diese Riesen sind relativ wenig im Handel erhältlich. Die Firma Schaffer GfK-Werft bietet komplette Bausätze an, mit folgenden technischen Daten:

- — Länge 110 cm
- — Breite 36 cm

Bild 166 FSR-35 Riese

Durch die extrem tiefe V-Form des Rumpfes ist das Boot auch für rauhes Wasser sowie für fließende Gewässer bestens geeignet. Das Fahrgewicht beträgt ca. 18 kg. Das Design der Aufbauten ist den großen Vorbildern gut nachempfunden und gibt dem Modell ein ansprechendes Aussehen.

Fahrtechnik

Das schnellste Boot nützt für sich allein noch nicht viel, wenn der Steuermann nichts taugt. Diese alte Weisheit bewahrheitet sich auf Wettbewerben immer wieder. Oft sind es dort gerade die nicht superschnellen Modelle, welche im SR-Rennen die ersten Plätze belegen. Und dies nur, weil sie riskante Manöver tunlichst vermeiden, an Bojen gelegentlich abdrosseln und dafür aber konstant Runde für Runde durchfahren. Mit ungeduldigem Gedrängel sind bei größerer Teilnehmerzahl kaum Rennen zu gewinnen.
Überhaupt ist es mit der Disziplin so eine Sache. Es gehört schon eine gute Portion Nerven dazu, eine halbe Stunde (oder gar noch länger) lang Ruhe zu bewahren und doch andererseits jede günstige Situation geschickt zu nutzen. Trotzdem sollte nicht zuletzt im eigenen Interesse Rücksichtnahme das oberste Gebot in einem fairen Rennen sein. Schließlich haben sich ja auch die anderen Teilnehmer mit nicht unbeträchtlichem Aufwand an Geld und Zeit mühsam vorbereitet und erhoffen sich eine Chance.
Vor allem die Insassen von Bergungsbooten sind oft massiven Angriffen ausgesetzt. Bei Kollisionen gibt es zumindest ärgerliche Sachschäden. Zur Verringerung solcher Probleme werden die Reglements ständig weiterentwickelt, um z. B. mit Punktabzug oder Disqualifikation die Moral auf dem Wasser zu verbessern.
Natürlich sind viele Gefahrenmomente nicht auf Fahrlässigkeit oder gar Vorsatz zurückzuführen, sondern einfach auf Unvermögen des Steuermanns. Mancher lernt es zwar nie, aber im allgemeinen gilt der Grundsatz — üben, üben und nochmals üben! Der Anfänger hat das Problem, daß manche Boote für ihn einfach zu schnell sind. Er sollte sich vielleicht erst mit langsamen Modellen etwas Praxis erarbeiten, um das richtige Gefühl zu bekommen.
Der Fahrer muß eine Einheit mit seinem Boot bilden, so als würde er selbst darin sitzen. Im folgenden will ich nun einige Tips zur Verbesserung geben, bzw. zur Vermeidung typischer Fahrfehler.

Bild 167 Das richtige Umfahren der Wendeboje erfordert viel Übung

FSR-Rennen

Das Hauptproblem beim großen M-Kurs ist die richtige Einschätzung der Entfernungen des Rennbootes zu den zu umfahrenden Bojen. Es ist z. B. festzustellen, daß vor allem die Boje rechts oben oft in viel zu großem Abstand umrundet wird. Dabei verschenkt man natürlich einige wertvolle Meter. Es ist eben schwer, auf so große Entfernung das richtige Augenmaß zu haben, noch dazu, wenn vielleicht die Sonne blendet und die anderen Boo-

Bild 168 Ob das Überholverbot wohl befolgt wird?

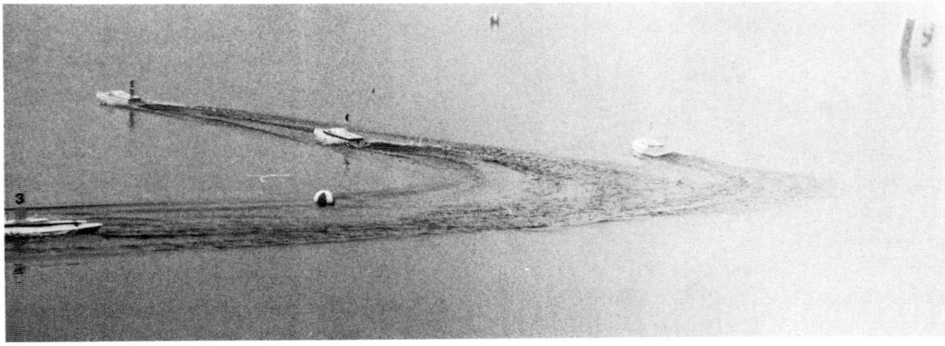

Bild 169 Nebelrennen – oft erschwert die Witterung den Lauf ganz erheblich

te ablenken. Nach dem Reglement darf im Bojenbereich ein Überholen anderer Boote nur auf der Außenseite erfolgen, was wegen des erforderlichen Sicherheitsabstandes einen beträchtlichen Umweg bedeuten kann. Besser ist es, vor der Boje leicht abzubremsen und dann danach auf der Geraden zu überholen. Voraussetzung ist hierfür aber ein einwandfrei drosselbarer Motor, der nicht hinterher ins Stottern kommt.
Wer die Bojen gerne knapp umfährt, kann sich leicht bei der Mittelboje verschätzen und diese fälschlicherweise außerhalb passieren. Das Zurückfahren nach verfehlten Bojen stellt eine erhebliche Gefährdung der übrigen Teilnehmer dar. Eine Änderung des Reglements in diesem Punkt wäre wünschenswert. Die in einigen FSR-E Rennen schon praktizierte Lösung des Abzuges von 0,2 Runden je verfehlter Boje hat sich hervorragend bewährt.
Eine ähnliche Gefahr bedeuten liegengebliebene Boote, um die man lieber einen großen Bogen machen sollte, vor allem, wenn sich das Bergungsboot in der Nähe befindet. Zu beachten ist, daß sich der Standort des ausgefallenen Bootes bis zur nächsten Begegnung beträchtlich ändern kann und dann leicht übersehen wird.
Kritisch ist auch der gleichzeitige Start vieler Boote, wenn die räumlichen Verhältnisse an der Startstelle gedrängt sind. Vor allem bei Elektrorennen, bei denen im Gegensatz zu den Verbrennern innerhalb einer Sekunde tatsächlich mehrere Boote gleichzeitig lospreschen, entsteht auf den ersten Metern ein gefährliches Gerangel. Da wohl kein Modell absolut kollisionsfest ist, sollte in dieser Phase jeder Teilnehmer besonders auf Abstand achten, bis sich das Feld etwas auseinandergezogen hat.

F1-Geschwindigkeitskurs

Anders als bei den SR-Rennen kann sich der Steuermann bei F1 voll auf sein Boot und den Kurs konzentrieren. Da im Geschwindigkeitskurs jeder Meter Umweg entscheidend ist, kommt es hierbei ganz besonders auf perfekte Fahrweise an. Betrachten wir einmal folgendes Beispiel: Die Bojenecken werden statt in nur einem Meter in zwei Meter Abstand umfahren. Daraus resultiert bei 7 Bojenumrundungen eine zusätzliche Wegstrecke von immerhin rund 15 Metern, oder, auf die Gesamtfahrstrecke betrachtet, etwa 7 %. Bei den schnellen Booten der Klasse V 15 mit Zeiten um die 15 Sekunden sind das bereits über eine Sekunde Verlust. Damit zeigt sich schon, daß mit einer routinierten Fahrweise unter Umständen mehr zu holen ist, als mit der absoluten Geschwindigkeit. Das vorstehende Beispiel ist aber noch relativ harmlos, da bei großen Booten der Wendekreis oft noch viel größer ist.

Bild 170 Hier mogelt sich einer an der Innenseite vorbei, ist aber gerade noch zulässig

Wie man nun eigentlich die Bojen am besten ansteuern soll, hängt ganz wesentlich vom Fahrverhalten des Bootes ab. Was nutzt zum Beispiel ein scharfer Haken, wenn das Modell dabei umschlägt? Allgemein kann aber empfohlen werden, die Boje nicht zu scharf anzufahren, sondern ganz leicht auszuholen.

F3-Geschicklichkeitskurs

Beim Figurenkurs ist weniger die absolute Geschwindigkeit maßgebend, sondern vielmehr ein fehlerfreier Lauf. Knappes Anpeilen der Bojen führt leicht zu Berührungsfehlern. Oft sind die Boote für den Kurs viel zu schnell. Ungünstig kann es auch sein, auf den geraden Zwischenstrecken Vollgas zu geben und erst kurz vor dem nächsten Tor jeweils abzubremsen. Dabei macht das Boot eventuell kräftige Schaukelbewegungen und eckt leicht an den Bojen an. Besser bewährt hat sich eine wohldosierte, gleichförmige Geschwindigkeit. Die höchste Anforderung an das Augenmaß stellt das obere Tor an der Dreiecksspitze. Hier scheitern auch geübte Fahrer immer wieder. Für nervöse Fahrer mit hastigen Steuerbewegungen ist diese Klasse ohnehin nicht geeignet. Trotzdem macht der Figurenkurs großen Spaß, weil er eine willkommene Abwechslung zum SR-Rennen bietet und die Übung des Fahrkönnens fördert.
Abschließend noch ein paar Worte zur richtigen Ruderanlenkung und Steuerung.
Bedingt durch das Drehmoment der normalerweise rechtslaufenden Schraube wird das Boot bei genau gerade gestelltem Ruder nicht exakt geradeaus laufen, sondern leicht

Bild 171 Der kleine Wendekreis kostet viel Kraft

Bild 172 Scharf angefahrene Eckboje

nach rechts abweichen. Aus demselben Grund ist auch bei symmetrischer Ruderanlenkung der Kurvenradius unterschiedlich groß. Je nach Einsatz des Bootes in Geschwindigkeitsklasse oder SR-Rennen sind die Anforderungen an die Steuerbarkeit etwas unterschiedlich. In den F-Klassen soll das Modell nach beiden Richtungen etwa die gleiche Reaktionsfähigkeit aufweisen. Ganz anders sieht es bei FSR aus. Enge Kurven werden hier praktisch ausschließlich nach links gefahren.
Aus den vorstehenden Überlegungen ergeben sich folgende Maßnahmen. Bei rechtsläufiger Schraube ist das Ruder in Ruhestellung leicht links zu stellen. Die genaue Eintrimmung ist zwangsläufig von der Geschwindigkeit abhängig und soll deshalb bei voller Fahrt erfolgen. Zur Sicherstellung einer ausreichenden Reaktionsfähigkeit ist beim FSR-Boot zusätzlich der Ruderausschlag nach links größer zu machen als nach rechts. Wie so etwas mit der Rudermechanik realisiert wird, zeigt Bild 174. Dabei wird mit einem zusätzlichen Hilfshebel nach dem Umlenkprinzip operiert. Die Ruderwelle ist mit dem nach hinten gerichteten Hebel fest verbunden.
Wie eingangs schon erwähnt, bedeutet jeder Meter Umweg einen entsprechenden Zeitverlust. Deshalb ist es äußerst wichtig, daß das Boot sorgfältig eingetrimmt wird. Es muß ohne Steuerknüppelbewegung unbedingt exakt geradeaus laufen. Nur so kann sich der Steuermann richtig auf die wichtigen Punkte des Kurses konzentrieren, nämlich die Eck-

Bild 173 Der ist gleich kieloben. Ein Boot, das bereits auf glattem Wasser umschlägt, ist falsch konzipiert oder -gesteuert.

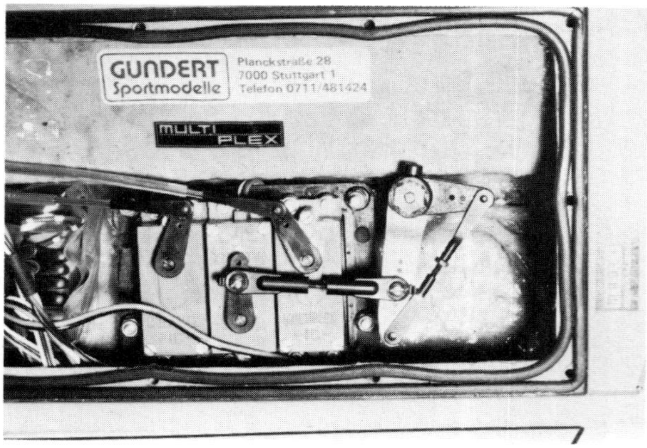

Bild 174 Rudermechanik für asymmetrischen Ruderausschlag

bojen. Der Ruderausschlag ist so zu bemessen, daß das Modell in jeder Fahrsituation unabhängig vom Wasserzustand auch bei ruckartigen Steuerbewegungen unkritische Wendungen ausführt, ohne dabei umzuschlagen. Gerade auf dem großen M-Kurs ist die Verwendung der aufwendigeren Exponentialsteuerungen eine wertvolle Hilfe für feinfühliges Steuern.

Rekorde

Wer strebt schon nicht nach Höherem? Neben dem Erfolg auf Wettbewerben aller Art wird der Rennboot-Modellbauer normalerweise meist danach trachten, der Beste überhaupt zu sein. Ein Sieg auf Wettbewerben bedeutet noch lange nicht, daß es nicht noch bessere Leistungen gibt. Oft wird das Ergebnis ganz wesentlich vom Zufall und Glück beeinflußt. Treffen z. B. im SR-Rennen nur Teilnehmer mit mittleren Leistungen zusammen, so wird der Sieger eben trotzdem absolut gesehen nicht der Beste sein.
Um nun feststellen zu können, wer denn überhaupt zur ›Elite‹ gehört, ist im internationalen Reglement ein Rekord-Meldewesen vorgesehen, nach dem alle Spitzenleistungen zentral erfaßt werden.
Die nachstehende Tabelle soll den derzeitigen Leistungsstand (Ende 1980) für die verschiedenen Klassen aufzeigen.

Klasse	Name	Nationalität	Datum	Leistung
A 1	Macsimov A.	UdSSR	8. 8. 77	175,438 km/h
A 2	Samulenkow A.	UdSSR	7. 8. 77	187,129 km/h
A 3	Fedorow I.	UdSSR	7. 8. 77	209,302 km/h
B 1	Shaikov R.	UdSSR	9. 8. 77	242,261 km/h
F1-E 1 kg	Harven D.	GB	8. 9. 79	18,6 sec.
F1-E + 1 kg	Burman R.	GB	7. 8. 77	17,785 sec.
F1-V 2,5	Spitzenberger H.	BRD	30. 5. 77	17,0 sec.
F1-V5	Andresen T.	Schweden	28. 5. 77	16,7 sec.
F1-V15	Ingolf P.	Schweden	24. 6. 78	13,6 sec.
F3-V	Spitzenberger H.	BRD	26. 5. 75	143,6 Pkt. 32 sec.
F3-E	Jordanov V.	Bulgarien	7. 8. 77	143,5 Pkt. 32,5 sec.

Vereine und Organisationen

Der alte Spruch — Der Mensch ist nicht gerne alleine — hat gerade für den Rennboot-Modellbauer besondere Bedeutung. Zwar ist der Modellbauer von der Mentalität her eher ein Individualist, jedoch wird auch ihm das Werken im stillen Kämmerlein und einsame Runden auf abgelegenen Gewässern auf die Dauer nicht so die rechte Freude bereiten. So kommt es zwangsläufig, daß er sich früher oder später mit anderen zusammentut. Im Kreise Gleichgesinnter ist es erst möglich, praktische Erfahrungen auszutauschen, gemeinsame Interessen im Vereinsleben zu pflegen und gegenüber der Öffentlichkeit zu vertreten.

Allein in Deutschland gibt es derzeit ca. 150 örtliche Vereine, die wiederum in einem nationalen Verband, dem NAUTICUS e.V., Deutscher Dachverband für Schiffsmodellbau und Schiffsmodellsport, zusammengeschlossen sind. Mit einer Mitgliederzahl von rund 3000 repräsentiert der NAUTICUS bereits heute eine nicht unbeachtliche Interessengemeinschaft. Auf internationaler Ebene wiederum ist der NAUTICUS der internationalen Vereinigung der Schiffsmodellbauer, der NAVIGA, angeschlossen. Neben dem allgemeinen Vereinsleben haben die Vereine und Verbände folgende Hauptziele:

- Förderung des Schiffsmodellbaus und Sports
- Vertretung der Interessen gegenüber der Öffentlichkeit
- Austragung von Wettbewerben und Meisterschaften, von der Stadtmeisterschaft über Freundschaftswettbewerbe bis zu den öffentlichen Veranstaltungen auf nationaler und internationaler Ebene
- Bereitstellung und Unterhalt von Gewässern.

Natürlich ist es bereits oft schon innerhalb eines örtlichen Vereins schwierig, die unterschiedlichen Interessen der einzelnen Mitglieder unter einen Hut zu bringen. Schließlich besteht der Schiffsmodellbau ja nicht nur aus der Sparte Rennboote. Da sind z. B. auch noch die Freunde des historischen Modellbaus oder der Segelschiffe mit durchaus gleichberechtigten Vorstellungen. Hier wird also immer ein sorgfältig ausgewogenes Miteinander ausschlaggebend für den Erfolg und Bestand eines Vereins sein.

Durch die große Zahl von Vereinen dürfte es für den einzelnen meist nicht allzu schwer sein, in seiner Nähe einen Club zu finden, dem er sich anschließen kann. Will man an Wettbewerben des NAUTICUS oder der NAVIGA teilnehmen, muß man ohnehin Mitglied in einem dem NAUTICUS angeschlossenen Verein sein. Als Hilfe für die Kontaktaufnahme sind nachstehend die wichtigsten Adressen zusammengefaßt:

NAUTICUS-Anschriften:
Hauptgeschäftsstelle:
Claus Seufert, 8904 Friedberg/Bayern, Jungbräustr. 19
Gruppengeschäftsführer Nord:
Walter Hille, 3300 Braunschweig, Am Ölper Berge 13
Gruppengeschäftsführer West:
Klaus Hartmann, 4300 Essen 11, Herskamp 16
Gruppengeschäftsführer Mitte:
Alfred Keupp, 8700 Würzburg, Sanderstr. 23
Gruppengeschäftsführer Süd:
Kurt Brenke, 7500 Karlsruhe 21, Kirschstr. 43a

NAVIGA — Weltorganisation für Schiffsmodellbau und Schiffsmodellsport
Generalsekretariat: Günter Labner, A - 1041 Wien, Postfach 3
Der NAVIGA sind derzeit folgende Länder angeschlossen:
Österreich, Australien, Belgien, Bulgarien, Brasilien, Schweiz, Tschechoslowakei, Bundesrepublik Deutschland, Deutsche Demokratische Republik, Spanien, Frankreich, Großbritannien, Griechenland, Ungarn, Italien, Monaco, Niederlande, Polen, Rumänien, Schweden, Finnland, Sowjetunion, Volksrepublik China, Jugoslawien.

Ausblick und künftige Entwicklung

Die letzten zehn Jahre haben im gesamten Rennboot-Modellsport enorme Leistungssteigerungen gebracht. Deshalb kommt oft der Gedanke, wie es überhaupt noch weitergehen soll. In manchen Bereichen sind zwar sicher noch einige technische Verbesserungen erzielbar, aber da ein Rennboot von außen her gesteuert wird, sind zusätzlich noch natürliche Grenzen durch die menschliche Wahrnehmungs- und Reaktionsfähigkeit gegeben. Am Ende jeder sportlichen Entwicklung steht dann gewöhnlich der Kampf um hundertstel oder gar tausendstel Sekunden, meßbar geworden durch die heutigen technischen Möglichkeiten.
Einen Ausweg aus der Sackgasse, in die letztlich jede Wettkampfklasse irgendwann einmal gerät, bieten praktisch nur gelegentlich neue Zielsetzungen. So kann auch die Umschau nach den Praktiken anderer, außereuropäischer Länder wertvolle Impulse bringen. Betrachten wir z. B. die in den USA gebräuchlichen Rennen. Dort ist Rennbootfahren ein wahrer Volkssport mit einer riesigen Zahl von aktiven Teilnehmern und Zuschauermengen wie im Fußballstadion. Für die Zuschauer ist es bestimmt urig, zu beobachten, wie dort sogar noch 60jährige Omas ihre heißen Hydros übers Wasser steuern.
Man mag über derartige Shows unterschiedlich denken, aber eines ist sicher, mit lebendigeren Prinzipien und Reglements läßt sich eine viel größere Zahl von Interessenten ansprechen. Gerade in Zeiten zunehmenden Umweltbewußtseins ist es äußerst wichtig, eine möglichst starke Interessengemeinschaft zu bilden. Um dies zu erreichen, möge jeder einer Vereinigung angehörende Modellbauer sich Gedanken machen über die Weiterentwicklung bestehender Klassen sowie neue Ideen auszuarbeiten. Die nationalen und internationalen Verbände sind stets dankbar für Anregungen. Schon oft haben sich neue Klassifizierungen, die zunächst vielleicht von manchem verächtlich abgetan wurden, nach einiger Zeit als echter Renner erwiesen. Als Beispiel seien die anfangs nicht so recht ernst genommenen Elektrorennboote genannt.
Trotz allen manchmal verbissenen Strebens nach Siegen und Rekorden sollten wir die Rennbootfahrerei nicht zu übertrieben ernst nehmen, sondern das Ganze als sinnvolle Nutzung der Freizeit zur Entspannung vom Alltag sehen.
In diesem Sinne wünsche ich abschließend allen Rennbootfreunden viel Freude und Erfolg an diesem Hobby.

Bezugsquellenverzeichnis

Die meisten im Rennbootmodellbau verwendeten Materialien, Motoren und Ausrüstungsteile sind in den örtlichen Modellbaufachgeschäften erhältlich. So mancher Modellbauer tut sich dennoch schwer, vielleicht ist das nächste Geschäft weiter entfernt, oder es handelt sich um spezielle Teile, wie sie nur die wenigen auf Rennsport spezialisierten Firmen führen. Die nachfolgende Tabelle soll in diesen Fällen den Kontakt für einen Direktversand erleichtern. Die Liste erhebt keinen Anspruch auf Vollständigkeit, sondern umfaßt nur die in diesem Buch genannten Hersteller bzw. Vertreiber von Modellbauartikeln.

Graupner, Johannes, Postfach 48, 7312 Kirchheim/Teck
Gundert Sportmodelle, Planckstr. 28, 7000 Stuttgart 1
Kager Hobby Division (deutsche Vertretung von Dumas Boats), Postfach 610324, 6000 Frankfurt
Krick, Klaus, Postfach 24, 7134 Knittlingen
Robbe Modellsport GmbH, Postfach 1108, 6424 Grebenhain 1
Schaffer GfK-Werft, Postfach 3624, 5500 Trier
Simprop Electronic, Ostheide 7, 4834 Harsewinkel 1
Strotmann, J. Modelltechnik, Berghang 44, 4530 Ibbenbüren
Valerino Modelle, Lochhamer Schlag 11a, 8032 Gräfelfing/München